U0185306

大学物理实验

（第二版）

Experiments in University Physics

主　编　侯建平

副主编　庞述先　侯泉文

编　者　侯建平　庞述先　侯泉文　王　民　翟世龙

主　审　张朝晖

中国教育出版传媒集团

高等教育出版社·北京

DAXUE WULI SHIYAN

内容简介

本书是在第一版基础上参照教育部高等学校大学物理课程教学指导委员会编制的《理工科类大学物理实验课程教学基本要求》(2023年版)修订而成。此次编写根据最新国家标准修订了不确定度计算,调整了部分实验项目,增加了计算机处理实验数据和虚拟仿真实验的内容。全书按内容体系分为四篇14章。第一篇包含测量与误差、不确定度的概念与计算、实验数据处理、通用基本物理实验仪器、物理实验的基本操作、物理实验的基本测量方法等物理实验基础知识。后三篇分别为基础物理实验、综合与近代物理实验、设计性和研究性及仿真物理实验。全书涵盖物理实验的基本知识和力、热、声、光、电、磁及近代物理实验,体现了物理实验学科的系统性和完整性。内容编排上采取模块化、层次化,便于教师开展分层次教学和学生系统性和模块化学习。本书为新形态教材,配套了数字教学资源,便于学生预习和拓展学习空间。

本书可以作为高等学校理、工、农、医、管理等各学科专业不同层次大学物理实验课程的教材或教学参考书,也可供其他相关教学、科研和技术人员参考。

图书在版编目(CIP)数据

大学物理实验 / 侯建平主编;庞述先,侯泉文副主编;王民,翟世龙参编. --2版. --北京:高等教育出版社,2024.2

ISBN 978-7-04-061706-1

Ⅰ.①大… Ⅱ.①侯… ②庞… ③侯… ④王… ⑤翟… Ⅲ.①物理学-实验-高等学校-教材 Ⅳ.①O4-33

中国国家版本馆CIP数据核字(2024)第027242号

DAXUE WULI SHIYAN

策划编辑	忻 蓓	责任编辑	忻 蓓	封面设计	王凌波 王 洋	版式设计	李彩丽
责任绘图	于 博	责任校对	张 然	责任印制	刘思涵		

出版发行	高等教育出版社	网 址	http://www.hep.edu.cn
社 址	北京市西城区德外大街4号		http://www.hep.com.cn
邮政编码	100120	网上订购	http://www.hepmall.com.cn
印 刷	三河市骏杰印刷有限公司		http://www.hepmall.com
开 本	787mm×1092mm 1/16		http://www.hepmall.cn
印 张	20	版 次	2018年1月第1版
字 数	470千字		2024年2月第2版
购书热线	010-58581118	印 次	2024年2月第1次印刷
咨询电话	400-810-0598	定 价	44.60元

本书如有缺页、倒页、脱页等质量问题,请到所购图书销售部门联系调换
版权所有 侵权必究
物 料 号 61706-00

前言

　　物理实验是科学实验的先驱,体现了大多数科学实验的共性,在实验思想、实验方法以及实验手段等方面还是其他科学实验的基础。物理实验课程是各高校理工科及部分文管类学科大学生的实践类公共基础必修课,是大学生系统学习科学实验的基本知识、思想方法、实验技能的入门课程。该课程对培养学生的科学思维、科研能力、科研作风等综合素质具有极为重要的奠基作用。

　　本书在第一版基础上结合了西北工业大学近年来物理实验课程建设、课程改革和实验室建设成果,在教育部高等学校大学物理课程教学指导委员会编制的《理工类大学物理实验课程教学基本要求》(2023年版)指导下编写而成。教材有以下几方面特点:

　　1. 本书根据《理工科类大学物理实验课程教学基本要求》(2023年版)编写,基础知识方面包括测量、误差、有效数字、不确定度等基本概念,内容覆盖基本数据处理方法,物理量测量方法,实验操作技术,常用物理实验仪器的功能、性能、操作方法等。实验内容突出分阶段、分层次、模块化教学体系,按照由浅入深、多层次循序渐进的原则,分为基础物理实验,综合与近代物理实验,设计性、研究性实验与仿真实验四个模块。多数实验既包括必做的基础内容,还包括可选做的拓展内容和(或)提高内容,供特定专业或学有余力的学生选学。强调通过实验课程培养学生独立实验能力、分析与研究能力、理论联系实验能力和创新能力。

　　2. 本书附录中的基本物理常量为国际科学理事会的国际数据委员会(CODATA)给出的2018年推荐值。

　　3. 本书在实验内容介绍中引入了背景性内容,如实验知识点的物理背景,在科学技术研究和(或)社会生产生活中的应用,以及在绿色能源、低碳经济等社会发展重点领域的应用等。

　　4. 本书保持上一版中将物理实验课程的通用基本仪器、基本操作调节、基本测量方法集中整理为独立章节的设计,以便于学生对这些基本内容集中学习和临时查阅。在数据处理部分增加了使用计算器和电子表格进行不确定度计算和回归分析的操作介绍,可以在大数据量实验中有效减少计算环节和降低计算量。

　　5. 为了提升学习效果、拓展学习内容,本书附有相关数字化多媒体资源,主要包括:实验仪器的高清彩色照片、实验关键操作或难点操作小视频、与相关实验关系紧密的教学或科研期刊文献推荐等。上述内容均以二维码形式呈现,扫码即可查阅。书后还附有"动态拓展文献"二维码,可不断动态更新推荐一些相关文献。书后还有"教材反馈讨论"QQ群二维码,真诚欢迎本书读者通过本群反馈对教材的意见和建议,以帮助教材后续进一步完善提升。

　　本书在编写中吸收了很多国内外优秀教材的精华,参考了与课程相关的国家规范、标准,并融入了西北工业大学物理实验课程全体教师和实验室工程技术人员的教学改革与实践及实验室建设成果。很多老师参与了前期教材讲义的编写或在使用过程中提出了许多宝贵的意见和建议。本教材在选题和编写过程中得到了西北工业大学物理科学与技术学院和教务处的大力支持和帮助,我们在此一并表示衷心感谢。

参加本书第二版编写的有:侯建平(绪论、第一、第二、第三、第四、第十二、第十三、第十四章、附录)、庞述先(实验5-3、实验6-2、实验6-3、实验8-8、实验9-6、实验11-2、实验11-3、实验11-4及各拓展实验)、侯泉文(实验5-1、实验5-2、实验6-1、第七章、实验8-1—8-7、实验9-1—9-5、第十章、实验11-1、实验11-5)、翟世龙和王民(主要负责教材数字化资源建设并协助正文编写)。全书由侯建平统稿。

西北工业大学李恩普教授在本书编写过程中提出了很多宝贵意见,编者在此深表感谢。

中国高等学校实验物理教学研究会理事长、北京大学张朝晖教授在本书编写过程中提出了很多宝贵意见,并审阅了全书,编者在此深表感谢。

由于水平及条件有限且时间仓促,书中不妥或疏漏之处在所难免,恳请广大师生和同行专家批评指正。

编者
2023 年 5 月

目录

第二篇　基础物理实验

第三篇　综合与近代物理实验

第四篇　设计性、研究性实验与仿真实验

绪论

科学实验是科学理论的源泉,是工程技术的基础,是研究自然规律、认识世界、改造世界的基本手段.作为培养德、智、体、美、劳全面发展的高级工程技术人才的高等学校,不仅要使学生具备较为深广的理论知识,而且要使学生具有进行科学实验的能力,以适应科学技术不断进步和社会主义建设迅速发展的需要.

一、物理实验课程的地位、作用和任务

物理学是研究物质的基本结构、基本运动形式及其相互作用和转化规律的学科,是自然科学中最重要、最活跃的带头学科之一.物理学不仅在自身学科体系内生长,还发展出许多新的学科分支,其基本理论渗透在自然科学的各个领域,是许多新兴学科、交叉学科以及新技术产生、成长、发展的基础和先导.在人类追求真理、探索未知世界的过程中,物理学提供了一系列科学的世界观和方法论,深刻影响着人类对物质世界的基本认识、人类的思维方式和社会生活.它是人类文明的基石,也在人才科学素质培养中具有重要的地位.

物理学本质上是一门实验科学.物理实验是科学实验的先驱,体现了大多数科学实验的共性,在实验思想、实验方法以及实验手段等方面还是其他科学实验的基础.

物理实验课程是学生进入大学后接受科学实验方法和实验技能训练的开端,它对学生进行物理实验理论、物理实验方法和物理实验技能方面的基本训练,使学生初步了解科学实验的主要过程和基本方法.它重点训练学生深入观察物理现象,建立合理的物理模型,定性定量研究变化规律,分析、判断实验结果.物理实验课程激发学生的想象力、创造力和创新意识,在培养和提高学生独立开展科学研究的素质和能力方面具有重要的奠基作用.

在物理学的发展过程中,实验物理形成了自己的一套理论、方法和技术,它们是进行各类科学实验的基础.物理实验课程是高等学校最先独立设课的自然科学实践性必修课程,这充分反映了该课程的必要性和重要性.

本课程的具体任务:

1. 培养学生的基本科学实验技能

(1)通过自行阅读实验教材或资料,而后组织实验,提高阅读和运用资料的能力.

(2)通过实验熟悉常用仪器的原理、结构及使用方法,在进行具体测试时,提高获得准确实验结果的能力.

(3)通过对实验现象的观察、判断,以及对实验结果进行数据处理及误差分析,提高理论联系实际的能力.

(4)通过实验操作学会发现问题、分析问题、解决问题,拓宽学生视野,培养其科学思维和创新意识.使学生掌握实验研究的基本方法,提高学生的分析能力和创新能力.

（5）通过正确记录及处理实验数据、撰写合格的实验报告,提高学生的表达能力.

2. 提高学生的科学素养

通过实验,培养学生实事求是、理论联系实际的科学作风,严肃认真、一丝不苟的科学工作态度,主动研究的探索精神和遵守纪律、团结协作、爱护公共财物的优良品德.

3. 通过实验加深学生对物理学理论的理解

总之,通过每一个实验完成规定的测量任务,获取所要求的实验数据是本课程的教学手段,而目的是培养和锻炼学生进行科学实验的能力,并获取实验知识、提高实验技能.

二、实验课的基本程序

1. 实验前准备

了解实验目的,弄懂实验原理,并对所要使用的实验仪器的性能、基本工作原理和使用时应注意事项等做到心中有数,在此基础上完成所要求的预习作业或测试.

2. 实验操作

实验时首先要检查所用仪器及器件是否完好、正常可用,然后正确地调整或组装仪器,或正确连接电路,或正确布置调节光路等(即搭建好实验系统).实验系统搭建、调整好后,先调节各参量并观察实验现象,通过观察对被验证的定律或被测的物理量有个定性了解,而后再进行精确测量.测量一定要如实记录数据,有条件的可进行重复测量.实验完成后对观察到的现象和获得的实验数据进行初步的分析、处理,在确定结果合理后再整理、恢复仪器设备.

3. 处理数据,撰写实验报告

实验结束后要完整分析、处理实验数据,从数据中分析、提取必要信息,获得完整的实验结果.如果有必要,需要撰写完整的实验报告,对整个实验的原理方法、过程、结果、分析讨论等进行报告.

三、实验课的基本要求

1. 课前预习实验讲义,明确实验目的,了解实验原理,弄清实验步骤,初步了解仪器的使用方法,完成预习作业或测试,未预习不得动手做实验.

2. 上课时,首先检查和熟悉仪器,根据操作规程正确安装和调整仪器,然后再按实验步骤进行实验.

3. 实验时,一定要先观察欲研究的物理现象,在观察的基础上,再对被研究的现象进行定量测量.测量时,应如实及时做好记录(记录要整洁,字迹清楚,避免错记).不可事后凭回忆"追记"数据,更不可为拼凑数据而将原始记录做随心所欲地涂改.

4. 测量完毕后,要及时整理实验数据,经指导教师检查签字后,方可结束实验.

5. 实验完毕,应将实验仪器整理、清点好,注意保持实验室的整洁,经指导教师同意,方能离开实验室.

6. 严格遵守实验室规则,爱护实验仪器.仪器如有损坏,应及时报告教师.凡属学生责任事故者,根据情节,须赔偿部分或全部损失.

7. 认真按时完成实验报告.实验报告是实验的书面总结,报告应用自己的语言表达出:实验所做的内容、依据的物理思想及反映的物理规律、结果及结果的分析、实验者的见解及收获.怎样写好合格的实验报告,也是实验课程的一项重要基本训练.实验报告须在统一的实验报告纸上书写,除填写实验名称、日期、姓名、学号、分组序号等项(必要时还需要包含环境条件)外,实验报告的内容一般包括以下部分:

（1）实验目的.

（2）实验仪器:注明仪器名称、型号、主要技术参量.

（3）实验原理:一般只需写出原理概要(包括原理简述、原理图、测定公式,并注明公式中各量的物理意义及公式适用条件).

（4）操作要点:根据要求及实际操作过程,写出仪器调节及测量中的关键步骤和注意事项.

（5）数据记录:实验数据一般应采用表格形式记录.记录数据时,要特别注意注明测得量的单位和使用正确的有效数字.

（6）数据处理:包括实验结果计算和不确定度计算的主要过程.

（7）实验结果的完整表示或图示等.

（8）实验小结、问题讨论或作业:对实验结果进行分析、总结,也可对实验中出现的一些现象进行分析、讨论,或完成课后作业题.

第一篇

物理实验基础知识

　　物理实验通常是根据一定的物理学原理、通过特定的实验仪器,并采用一定的实验方法,来获得某个或某几个物理量的量值,从而发现或验证一定物理现象和规律的过程.该过程涉及测量、有效数字、误差和不确定度等概念,重点关注数据处理方法,内容还包含实验中的基本实验仪器、基本操作、基本测量方法等.本篇共 4 章,分别介绍上述几个方面的内容.

第一章

测量结果的评定及数据处理

第一节　测量及其分类

一、测量

在科学实验中,除了可以直接引用的物理常量或给定的参量,其他物理量都需要通过测量得到.测量是使用专用仪器和量具,通过实验和计算获得被测量的量值和单位的定量信息的一组操作.

二、直接测量和间接测量

按测量方式的不同,测量可分为直接测量和间接测量.

1. 直接测量

直接测量(direct measurement)又称简单测量.将被测量与同量纲的标准量直接进行比较,或者从已用标准量校准的仪器、仪表上直接读出测量值,其特点是被测量的值和量纲可直接得到.例如,用米尺、游标卡尺、螺旋测微器测长度,用秒表测时间,用天平称质量,用电流表测量电流等均为直接测量,而相应的被测量称为直接测量量.直接测量简单、直观,是最基本的测量方式,也是间接测量的基础.

2. 间接测量

间接测量(indirect measurement)又称复合测量.多数物理量不便或不能进行直接测量,而是依据被测量与直接测量量的函数关系,先测出直接测量量,然后将其代入函数关系计算得出被测量.这种测量称为间接测量,相应的被测量称为间接测量量.例如,在用单摆测量重力加速度实验中,用秒表、米尺分别对周期 T 和摆长 L 进行直接测量,重力加速度 g 可通过 $g = 4\pi^2 L/T^2$ 计算出来,T、L 是直接测量量,g 是间接测量量.

当然,一个物理量是直接测量量还是间接测量量并不是绝对的,要由具体的测量方法和仪器来确定.例如,用伏安法测电阻,电流、电压是直接测量量,电阻是间接测量量;用欧姆表测量时,电阻则是直接测量量.

三、等精度测量和非等精度测量

根据测量条件的不同,测量又分为等精度测量和非等精度测量.

1. 等精度测量

等精度测量(equal precision measurement)是指在相同测量条件下对同一物理量所做的重复测量.例如,在相同的环境下,由同一个测量人员,用同样的仪器和方法,对同一个被测量,作相同次数的重复测量.由于各次测量的条件相同,测量结果的可靠性也是相同的,没有理由认为哪次测量更精确或更粗略,所以每次测量的值是等精度的.

应该指出,测量条件完全相同、绝对不变是难以做到的.在一般测量实践中(包括物理实验),一些条件变化很小或某些次要条件变化后对测量结果影响甚微,一般即可按等精度测量处理.

2. 非等精度测量(unequal precision measurement)

在科学研究和其他高精度测量中,为了得到更精确、更可靠的结果,特意要在不同的条件下,用不同的仪器、不同的测量方法,由不同的测量人员对同一个被测量进行测量和研究.此时,由于测量条件全部或部分发生了明显变化,每种测量的可靠性、精确度显然不同,这种测量即非等精度测量.而最后的测量结果,是通过被测量的各种非等精度测量结果的加权处理来获得的.非等精度测量在增加测量可靠性和发现测量系统误差方面有重要作用.

第二节　误差及其分类

一、误差的定义

具有各种特性的物质是客观存在的.反映物质特性的物理量,在一定的条件下,相应有一个确定的客观真实值,这个值在测量上称为物理量的真值(true value).测量者的主观愿望总是希望十分准确地得出物理量的真值.然而,任何实际测量总是在一定环境下,以一定的方法,用一定的仪器,由一定的人员去完成的.由于测量环境不理想,测量方法不完善,仪器设备不够精密,测量人员技术、经验和能力存在限制,使得任何测量都不会绝对精确.测量值与真值之间总有一些差别,这种差别称为测量值的误差(error).任何测量都有误差,误差贯穿于测量的全过程.

某一物理量的误差,定义为该物理量的测量值 x 与真值 μ 之差,即

$$\varepsilon_x = x - \mu \tag{1-2-1}$$

误差可正($x > \mu$),也可负($x < \mu$),它反映测量值偏离真值的程度,误差(绝对值)越小则两者越接近.所以,误差的大小标志着测量结果的可靠程度或可信程度.

误差按其表达方式的不同,可分为绝对误差(absolute error)和相对误差(relative error).

ε_x 表示测量值偏离真值的绝对大小,称为绝对误差.一般来说,绝对误差并不能反映误差的严重程度.所以引入相对误差 E_x 来反映误差的严重程度,它表示绝对误差所占真值的百分比,定义为

$$E_x = \frac{|\varepsilon_x|}{\mu} \times 100\% \tag{1-2-2}$$

由于真值未知,误差又不可避免,所以测量的目的应当是在给定的条件下,尽可能得

到最接近于真值的测量值,并对它的精确程度给予正确的评价.误差理论就是为适应这一需要而发展起来的.误差理论可以帮助我们正确地组织实验和测量,合理地设计实验方案,科学地选用实验仪器和测量方法,使测量的误差减至最小,从而获得最佳的结果,并定量地判断结果的可靠性.

二、误差的分类

根据误差的来源、性质和特点,一般将误差分为系统误差、随机误差和疏失误差.

1. 系统误差(systematic error)

在相同的条件下,对同一物理量进行多次测量,测量值总是向一个方向偏离,误差的大小和正负保持恒定;或者误差按一定规律变化.这种误差称为系统误差,前一种叫恒定系统误差,后一种叫可变系统误差.可变系统误差按其变化规律,又可分为线性系统误差、周期性系统误差等.

按可否修正,系统误差又可分为已定系统误差(可修正系统误差)和未定系统误差(不可修正系统误差).凡是大小和符号确定的系统误差称为可修正系统误差,如千分尺、电表的零位误差,伏安法测电阻时电表内阻引入的误差.实验者可以根据它产生的原因、大小和符号对测量结果进行修正,即可消除其影响.只能估计出大小而不能确定其符号的系统误差称为不可修正系统误差,如某些仪器中的系统误差.

实验中的系统误差主要来源于以下几个方面:

(1) 仪器误差

仪器误差是由仪器本身固有的缺陷或使用不当引起的.如天平不等臂、刻度不均匀、砝码实际质量与标称值不严格相等、电表刻度盘与指针转轴安装偏心、仪器超期使用未校准等引起的误差属于前者.这些由仪器、量具自身带来的系统误差,使用时应尽量消除或修正.而仪器和量具不在规定的使用状态,如不垂直、不水平、零点偏离未调、电表要求水平放置但却竖直放置等引起的误差均属后者,这种情况应当关注仪器使用条件或调整使用模式来加以避免.

(2) 方法误差

方法误差是由计算公式的近似、没有完全满足理论公式所规定的实验条件,或测量方法的不完善所带来的误差.例如,用单摆测重力加速度时,公式 $g = 4\pi^2 L / T^2$ 仅适用于 $\sin\theta \approx \theta$ 的近似条件(一般要求角度小于 5°),当摆角较大时会产生较大的误差;用伏安法测电阻时,忽略电表内阻的影响也会引入一定误差.

(3) 环境误差

由于仪器所处的外界环境条件如温度、湿度、光照、气压、电磁场等与仪器要求的环境条件不一致所引起的误差.如 20 ℃时标定的标准电池在 30 ℃环境中使用,将使其实际电动势与标称值存在一定误差.

(4) 人员误差

由观测者心理、生理条件以及其他个人因素造成的误差.它与个人的反应速度、分辨能力、固有习惯以及实验技能有关.例如,按秒表时总是超前或滞后;读数时头总是偏向一边等.

从理论上讲,系统误差可以通过分析、研究其产生的原因,然后采取一定的方法将其减小,甚至几乎可以完全消除,或按其规律对测量结果进行修正.但由于发现和消除系统误差是一个非常复杂的问题,因此实验者只能在实验设计和实验操作中尽可能地去努力减小或消除它,而想要完全消除基本不可能.

2. 随机误差

在测量中,即使在系统误差消除后,对同一物理量在相同条件下进行多次重复测量,仍然不会得到完全相同的结果,其测量值分散在一定范围之内.所得误差时正、时负,绝对值时大、时小,呈现单个误差无规律但总体上有一定统计规律,这类误差称为随机误差(random error).

随机误差是由测量过程中的一些随机的或不确定的因素引起的,如不可控制的周围环境的随机干扰,仪器自身稳定性波动,也包括被测对象本身定义的不完善,以及随测量而来的其他不可预测的随机因素等.一般来说,人的感官灵敏度及仪器精密度越高,则随机误差反而越显著.由于实验中随机因素很多,而且不尽全知,再加上各种因素又相互混杂,不能确定各个因素的影响大小.因此,随机误差既不能消除也很难控制.

从一次测量来看,随机误差是随机的,没有确定的规律,也不能预知.但当测量次数足够多时,随机误差服从一定的统计分布,所以人们无须了解各种因素的具体细节,可以用统计的方法来研究诸因素的综合作用.

系统误差与随机误差性质不同、来源不同、处理方法不同,在实验中两者往往是并存的.对于一个物理实验,实验者应在实验方案设计和实验操作中尽可能减小或修正系统误差,并在此基础上对实验结果随机误差的情况做出评估.

3. 疏失误差

测量中有明显偏离事实的测量结果时,远大于其他误差值的误差一般主要是由测量者的粗心大意或过失造成的,称为疏失误差(blunder error).含有疏失误差的测量值称为离群值(outlier,也称异常值).离群值的识别与处理方法见本章第四节.

产生疏失误差的原因是多方面的.由于测量者缺乏经验、粗心大意而造成测错、读错、记错、算错等,是产生疏失误差的主要原因;此外,外界的突发性干扰,实验条件发生不能允许的偏离而未被发现,或者实验条件尚未达到预定要求而匆忙测量等过失操作,也都会造成疏失误差.对实验者来说,疏失误差必须避免.

三、测量的正确度、精密度和准确度

1. 正确度

正确度(trueness)表示测量值与真值的接近程度,正确度高表明系统误差小.

2. 精密度

精密度(precision)表示多次重复测量时所得各测量值的离散程度,精密度高说明数据比较集中,随机误差小.

3. 准确度

准确度(accuracy)表示系统误差和随机误差的综合结果,准确度高,说明系统误差和随机误差都小,测量数据均集中在真值附近.所以,人们所期望的是准确度高的测量结果.

我们可以借助图1-2-1的打靶记录来形象地理解这些概念,图1-2-1(a)所示测量

结果精密度好,但正确度差,系统误差大;图1-2-1(b)所示测量结果准确度高;图1-2-1(c)所示测量结果正确度和精密度均差.

(a) 精密度好、正确度差   (b) 准确度高   (c) 正确度和精密度均差

图 1-2-1   打靶记录

正确度、精密度、准确度只是对测量结果作定性评价,有时不严格区分这"三度",而泛称为"精度".

需要说明的是,由于真值未知,误差也就不可得到.但对于误差概念、性质及其来源等的充分认识,有助于我们在实验设计和测量中将其尽可能地减小,并对最终测量结果进行评定.

第三节   系统误差的发现与消除

系统误差分为已定系统误差和未定系统误差两类.在实验中必须尽可能地消除或减小已定系统误差.实际测量中,许多情况下系统误差往往对测量结果有主要影响.因此,寻找系统误差并设法消除或减小它的影响,是提高测量准确度的关键.从理论上讲,系统误差具有确定的规律,但它可能隐含在测量过程的每一步之中,当测量仪器较复杂时,各测量装置的相互干扰也会产生附加系统误差.所以,系统误差的处理是比较困难的,必须对实验过程的每一步进行分析,一般与实验者的经验、学识和技巧有着密切的关系.因此,在物理实验的学习过程中,一定要注意这方面知识的积累.下面就简单常用的发现和消除系统误差的方法作简单介绍.

一、发现系统误差的方法

1. 理论分析的方法

在测量之前,首先对实验原理、测量方法和仪器进行系统全面的分析,梳理可能出现系统误差的情形,然后在实验中加以防范.

(1) 注意测量公式成立的条件

测量公式是进行实验的依据,所以测量的每一步都必须满足测量公式的适用条件.在实验中,往往花费较长的时间调节仪器,通常都是为了达到测量公式的要求.否则,将不满足测量公式适用条件的数据代入计算,肯定得不到正确的结果.如利用成像法测量透镜焦距实验中,首先必须进行共轴调节,其目的是满足测量公式成立的条件:傍轴近似.用单摆测重力加速度时,测量公式只有在摆角 $\theta < 5°$ 时才近似成立,所以测量过程必须满足摆角小于 5° 的条件.

　　在用伏安法测电阻实验中,电流表内接和电流表外接均会产生系统误差,通过分析可知,内接产生正的系统误差,外接产生负的系统误差.当电流表内阻和电压表内阻已知时,可修正系统误差,或当被测电阻、电流表内阻、电压表内阻三者满足一定条件时,可使系统误差足够小,从而可以将其忽略.

　　(2)注意仪器的使用条件

　　任何仪器都在设计时规定有使用条件和正确的工作状态,必须达到这些条件并调节到正确的状态才能得到正确的结果.使用状态由实验者按照仪器的规定调节,如必须调节天平底座水平后才能称量.而一些仪器要求环境条件也满足仪器的要求才能获得正常结果,若不满足,则应进行修正.如标准电池标明的是 20 ℃时的电动势,当夏天或冬天使用时,若环境温度偏离较大,则必须测出环境温度,并按公式进行修正.

　　在实验教学中,经常发现一些学生只注重结果(测出数据),而忽略了实验过程(仪器调节、现象分析等环节),往往得到的数据是非正常状态的产物,可能存在较大的系统误差.这样做实验只能说做了实验,但并没有达到真正的教学要求和学习目标.测量数据只是结果,而非目的,只有重视实验全过程,才能在实验中真正提高获取准确数据的实践能力,以及提升发现问题、分析问题和解决问题的能力.

　　2. 实验对比的方法

　　对比法是针对可能产生系统误差的各个因素进行不同条件下的测量对比,以发现系统误差的存在.

　　(1)实验方法的对比

　　用不同的方法测量同一个物理量,在随机误差允许的范围内对比两个结果,如不一致,则表明至少其中一种方法存在系统误差.

　　(2)仪器对比

　　对同一个被测物理量,用相同精度的不同仪器测量.如用两个电流表同时接入同一电路,若它们的读数不同,说明至少一个表存在系统误差.如果用一个校准过的标准表和一个实验表同时接入,则可以获得这个实验表的修正值.

　　(3)测量条件对比

　　在测量中,常常使测量过程按正、反两个方向进行.如测物体的形变时,通过加砝码和减砝码两个过程,可以发现物体形变是否是完全弹性形变.天平调节平衡后,将物和砝码对调,若天平不再平衡,说明存在不等臂系统误差.同一条件下,交换极性使灵敏电流计分别左偏和右偏,则可发现灵敏电流计偏转不对称的系统误差.

　　(4)人员对比

　　其他条件均不变的情况下,不同人员测量可以发现人员误差.

　　3. 数据分析的方法

　　将同一条件下的多次测量数据按测量顺序排列,观察其变化,当数据呈现规律性的变化时,表明存在系统误差.

二、系统误差的消除方法

　　系统误差的减小和消除必须以它的产生原因为依据,首先在实验中必须调节实验系统满足测量公式成立的条件,其次要调节仪器达到正确的测量状态,并在仪器要求的环境下使用. 对于一些已定系统误差,可以采用一些特定的测量方法或仪器的特殊设计来予以消除.

1. 测定修正法

此法也可以称为空载法或零载法. 它主要是指在仪器尚未加载被测量时,仪器就存在一定读数,而仪器又不能进行调零的情况. 此类系统误差是可以测量得到的,因此我们可以对其进行修正. 比如游标卡尺和螺旋测微器在使用前先将两个量爪(或测砧)贴合读取读数,这个读数就是仪器的零位误差,我们可以在后面的测量结果中将其扣除而实现修正. 霍尔效应测磁感应强度实验中,在不加载被测磁场时,霍尔片输出端上也会有一定的电压,这个电压就是霍尔效应中一些附加效应引起的系统误差,我们也可以将其测出,然后从加载磁场后的测量结果中做相应修正. 弹簧拉力计在未悬挂重物或加力拉伸时,指针若不在 0 点,我们也应该先读出此值,然后在后面的测量中进行修正.

2. 替代法

在相同的测量条件下,用已知量(可变的标准器)替代被测量,调节已知量使其替代被测量前后产生的测量状态完全相同,则已知量的大小即为被测量的值. 如使用天平测质量时,在右盘放被测物,左盘放中介物(一般用干净细砂),改变中介物的多少使天平平衡. 去掉右盘的被测物,用砝码(已知量)替代,增减砝码使天平再次平衡,则砝码质量即为被测物的质量. 这种测量方法可以消除天平的不等臂系统误差. 再如将被测电阻 R_x 接入电路后使回路有一确定的电流 I,去掉被测电阻,代之以一可调电阻箱,在电路其他状态不变的条件下,调节电阻箱使回路中的电流再次为 I,则电阻箱的示值即为被测电阻 R_x 的大小,该方法也可以消除用伏安法测电阻时因电表内阻引入的系统误差.

3. 交换法

交换被测物的测量位置,使产生的系统误差对两次测量值的影响相反,从而抵消系统误差. 如天平的交换测量可以消除不等臂系统误差. 在电桥实验中,交换被测电阻和比较电阻的位置,可以消除比例臂电阻不准所产生的系统误差.

4. 异号法

在测量中使已定系统误差改变符号,取平均值即可将其消除. 如霍尔效应测磁感应强度实验中,同时使磁场和霍尔片工作电流的方向反向,电压测量值中被测霍尔电压的大小和方向均不变,而主要的系统误差"不等位电压"量值不变,符号改变,两次测量值平均则"不等位电压"影响消除.

5. 补偿法

在某些情况下,因某种因素产生的系统误差可以通过设置补偿元件的方式来进行抵消. 比如在微小形变电测法实验中,电阻应变片因环境温度变化或自身焦耳热而引起的阻值变化就是测量中的一种系统误差. 为减小该系统误差,在电桥中与被测臂相连的比例臂上使用了一个与被测臂上应变片相同参量的电阻应变片,当环境或焦耳热引起温度在一定范围内变化时,两个应变片有相同的阻值变化而实现补偿,从而减小系统误差. 由于环境或焦耳热导致的温度变化在一些实验中常常引起电阻或物体长度测量的系统误差,此类系统误差常用补偿法消除.

第四节　随机误差的统计分布

原则上讲,系统误差可以通过分析其产生的原因加以消除或减小,而随机误差是不可避免的,但可以利用随机误差的统计特性,将测量值进行算术平均来得到一个随机误差更小的测量值.为了简化问题,在分析随机误差时假定系统误差已经完全消除.

单个测量结果的随机误差是不可提前确定和控制的,但研究表明,当等精度测量次数足够多时,测量值和随机误差服从统计规律.影响随机误差的因素多种多样,其统计分布也有多种形式.在物理实验中,主要包括正态分布和均匀分布.

一、正态分布

1. 正态分布的概率密度函数和性质

正态分布(normal distribution)也称为高斯分布(Gaussian distribution).误差理论表明,对仅受相互独立且微小的随机因素影响、重复次数足够多的等精度测量序列,测量值 x 的统计分布服从正态分布,其分布的概率密度函数(probability density function)为式(1-4-1)表示的连续函数,它表示测量值处于 x 附近单位区间内的概率.对应函数曲线如图 1-4-1 所示.

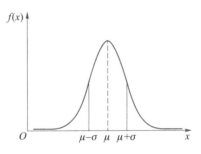

图 1-4-1　测量值的正态分布

$$f(x) = \frac{1}{\sigma\sqrt{2\pi}} e^{-\frac{(x-\mu)^2}{2\sigma^2}} \tag{1-4-1}$$

式中 μ 和 σ 是正态分布的两个参量,μ 与分布曲线的峰值相对应,是被测量的真值;σ 与曲线拐点处的横坐标对应,它决定了曲线的形状;x 为实验测量值(随机变量).

根据误差的定义式(1-2-1),$x-\mu=\varepsilon$ 是误差,则误差 ε 的正态分布的概率密度函数为

$$\psi(\varepsilon) = \frac{1}{\sigma\sqrt{2\pi}} e^{-\frac{\varepsilon^2}{2\sigma^2}} \tag{1-4-2}$$

$\psi(\varepsilon)$ 的函数曲线如图 1-4-2 所示.根据概率密度函数的归一化条件(normalization condition),$\psi(\varepsilon)$ 曲线下的面积是 1,即误差在 $(-\infty, +\infty)$ 区间的概率是 1.σ 越小时曲线越陡,峰值越高,即随机误差更集中分布于 0 附近的更小的区间内,测量值的离散性更小.

随机误差出现在区间 $[-\sigma, +\sigma]$ 内的概率 P 为

$$P = \int_{-\sigma}^{+\sigma} \frac{1}{\sigma\sqrt{2\pi}} e^{-\frac{\varepsilon^2}{2\sigma^2}} \mathrm{d}\varepsilon = 0.683 \tag{1-4-3}$$

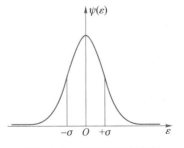

图 1-4-2　误差的正态分布

相应地,随机误差出现在 $[-2\sigma, 2\sigma]$ 区间内的概率为 0.954、出现在 $[-3\sigma, 3\sigma]$ 区间

内的概率为 0.997. 这里的 P 称为置信概率或置信水平,对应的积分区间称为置信区间. 根据《国家计量技术规范 JJF 1059.1-2012》(以下简称《规范 2012》)和国家标准《测量不确定度评定和表示 GB/T 27418-2017》(以下简称《标准 2017》),在不确定度评定中,常常需要乘以一个系数以扩大积分区间,增大这个概率,为避免与统计学术语冲突,分别以"包含区间"(coverage interval)和"包含概率"(coverage probability)代替,而扩大区间所乘的系数则称为包含因子(coverage factor). 当包含因子取 2 时,包含概率为 0.954,当包含因子取 3 时,包含概率则为 0.997. 99.7% 的概率表明,在通常的物理实验中,由于重复测量次数较少,出现超过 3σ 标准偏差的测量值的概率极小,几乎为零,如果出现了应仔细分析原因,判断是正常物理现象还是出现了疏失误差. 同时 99.7% 非常接近100%,所以 3σ 也常被视作正态分布误差的误差限.

由误差正态分布曲线图 1-4-2 容易发现,随机误差具有如下统计性质:

单峰性:误差为 0 处的概率密度最大,即绝对值小的误差出现的概率大于绝对值大的误差出现的概率.

对称性(抵偿性):绝对值相等的正、负误差出现的概率相等,代数和为 0.

有界性:在一定的测量条件下,误差的绝对值不会超过一定限度.

2. 离群值的剔除

如前所述,一般实验测量中出现绝对值大于 3σ 的误差的可能性极小,因此若发现测量值列中某个测量值误差的绝对值大于 3σ,则可认为它是因某种非正常因素产生的异常值,称为离群值,应在谨慎判断的基础上根据其发生的物理或技术原因予以剔除或进行修正,这种方法称为"3σ 准则". "3σ 准则"是当前物理实验教学中通行的简化概念和处理方法. 在科研和工程中更严格的概念和处理方法请参看国家标准《数据的统计处理和解释正态样本离群值的判断和处理 GB/T 4883-2008》.

3. 多次重复测量的最佳估计值

测量中,由于误差的存在,一个物理量的真值是得不到的,但当对物理量 x 进行 n 次重复测量时,由测量列的正态分布可见,正、负误差出现的概率相等,误差代数和近似为0. 测量值的算术平均值为

$$\bar{x} = \frac{1}{n}\sum_{i=1}^{n} x_i \tag{1-4-4}$$

最接近真值,称它为真值的最佳估计值,在不确定度评定时简称被测量估计值.

4. 标准误差和标准偏差的计算

对于正态分布的测量,当测量次数 $n\to\infty$ 时,定义标准误差(standard error)σ 为

$$\sigma = \sqrt{\frac{1}{n}\sum_{i=1}^{n}(x_i-\mu)^2} \tag{1-4-5}$$

此值也正是式(1-4-1)中的参量. 在实际测量中,由于次数有限,且真值未知,所以,σ 也无法计算. 理论研究表明,在有限的 n 次测量中,σ 的估计值可用贝塞尔公式(1-4-6)计算,并记为 $s(x)$,称为实验标准偏差(experimental standard deviation),可简称实验标准差,即

$$s(x) = \sqrt{\frac{1}{n-1}\sum_{i=1}^{n}(x_i-\bar{x})^2} \tag{1-4-6}$$

根据《标准 2017》,使用贝塞尔公式的条件是测量次数 n 足够多,且通常建议 $n\geqslant 20$

时,可以忽略 σ 和 s 间的差异,而如果测量次数较少,一般可将测量序列视作 t 分布(也称学生分布),在贝塞尔公式上增加一个修正因子 t_P,即

$$s(x) = t_P \sqrt{\frac{1}{n-1} \sum_{i=1}^{n} (x_i - \bar{x})^2} \tag{1-4-7}$$

t_P 是由测量次数(更本质地,应由不确定度理论中的自由度)和概率决定的. 包含概率为 0.683 的 t_P 值如表 1-4-1 所示.

表 1-4-1 不同测量次数的 t_P 值(概率 $P = 0.683$)

$n-1$	1	2	3	4	5	6	7	8	9	10	15	20	30	40	∞
t_P	1.84	1.32	1.20	1.14	1.11	1.09	1.08	1.07	1.06	1.05	1.03	1.03	1.02	1.01	1

实际上,平均值 $\bar{x}$,即被测量估计值也是一个随机变量,它比单个测量值更接近真值,它的标准偏差为

$$s(\bar{x}) = \frac{s(x)}{\sqrt{n}} = t_P \sqrt{\frac{1}{n(n-1)} \sum_{i=1}^{n} (x_i - \bar{x})^2} \tag{1-4-8}$$

根据《规范 2012》,当重复测量次数少于 10 次时,实验标准差也常用极差法来评定. 极差是指 n 次独立重复测量测得值中最大值与最小值的差,用 R 表示. 在测量值序列可近似为正态分布的条件下,单个测得值的实验标准差为

$$s(x) = \frac{R}{C} \tag{1-4-9}$$

其中 C 为级差系数,与测量次数有关,如表 1-4-2 所示.

表 1-4-2 级差系数表

n	2	3	4	5	6	7	8	9
C	1.13	1.69	2.06	2.33	2.53	2.70	2.85	2.97

而被测量估计值的标准差同样为单个测量值标准差的 $1/\sqrt{n}$,即

$$s(\bar{x}) = \frac{s(x)}{\sqrt{n}} = \frac{R}{C\sqrt{n}} \tag{1-4-10}$$

二、均匀分布(uniform distribution)

误差的均匀分布(也称矩形分布 rectangular distribution)如图 1-4-3 所示,其概率密度为

$$\psi(\varepsilon) = \begin{cases} \dfrac{1}{2\Delta} & (-\Delta \leqslant \varepsilon \leqslant +\Delta) \\ 0 & (\varepsilon < -\Delta, \varepsilon > +\Delta) \end{cases} \tag{1-4-11}$$

Δ 是均匀分布的误差限,也称为分布半宽度,相应的单个测得值的实验标准差为 $\Delta/\sqrt{3}$.

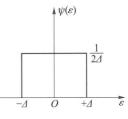

图 1-4-3 均匀分布

第五节   有效数字及数值修约规则

一、有效数字(significant figure)的概念

有效数字与被测量和测量仪器密切相关,它既反映了被测量的大小,同时也反映了所用仪器的精度,因而有效数字与数学上的纯"数字"有本质的区别.

什么是有效数字呢? 如图 1-5-1(a)所示,用一把最小分度值为厘米的尺子测一长度 L,可得 $L=31.4$ cm.其中,"31"从尺子上可以准确读出,是准确数字,而末位的"4"则是实验者估计的,换一个实验者可能估读为 3 或 5,表明这一位数有一定误差,称为存疑位.我们把测量结果中准确数"31"和一位估计数"4",合称为测量值的"有效数字","31.4"有 3 位有效数字.但是,若用最小刻度为毫米的尺子测量这个长度,如图 1-5-1(b)所示,则有 $L=31.45$ cm,有效数字就变为 4 位了,其中"31.4"是准确数,百分位上的"5"是估计数.

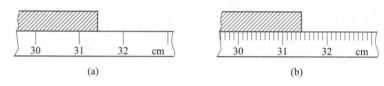

(a)   (b)

图 1-5-1   测量值的有效数字

由上可知,同一长度 L,用两把最小刻度不同的尺子来测量,测量结果的有效数字的位数(以下简称有效位数)是不一样的.这表明:一个测量结果的有效位数与仪器精度有关,而不是任意确定的.因此,直接测量结果有效数字的最后一位可反映出测量仪器的精度.

关于有效数字的几点说明:

(1)"0"的特殊性

在一些测量结果中,往往包括若干个"0",它算不算有效数字呢? 关键取决于"0"在数字中的位置.最高位非 0 数字前的"0"只起定位作用,不是有效数字;非 0 数字中间及后面的"0"都是有效数字.如 $L=0.003\,050$ 中,3 前面的三个 0 不是有效数字,而中间和末位的 0 均为有效数字,故 L 有 4 位有效数字.

(2)单位换算不影响有效数字

有效数字只与被测量的大小和所用的仪器精度有关,而单位换算只是一种运算方式,对有效数字无影响.如 1.250 m $=1\,250$ mm $=1.250\times10^{3}$ mm $=1.250\times10^{6}$ μm,均有 4 位有效数字;2.13 A $=2.13\times10^{3}$ mA,写为 $2\,130$ mA 就错了.

(3)测量值为整数时的有效数字记录

当测量值为整数时,同学们往往在记录有效数字时最易出错,只记整数而忘了小数部分.如最小刻度为 0.1 A 的电流表,当指针刚好指在"7 A"时,大家经常记为 7 A,只有一位有效数字;正确结果应为 7.00 A,有 3 位有效数字,第一个"0"表示十分位上是精确的,第二个"0"表示末位的估计位.

二、量具仪表读数有效位数的一般规则

由前面有效数字概念可以看出,对应一定量具仪表,某测量结果读数的有效位数是确定的,它既与仪器精度有关——精度越高有效位数越多,也与被测量的大小有关,比如大于等于 10 的测量值就比小于 10 的测量值多一位有效位数. 对于常用量具仪表,在其校准的有效范围内且正确使用的情况下,一般性的读数记录规则如下:

1. 刻度类量具仪表

刻度类量具仪表基本上有刻度尺、刻度盘两种刻度形式,同时又分无指针和有指针两种读数指示方式,常用有米尺、螺旋测微器、读数显微镜、温度计、湿度计、气压计、分光计等(刻度类电流表、电压表单独见第 3 条). 关于此类量具读数的有效数字位数没有明确的国家标准,但依据《通用计量术语国家规范 JJF1001-2011》和地方标准 DB51/T 2157-2016 以及部分期刊论文意见,本教材按以下方式读数:最小分度为 1、2(或 1、2×10^n)时,最小分度即为精确数字最后一位,最小分度之间再作 10 等分读取存疑位,故读数记录到最小刻度位的下一位. 测量结果对齐为某个刻度时,应在后面补充若干 0 直到占据存疑位. 比如精度为 1 mm 的米尺上,10 cm 的测量值应读数记录为 10.00 cm. 如果量具最小分度为 5(或 5×10^n),即上一级分度只由一条刻线划分为 2 格,该刻线只能辅助判断大于或小于 5,即最小分度值所在位数字是存疑的,而且此类仪器常常指针本身也比较粗,很难准确细分,故读数读到最小分度值所在位即可. 一些精度不高的温度计、湿度计等常采用这种刻度. 另外,在实际中,有些时候量具最小分度为 2(或 2×10^n)时,如果刻度间隔比较小,不便于细分成 10 格估读时,一般也只读到最小分度值所在位即可. 读数时可将最小格分成 3 份,依据读数指示(如指针)处于哪个区域,分别读为该区域所靠近的上下偶数数字或中间的奇数数字. 一些气压计常采用这种刻度.

2. 游标卡尺

常用游标卡尺主尺分度值一般为 1 mm. 1 mm 以下,若游标分成 20 分度共有 20 小格,则读出格数后乘以 0.05 即为小数点后面的 2 位数字;若游标分成 50 分度,则游标尺上通常会辅助标出小数点后的第一位读数数字,即小数点后面第 1 位数字应读为游标上对齐刻度线位置左侧邻近的标出数字,第 2 位则按对齐刻线在第 1 位数字刻线后第 1、2、3、4 读作 2、4、6、8. 带数显的游标卡尺则直接按显示读数即可. 带表盘和指针的则参照前一条刻度类的读数方法进行读数.

3. 机械式电表

机械式电表一般是刻度盘配合指针读数,因此其基本读数方法与第一种的刻度盘形式仪表读数方法一致. 但作为电表,还要考虑其误差限($\Delta = $ 量程×准确度等级 $a\%$),要求读数最后一位与误差限的第一个非零数字位对齐. 一般情况下这两种方法是一致的,若不一致时以存疑位在更高位的为准.

4. 数字式仪表

现在很多仪表采用数字化显示方式给出测量结果,如温度计、电流表、电压表、频率计、游标卡尺、电子秒表、电子天平等. 数字表显示的最后一位是对测量值数值修约(见本小节第四项内容)后给出的,属于存疑位,因此根据有效数字由测量结果精确位数字和存疑数字组成的概念,数字仪表直接读出的全部显示数字即为其有效数字. 但有时由于被

测量自身波动的问题,仪表显示数字的最后一位或几位可能会不稳定.此时,第一个波动变化位就是存疑位,因此应读取全部稳定位和第一个变化位,变化位可以读取出现频率最高的数字或波动上下限的平均值,但在进行不确定度 B 类评定(见本章第六节)时应和前一种情况区分,两者有不同的分辨力或误差限.

三、有效数字的运算规则

实验测量的结果一般都还需要进行一些基本运算,比如多次重复测量结果的平均值计算,标准差的计算,间接测量结果以及其合成不确定度(见下一节)的计算等,这些计算结果保留的有效位数也有一定的要求.例如,如果有效位数过少将会引入更大的舍入误差,并在最后不能合理地表达测量结果,而保留超过一定要求的更多有效位数也不会对结果的准确度有所提升,反而会引起对测量结果不切实际的解读.因此对于有效数字的运算常遵守以下一些基本规则.

1. 计算公式中的常数、常量

公式中出现的 $\sqrt{2}$、$1/4$、π、e、c 等,可以认为其有效数字是无限的,其不应影响计算结果的有效数字,计算时为了减小舍入误差,其有效位数一般比有效位数最多的测得值的再多 1~2 位.

2. 有效数字加减运算

当几个有效数字参与加、减或加减混合运算时,所得结果在小数点后所保留的位数与各加减数中小数点后位数最少者相同.

例如:$201.2+5.65-1.514=205.3$,201.2 小数点后只有一位,所以运算结果也应保留到小数点后一位.同理,$135-45.2+12.893=103$.

以上运算用竖式更加明了,数字上加横杠者是存疑位(估计位),根据有效数字的定义,计算结果的最后一位应为第一个存疑数字位.

$$
\begin{array}{r}
2\ 0\ 1.\overline{2} \\
+\quad\ \ 5.6\ \overline{5} \\
\hline
2\ 0\ 6.8\ \overline{5} \\
-\quad\ \ 1.5\ 1\ \overline{4} \\
\hline
2\ 0\ 5.3\ 3\ \overline{6}
\end{array}
\qquad
\begin{array}{r}
1\ 3\ \overline{5} \\
-\quad\ 4\ 5.\overline{2} \\
\hline
8\ 9.\overline{8} \\
+\quad 1\ 2.8\ 9\ \overline{3} \\
\hline
1\ 0\ 2.6\ \overline{9}\ \overline{3}
\end{array}
$$

3. 有效数字乘、除运算

两个有效数字相乘,一般情况下,结果的有效数字位数与有效数字位数最少者相同.当两个有效数字的首位数相乘向前进位时,应再多取一位.

例如:$32.45\times1.23=39.9$,$32.45\times4.23=137.3$,列竖式为

$$
\begin{array}{r}
3\ 2.4\ \overline{5} \\
\times\quad\ 1.2\ \overline{3} \\
\hline
9\ \overline{7}\ \overline{3}\ \overline{5} \\
6\ 4\ 9\ \overline{0} \\
+\ 3\ 2\ 4\ \overline{5} \\
\hline
3\ 9.\overline{9}\ \overline{1}\ \overline{3}\ \overline{5}
\end{array}
\qquad
\begin{array}{r}
3\ 2.4\ \overline{5} \\
\times\quad\ 4.2\ \overline{3} \\
\hline
9\ \overline{7}\ \overline{3}\ \overline{5} \\
6\ 4\ 9\ \overline{0} \\
+\ 1\ 2\ 9\ 8\ \overline{0} \\
\hline
1\ 3\ 7.\overline{2}\ \overline{6}\ \overline{3}\ \overline{5}
\end{array}
$$

当多个数字相乘时,可按上述规则逐步连乘.

两个数相除,结果的有效数字位数与有效数字位数最少者相同.

例如:44.28÷3.61=12.3,列竖式为

$$
\begin{array}{r}
1\,2.\bar{2}\,\bar{6} \\
3.6\,\bar{1}\,{\overline{\smash{\big)}\,4\,4.2\,\bar{8}}} \\
3\,6\,\bar{1} \\
\hline
8\,\bar{1}\,8 \\
7\,2\,\bar{2} \\
\hline
9\,\bar{6}\,0 \\
\bar{7}\,\bar{2}\,\bar{2} \\
\hline
2\,3\,\bar{8}\,0 \\
2\,1\,\bar{6}\,6 \\
\hline
\bar{2}\,1\,4
\end{array}
$$

4. 有效数字函数运算

函数的形式多种多样,有三角、对数、指数、幂函数,其运算较为复杂,一般对于各类函数,有效数字的运算规则为:自变量的最后一位是存疑位(估计位),在该位上取一个变化单位,按函数微分计算函数的变化量,函数有效数字最后一位与变化量的首位对齐.

> **例 1.1**:$y = \sin x = \sin 45°36'$
>
> **解**:x 的估计位在分上,取一个单位 $\Delta x = 1' = 2.9 \times 10^{-4}$ rad,$\Delta y = \cos 45°36' \cdot \Delta x = 0.000\,2$. 所以,$y$ 应保留到小数点后第 4 位,即 $y = \sin 45°36' = 0.714\,4$

有效数字的概念容易理解,计算也不复杂,但往往在实验中极易出错,特别是测量数据记录易出现少 0 或多 0,计算结果有效位数过少等错漏. 在课程学习中要对其充分重视,在每个实验中坚持正确的有效数字记录和运算,养成良好的习惯.

四、数值修约规则

数值修约(rounding off for numerical values)是指通过省略原数值的最后若干位数字,调整所保留的末位数字,使最后得到的值最接近原数值的过程,修约后得到的值称修约值. 国家标准《数值修约规则与极限数值的表示与判定 GB/T 8170−2008》给出了修约的基本规则如下:

1. 确定修约间隔

一般地,修约间隔可指定为 10^{-n}、1、10^{n},或等价对应说明将数值修约到(……“千”“百”)“十”分位、“个”位、“十”(“百”“千”……)位. 修约间隔在特定情况下也可能会使用 0.2 单位或 0.5 单位,因不常用,这里不做讨论,实际遇到时可查阅前述标准文件. 下面的规则均针对修约间隔为 $1 \times 10^{\pm n}$ 的情况.

2. 进舍规则

① 拟舍弃的最左一位数字小于 5 时直接舍弃不进位,如 12.149 8 修约到个位得 12,修约到十分位得 12.1.

②拟舍弃的最左一位数字大于 5 则进一,即保留数字末位加 1.如 1 268.6 修约到个位得 1 269,修约到"百"位得 $13×10^2$(特定场合可写成 1 300).

③拟舍弃的最左一位数字为 5 且后面有非 0 数字时进一,如将 10.500 2 修约到个位时为 11.

④拟舍弃的最左一位数字为 5 且后面无非 0 数字时,若保留数字最后一位为奇数则进一,若为偶数则直接舍弃不进位.如 1.050 和 0.35 修约到十分位分别为 1.0 和 0.4.

⑤负数修约时,不看负号,按照前述规则修约.如 -0.036 5 修约到千分位得 -0.036.

3. 不允许连续修约

修约时应首先确定好修约间隔,然后一次修约,不得多次从后向前连续修约,否则可能导致不正确结果.例如,对 15.454 6 修约到个位,应一次修约得 15,但是若从最后连续修约则得 16,过程:15.454 6→15.455→15.46→15.5→16.

为了避免数据在不同部门传递时发生这种连续修约,在报出修约值末位为 5 时可在其右上角用"+"表示 5 后面还有被舍弃的非 0 数值,再向左修约时可进一,而"-"则表示这个 5 是进位得到的,再向左修约时应直接舍弃.比如 15.454 6 第一步修约到十分位写为 15.5⁻,第二步将其修约到个位时,看到后面的"-",则直接舍弃十分位的 5 修约得 15.

4. 标准偏差和不确定度的修约

关于标准偏差和不确定度(见本章第六节)的修约规则,标准 GB/T 8170—2008 没有给出特殊规定,一般按照不确定度评定的国家标准和计量规范处理,具体见本章第六节关于不确定度表示的要求.

第六节　测量结果的不确定度评定

一、不确定度的基本概念

1. 不确定度概念和评定意义

当给出物理量的测量结果时,应对测量结果的质量给出定量的说明,以便使用者能评价其可靠程度.如果没有这样的说明,测量结果之间不能进行比较,测量结果也不能与标准或规范中给出的参考值进行比较,所以需要一个便于实现、容易理解和公认的方法来表征测量结果的质量.表征这个质量的参量,比较简单地可以使用算术平均误差(重复测量时各测量值与平均值之差的绝对值平均值)、标准偏差等,但在测量领域,现在广泛地使用不确定度(uncertainty)概念.不确定度是指"利用可获得的信息,表征被测量量值分散性的非负参量".它既包括由随机效应引起的分量,也包括由系统效应引起的分量(一般是指对估计到的系统效应未作修正而当作不确定度分量处理).测量不确定度一般由若干以标准偏差表征的分量组成,各分量评定后再按方和根(即各分量平方、求和再开方)合成为被测量的"合成标准不确定度"(combined standard uncertainty).如国际单位制(SI)一样,测量不确定度的评定和表示方法已取得国际共识,因此正确掌握其基本概念和规则,对科学、工程技术、商贸和工业中大量的测量结果均具有极为重要的意义.

不确定度评定的规范或标准本身也有一个发展改革过程,在不同时期有不同版本的规范或标准,甚至相同时期不同领域也有不同的规范和标准. 在现行的高校物理实验教材中关于不确定度评定也有不同的表述和观点,甚至为了"保险"或简单,一些规定非常粗略,但是这些不够统一的评定模式,可能导致不确定度评定在数据传递或应用时出现问题. 当低估不确定度时可能引起过分信赖报告值,而使得在某些时候带来尴尬甚至引起严重后果. 而过于谨慎地放大不确定度,也可能产生我们所不希望的影响,如导致用户去购买比他们实际所需精度更高的昂贵仪器,或者将仍能使用的设备进行不必要的报废等.

本书中不确定度评定将遵循当前最新国家标准《测量不确定度评定和表示 GB/T 27418-2017》的要求,该标准未作规定或特别说明的其他未尽之处将参考《国家计量技术规范 JJF 1059.1-2012》和其他相关标准或规范加以说明.

2. 不确定度的来源

测量不确定度的可能来源包括:

① 被测量的定义不完整;

② 被测量定义的复现不完善;

③ 取样的代表性不足——即所测量的样本可能不能代表定义的被测量;

④ 对测量受环境条件的影响认识不足或对环境条件的测量不完善;

⑤ 模拟指示仪器的人员读数偏移;

⑥ 仪器分辨力或识别阈值的限制;

⑦ 测量标准和标准物质的量值不准确;

⑧ 从外部得到并在数据简约计算中使用的常数和其他参量的值不准确;

⑨ 测量方法和程序中的近似和假设;

⑩ 在看似相同条件下,被测量重复观测中的变异性.

需要说明的是:在一个测量中,原则上来说,这些来源不一定都同时存在,指明这些来源的主要目的在于实验设计时应全面考虑,并应通过适当设计尽可能减小这些因素的影响. 另外,各不确定度来源并不是相互独立的,①到⑨中有些来源的影响对来源⑩有贡献,或者说它们的影响会在⑩中体现出来. 另外,未识别的系统影响不可能在测量结果的不确定度评定中被考虑到,但其对误差有贡献.

3. 不确定度与误差的联系与区别

不确定度是与误差既有紧密联系又有很大区别的概念. 由前面的知识我们知道,误差是测量值与被测量的客观真值的差值,即测量值对真值的偏离程度,但由于客观真值一般都是未知的,因此相应的误差也不能准确获知,其更多地只具有理论价值. 而不确定度表述的是测量结果的概率分散性,对已识别的系统影响进行修正后的测量结果仍然只是被测量的估计值,因为还存在由随机影响引起的不确定度和对系统影响修正不完全而引入的不确定度. 由此可见,测量结果即使具有很大的不确定度,仍可能非常接近被测量的真值(即误差可忽略),反之即便是一个不确定度非常小的测量结果,如果未识别的系统影响比较大的话,该测量结果的误差也会很大. 因此,一个测量结果的不确定度不应与其误差相混淆. 由此我们也可以进一步看出系统误差在测量中的重要性,我们必须在实验设计和实验过程中都对其予以充分重视.

二、输入量标准不确定度的评定方法

进行不确定度分析时,测量函数 $Y=f(X_1,X_2,\cdots,X_i,\cdots,X_N)$ 称为测量模型,Y 称为被测量(measurand),是测量中的间接测量量,测量计算后的结果用 y 表示,称被测量估计值(estimate of measurand)或测量结果(result of measurement)或输出量估计值(output estimate),为与《标准 2017》一致,后文简称"输出量".而函数中的自变量 X_i 为与被测量有关的第 i 个"输入量"(input quantity),是测量中的直接测量量或非测量的引入值,该量的测量估计值(多次测量的算术平均值、单次测量值或引入值)用 x_i 表示,称为输入量估计值(estimate of input quantity),后文简称"输入量",为简洁,测量平均值在不引起混淆的情况下也不在上面加短杠.

输入量 x_i 用标准差表征的不确定度称为标准不确定度,用 $u(x_i)$ 表示.《标准 2017》指出,输入量的测量不确定度评定有两种基本方法,一种是若 x_i 是由一系列观测值得到的,则 $u(x_i)$ 用统计方法评定计算,称为 A 类评定方法;另一种是若输入量不是由重复测量得到的,即单次测量值或引入值,则其标准不确定度利用已有的相关信息用不同于 A 类评定的方法评定,称为 B 类评定方法,这是一种先验评定.

单次测量一般是在不能、不宜或不必要进行多次重复测量时采用,如破坏性试验、某特定时间地点环境温度测量、被测量被较好地定义且量值很大而仪器精度又足够高,以及根据经验该输入量的不确定度对输出量合成不确定度贡献非常小等.如果某个输入量是引入值,则应在给出量值的同时给出其不确定度.

还有另一种情形,虽然 x_i 是重复测量序列获得的,但重复测量的各值非常接近,按 A 类评定的不确定度与由仪器误差或其他先验经验做 B 类评定的不确定度相当或更小时,国家市场监督管理总局计量专家在《测量不确定度百问》中指出,此时也需要对该量做 B 类评定,$u(x_i)$ 取两者中更大的值.

相对于一般性测量,对有更高要求的工业精密测量或对计量标准进行校准时,由于测量精度很高,一些在一般测量中影响不显著的不确定来源在这时可能不能忽略,对它们需要单独评定,然后将各来源分量按方和根进行合成,具体可参考"中国合格评定国家认可委员会"发布的各专业领域的评估指南或"国家市场监督管理总局"发布的相关计量技术规范.

1. 标准不确定度的 A 类评定

如果输入量 X_i 是在相同条件下进行 n 次独立重复测量得到的,则其最佳估计值——算术平均值的实验标准偏差,即为该输入量的 A 类评定的标准不确定度.实验标准偏差的计算见本章第四节.一般情况下,测量次数足够多($n \geqslant 20$)时,直接使用贝塞尔公式(1-4-6)进行计算,而测量次数不多时,使用贝塞尔公式的 t 分布修正,即

$$u(x_i)=s(\bar{x}_i)=t_p\sqrt{\frac{1}{n(n-1)}\sum_{k=1}^{n}(x_{i,k}-\bar{x}_i)^2} \qquad (1-6-1)$$

本课程教学中,t_p 值根据测量次数 n 从表 1-4-1 中查得.

输入量的实验标准偏差在测量次数较少时,也可以使用本章第四节式(1-4-9)的极差法获得.另外,在工业测量的过程核查、规范化常规检定校准中也常常使用"合并样本

标准偏差"和"预评估重复性"进行 A 类评定,具体可参考《规范 2012》.

对某输入量重复测量进行 A 类评定时,应考虑在实验中尽量把各种随机影响因素充分反映到重复测量中.

2. 标准不确定度的 B 类评定

若输入量不是由重复测量得到的,则其标准不确定度根据该输入量可能变化的全部有关信息的判断来评定,称 B 类评定.

(1) B 类评定所依据的信息有:

① 以前的测量数据;

② 对有关材料和仪器特性的经验或了解;

③ 生产厂家提供的技术说明书;

④ 校准证书或其他证书提供的数据;

⑤ 手册给出的参考数据的不确定度.

(2) B 类评定常见的三种具体情形:

① 输入量为引入值,厂家手册直接给出了其量值和不确定度,如电阻应变片的灵敏度,霍尔片的灵敏度等.注意这里给出的不确定度可能是标准不确定度,也可能是标准不确定度乘以一个包含因子 k 所给出的"扩展不确定度"(expanded uncertainty),要注意加以区分.

② 由测量仪器的检定误差限及该仪器误差的概率分布决定的情况.此时首先根据仪器的说明书、国家标准、校准证书等获得测量仪器误差限 Δ.然后确定该误差的分布形式(在不能确定分布的情况下,近似按均匀分布处理),再将误差限 Δ 除以系数 k 换算成概率为 0.683 的标准不确定度,即

$$u(x_i) = \frac{\Delta}{k} \qquad (1\text{-}6\text{-}2)$$

对于正态分布 $k=3$;均匀分布 $k=\sqrt{3}$;三角分布 $k=\sqrt{6}$;其他分布可查阅《规范 2012》.

本课程中,为了统一教学,便于使用,教学中的几种常用仪器的误差限取值如下(在实际工作中应查阅相应仪器的说明书来确定):

a. 螺旋测微器(micrometer caliper)(千分尺):根据国家标准,在正确使用条件下,一级螺旋测微器在测量范围 0~100 mm 内,其误差限为 $\Delta = 0.004$ mm.

b. 游标卡尺(vernier caliper):根据国家标准,在测量范围 0~300 mm 内,误差限 $\Delta =$ 分度值,如 50 分度的卡尺,$\Delta = 0.02$ mm.角游标也参照此方法处理.

c. 米尺(meter ruler):考虑到测量者的读数误差,取 $\Delta = 0.5$ mm.

d. 物理天平(physical balance):物理实验室常用的 WL-1 型物理天平感量为 0.05 g.严格来讲,天平误差限既要考虑天平的误差,也要考虑所使用的每个砝码的误差.教学中根据实际情况综合取为 $\Delta = 0.05$ g.

e. 电子秒表(stopwatch):常用的电子秒表可以测量到 0.01 s,但测量者在起始和末了的两次按表会产生从判断到动作的人为误差,考虑该因素,做 B 类评定时取 $\Delta = 0.2$ s.

f. 电表:实验室所用的电流表(ammeter)和电压表(voltmeter),根据其测量精度不同,一般分为 10 个等级,每个电表的等级大多标在表盘的右下角,若电表级别为 a,则有

$$\Delta = 量程 \times a\%$$

例如,一个量程为 100 mA,级别是 1.0 的电流表,其误差限为 $\Delta = 100 \text{ mA} \times 1.0\% = 1 \text{ mA}$,按均匀分布处理,B 类评定为 $u = 1/\sqrt{3} \text{ mA} = 0.6 \text{ mA}$.

g. 电阻箱(resistance box):电阻箱分为 5 个级别,若级别为 a,一般 $\Delta = $ 示值$\times a\%$. 实验室常用的 ZX21 型电阻箱为 0.1 级,ZX35 型电阻箱为 0.2 级. 若电阻箱说明书或铭牌给出了其他特别规定,则按该规定计算.

以上仪器误差分布如表 1-6-1 所示.

h. 数字表. 关于数字表的规定目前尚不统一,主要有 4 种:(i)误差限 $\Delta = a\% \times S + b$,其中 a 为仪表准确度等级,S 为量程,b 为仪表分辨力.(ii)误差限 $\Delta = a\% \times S$,a、S 同前.(iii)误差限 $\Delta = a\% \times S + c\% \times N$,其中 N 为测量示值,c 为与示值对应的系数.(iv)标准不确定度 $u = 0.29\delta_x$,其中 δ_x 为数字仪表分辨力,一般为最小显示数位对应的单位. 如某最小有效显示数字(注意不是感量)为 1 g 的电子天平,其标准不确定度为 $u = 0.29 \text{ g}$. 具体使用哪一种要根据所用仪器的说明书给出的信息,若没有说明书可参考选用第(iv)项.

表 1-6-1　部分仪器的仪器误差分布

仪器名称	螺旋测微器	游标卡尺	钢板尺	物理天平	秒表	电表	电阻箱
误差分布	正态分布	均匀分布	正态分布	正态分布	近似均匀分布	近似均匀分布	近似均匀分布

注意:有时候仪器说明书给出的不是误差限而是扩展不确定度,此时式(1-6-2)中的 k 要使用与该扩展不确定度相对应的包含因子.

③ 由于实验测量条件限制,无法以仪器精度来测量时,实验室可根据经验给定该输入量测量误差限. 比如用拉伸法测杨氏模量实验中测量钢丝原长时,虽然米尺的精度是 1 mm,误差限一般取为 0.5 mm,但因上下夹持钢丝的夹具的限制,准确的夹持点不能精确确定,即被测量不能很好地精确定义,同时米尺也不能紧靠被测钢丝,存在视差,实验室根据经验给定该测量的误差限为 3 mm 而非米尺的 0.5 mm,然后根据其确定方法对应的概率分布类型来计算标准不确定度. 电子秒表的误差限取为 0.2 s 也是属于这种情形.

说明:关于重复测量时的 B 类评定与合成

依据《标准 2017》,对输入量的标准不确定度评定,某输入量由一个测量序列测定时用 A 类评定,仅在重复测量值非常接近,A 类评定结果很小,或者明确某个来源不能在重复测量中体现出来时才进行 B 类评定. 但要说明的是:由于历史原因,现行大部分大学物理实验教材对重复测量量都分别进行 A、B 两类评定,并将 A 类评定的结果记为 $u_A(x)$,B 类评定的结果记为 $u_B(x)$,再将两者用方和根的方法合成为总不确定度 $u_c(x)$,与国标有所不同.

三、输出量的最佳估计值

输出量的最佳估计值,一般应将各输入量的最佳估计值——算术平均值——代入两者的函数关系式计算,即

$$y = f(\bar{x}_1, \bar{x}_2, \cdots, \bar{x}_N) \tag{1-6-3}$$

还有第二种算法：

$$y = \frac{1}{n} \cdot \sum_{k=1}^{n} y_k = \frac{1}{n} \cdot \sum_{k=1}^{n} f(x_{1,k}, x_{2,k}, \cdots, x_{N,k}) \tag{1-6-4}$$

即若实验进行了 n 组独立观测，则 y 等于各组输入量计算出的输出量的算术平均值. 如果测量中某个或某几个输入量是变化取值的(非等精度测量)，则应采用第二种计算方法或其他特定的数据处理方法，如逐差法、作图法或线性回归法等计算.

四、标准不确定度分量与合成标准不确定度

被测量(即间接测量)Y 的不确定度由输入量(即直接测量量)X_i 的测量值和不确定度以及两者间的函数关系确定，其本质上等价于多元函数各自变量的变化对因变量变化的影响. 考虑到高阶微分量通常都很小，因此一般情况只考虑多元函数一阶微分项，同时依据不确定度的非负特性，故将各求和项平方后再求和开方，即所谓的"方和根"，将其作为输出量的不确定度，称为合成标准不确定度，记为 $u_c(y)$. 若还需考虑各输入量之间的相关性，则还应包含统计相关的交叉项——协方差分量. 故 Y 的不确定度可以使用如下的不确定度传递公式计算：

$$u_c(y) = \sqrt{\sum_{i=1}^{N} \left(\frac{\partial f}{\partial x_i}\right)^2 u(x_i)^2 + 2\sum_{i=1}^{N-1}\sum_{j=i+1}^{N} \frac{\partial f}{\partial x_i} \cdot \frac{\partial f}{\partial x_j} u(x_i, x_j)} \tag{1-6-5}$$

其中各输入量的标准不确定度 $u(x_i)$ 由 A 或 B 类评定方法得到，Y 对 X_i 在其估计值 x_i 处的偏导数，称传递系数，式中第二个求和项是相关量之间的协方差，具体形式见后述内容. 直接利用传递公式(1-6-5)计算被测量的不确定度比较简单，但不方便看出各自变量对合成标准不确定度的贡献大小，因此实际计算中，我们先分别计算各输入量对被测量标准不确定度的贡献分量(有时还有相关分量)，最后把各分量用方和根的方法合成为 $u_c(y)$.

1. 输入量(直接测量量)标准不确定度分量

除了航空、航天、生物和标准计量等高要求的领域，或根据经验在某些特定情况下，输入量间确有明显相关时，一般情况下，物理实验的各输入量间都不考虑相关，输入量 x_i 对输出量不确定度贡献的不确定度分量 $u_i(y)$ 为

$$u_i(y) = c_i \cdot u(x_i) = \left|\frac{\partial f}{\partial x_i}\right| \cdot u(x_i) \tag{1-6-6}$$

其中 $u(x_i)$ 为输入量 x_i 的标准不确定度，偏导数 $c_i = \left|\frac{\partial f}{\partial x_i}\right|$ 称为灵敏系数，即传递公式中的传递系数.

如果输出量和输入量之间是连乘除幂指函数，即 $y = c \cdot x_1^{p_1} x_2^{p_2} \cdots x_N^{p_N}$，其中 p_i 是或正或负的幂指数，则可以先计算各输入量的相对标准不确定度分量，计算更简单，即

$$u_{i,r}(y) = \left|\frac{\partial \ln f}{\partial x_i}\right| \cdot u(x_i) = \left|\frac{p_i}{x_i}\right| \cdot u(x_i) \tag{1-6-7}$$

注意：如果某个输入量对输出量的非线性很强，即在该输入量估计值处高阶偏导数

特别大时则需要考虑高阶分量,具体形式请参考《标准2017》.

如果某些输入量之间存在必须考虑的相关性,则输出量合成标准不确定度不仅要考虑各输入量单独的贡献,还要考虑这些量的不确定度相关性对合成标准不确定度的影响,各输入量不确定度相关性可用如下相关系数来判断:

$$r(x_i, x_j) = \frac{u(x_i, x_j)}{u(x_i) \cdot u(x_j)} \tag{1-6-8}$$

其中,$u(x_i, x_j) = u(x_j, x_i)$ 是 x_i 和 x_j 的协方差,可用下式计算:

$$u(x_i, x_j) = \frac{1}{n(n-1)} \sum_{k=1}^{n} (x_{i,k} - \overline{x_i})(x_{j,k} - \overline{x_j}) \tag{1-6-9}$$

根据相关系数大小综合考虑,如果不能忽略相关性影响,则合成标准不确定度的分量还要增加协方差分量:

$$u_{i,j}(y) = \sqrt{2 \sum_{i=1}^{N-1} \sum_{j=i+1}^{N} \frac{\partial f}{\partial x_i} \cdot \frac{\partial f}{\partial x_j} u(x_i, x_j)} \tag{1-6-10}$$

2. 输出量(间接测量量)的合成标准不确定度

不考虑输入量间相关性和高阶量时,输出量的合成标准不确定度 $u_c(y)$ 为各输入量不确定度分量 $u_i(y)$ 的方和根,即

$$u_c(y) = \sqrt{\sum_{i=1}^{N} u_i(y)^2} \tag{1-6-11}$$

如果要考虑相关性,则

$$u_c(y) = \sqrt{\sum_{i=1}^{N} u_i(y)^2 + \sum_{i=1}^{N-1} \sum_{j=i+1}^{N} u_{i,j}(y)} \tag{1-6-12}$$

如前所述,如果输出量和输入量之间是连乘除幂指函数,即 $y = c \cdot x_1^{p_1} x_2^{p_2} \cdots x_N^{p_N}$,则可以先计算输出量的相对合成标准不确定度,计算更简单,即

$$\frac{u_c(y)}{|y|} = \sqrt{\sum_{i=1}^{N} u_{i,r}(y)^2} \tag{1-6-13}$$

然后由该相对合成标准不确定度乘以被测量的绝对值得到合成标准不确定度.

说明:当被测量的最佳估值采用第二种计算方法时,被测量的合成标准不确定度,由被测量 A 类评定与各输入量 B 类评定作为分量,按方和根合成为 $u_c(y)$,具体可参见"中国合格评定国家认可委员会"发布的 CNAS-GL016:2020 中的评估实例.

3. 不确定度微小分量处理

由于合成标准不确定度是各分量的方和根,而标准不确定度又只保留 1~2 位有效数字,因此当某个分量相对于其他分量较小时,忽略掉这个分量对结果基本没有影响.计算表明:当不确定度只保留 1 位有效数字时,一个次要分量为主要分量的 1/3 时可以忽略,而当不确定度保留 2 位有效数字时,一个次要分量为主要分量的 1/10 时可以忽略.但如果同时出现多个不确定度微小分量,则要比较其和,若其和仍小于主要分量的 1/3 或 1/10 时,亦可忽略.教学中,我们可以简单地统一按 1/10 来比较.

说明:被测量的合成标准不确定度不采用不确定度传递公式计算,而是先分步计算出各输入量对输出量不确定度贡献的分量,其好处一方面是各输入量的不确定度分量以

与被测量相同的单位展示出来,可以直接比较它们对输出量合成不确定度的贡献,根据这个贡献可以使我们在实验原理、实验方案、实验条件、仪器选配等方面对实验设计进行优化.另一方面,也方便小分量根据不确定度微小量处理原则进行一定简化.

五、扩展不确定度

$u_c(y)$ 对应 68.3% 的包含概率,其广泛应用于表示测量结果不确定度的各种场合,但在某些重要场合,常常有必要提供包含概率更高的不确定度,此时可以用一定包含概率 P 对应的包含因子 k 乘以 $u_c(y)$ 作为扩展不确定度,并用符号 U 表示,即

$$U = k \times u_c(y)$$

在通常的实际测量中,k 取 2~3,且 $k = 2$ 对应的包含概率约为 $P = 95\%$,$k = 3$ 对应的约为 $P = 99\%$.使用扩展不确定度,测量结果可写作:

$$Y = y \pm U, P = 0.95(或其他对应包含概率)$$

该式表示,被测量 Y 以概率 P 处于区间 $[y-U, y+U]$ 之中.后面的包含概率也可以换作包含因子 k.如果报告中包含概率和包含因子都省略,则默认是包含因子 $k = 2$.要全面了解 k 和 P 的对应关系,可参阅《标准 2017》的附录 E.

六、测量结果及其不确定度的报告与表示

完整的测量结果应该包括测量的全部细节:测量模型、不确定度来源、分量评定、灵敏系数、不确定度分量、相关性信息以及合成标准不确定度等.一般情形下,对测量结果及其合成标准不确定度的表示有四种形式,以某被测长度量 L 为例,设其最佳估计值为 11.25 m,合成标准不确定度 $u_c(L) = 0.15$ m,则结果可表示为:

① $L = 11.25$ m,$u_c(L) = 0.15$ m;第二项也可简写为 $u_c = 0.15$ m.

② $L = 11.25(15)$ m;括号中的数为 $u_c(L)$ 的末位数字,与前面结果末位对齐.

③ $L = 11.25(0.15)$ m;括号中的数为 $u_c(L)$,与前面测量结果单位相同.

④ $L = (11.25 \pm 0.15)$ m;"±"号后面为 $u_c(L)$.

如有必要,以上四种形式都可以附加相对标准不确定度,$u_c(L)/L = 1.4\%$.

上述四种形式中,第 2 种格式一般用来发布物理常量;第 4 种形式传统上用于高包含概率即扩展不确定度报告,现已不再使用此形式报告标准不确定度,以免混淆.教学中,对结果完整表示(指同时给出结果的最佳估值及其合成标准不确定度)时,我们统一要求采用第一种形式,并同时给出相对标准不确定度.

注意:结果完整表示的有效数字规范.

① 对于一般测量,合成标准不确定度 $u_c(y)$ 只取 1~2 位有效数字.《规范 2012》和《标准 2017》指出,$u_c(y)$ 第一位有效数字较小时(如 1 或 2),保留 2 位有效数字,较大时则只保留 1 位有效数字.实践中常按"数值修约"规定(本章第五节)进行修约,或按"三分之一准则"(即把后续数字视为小数,当小于单位 1 的 1/3 时舍去,否则进位)保留、亦有时按"宁大勿小"进位.实验课教学中简化地按"宁大勿小"进位.

② 输出量的最佳估计值末位与合成标准不确定度末位对齐.

③ 相对不确定度 $u_r(y)$ 保留 1~2 位有效数字,实际执行中一般保留 2 位有效数字.

例 1.2：测量圆柱体的密度，直径 D 用螺旋测微器测量，长度 L 用 50 分度的游标卡尺测量，质量 m 用 WL-1 物理天平测量，且 D 测量多次，L 和 m 各测量一次．求被测圆柱体的密度，并完整表示测量结果．

实验数据如下：

L：45. 24 mm，m：10. 85 g，D：螺旋测微器的零读数为 + 0. 006 mm，10 次测量值如表 1-6-2 所示．

表 1-6-2   （单位：mm）

6. 253	6. 250	6. 249	6. 251	6. 252	6. 254	6. 251	6. 250	6. 248	6. 253

解：（1）各直接测量结果的计算

L 使用 50 分度的游标卡尺一次测量值，按 B 类评定，即

$$u(L) = \Delta/C = 0.02 \text{ mm}/\sqrt{3} \approx 0.012 \text{ mm}, \quad u_r(L) = \frac{0.012}{45.24} = 0.027\%$$

m 使用 WL-1 物理天平一次测量值，按 B 类评定，即

$$u(m) = \Delta/C = 0.05 \text{ g}/3 \approx 0.017 \text{ g}, \quad u_r(m) = \frac{0.017}{10.85} = 0.16\%$$

D 的平均值为 6. 251 mm，修正系统误差后有

$$\overline{D} = (6.251 - 0.006) \text{ mm} = 6.245 \text{ mm}$$

D 为重复测量量，不确定度采用 A 类评定，由于测量了 10 次，则 $t_p = 1.06$，有

$$u(D) = 1.06 \sqrt{\frac{1}{10(10-1)} \sum_{i=1}^{10} (D_i - \overline{D})^2} = 0.006\ 5 \text{ mm}$$

$$u_r(D) = \frac{0.006\ 5}{6.245} = 0.11\%$$

（2）密度 ρ

$$\rho = \frac{4m}{\pi \overline{D}^2 L} = \frac{4 \times 10.85 \times 10^{-3}}{3.141\ 6 \times 6.245^2 \times 10^{-6} \times 45.24 \times 10^{-3}} \text{ kg/m}^3 = 7.830 \times 10^3 \text{ kg/m}^3$$

（3）标准不确定度分量及合成标准不确定度：

$$u_1(\rho) = \left| \frac{\partial \rho}{\partial m} \right| \cdot u(m) = \frac{4}{\pi \overline{D}^2 L} \cdot u(m)$$

$$= \frac{4 \times 0.017 \times 10^{-3}}{3.141\ 6 \times 6.245^2 \times 10^{-6} \times 45.24 \times 10^{-3}} \text{ kg/m}^3 = 0.012 \times 10^3 \text{ kg/m}^3$$

$$u_2(\rho) = \left| \frac{\partial \rho}{\partial D} \right| \cdot u(D) = \frac{8m}{\pi \overline{D}^3 L} \cdot u(D)$$

$$= \frac{8 \times 10.85 \times 10^{-3} \times 0.006\ 5 \times 10^{-3}}{3.141\ 6 \times 6.245^3 \times 10^{-9} \times 45.24 \times 10^{-3}} \text{ kg/m}^3 = 0.008\ 2 \times 10^3 \text{ kg/m}^3$$

$$u_3(\rho) = \left| \frac{\partial \rho}{\partial L} \right| \cdot u(L) = \frac{4m}{\pi \overline{D}^2 L^2} \cdot u(L)$$

$$= \frac{8 \times 10.85 \times 10^{-3} \times 0.012 \times 10^{-3}}{3.141\,6 \times 6.245^2 \times 10^{-6} \times 45.24^2 \times 10^{-6}}\ \text{kg/m}^3 = 0.002\,1 \times 10^3\ \text{kg/m}^3$$

$$u_c(\rho) = \sqrt{u_1(\rho)^2 + u_2(\rho)^2 + u_3(\rho)^2}$$

$$= \sqrt{0.012^2 + 0.008\,2^2 + 0.002\,1^2} \times 10^3\ \text{kg/m}^3 = 0.015 \times 10^3\ \text{kg/m}^3$$

实际上,上述三个分量中第三个分量小于前面两个分量的 1/3,舍去该分量,计算结果相同.由于该测量函数是连乘除幂指数函数,因此可以先算相对合成标准不确定度,即

$$u_c(\rho)/\rho = \sqrt{\left[\frac{u(m)}{M}\right]^2 + 2^2 \times \left[\frac{u(D)}{D}\right]^2 + \left[\frac{u(L)}{L}\right]^2}$$

$$= \sqrt{\left(\frac{0.017}{10.85}\right)^2 + 2^2 \times \left(\frac{0.006\,5}{6.245}\right)^2 + \left(\frac{0.012}{45.24}\right)^2} = 0.19\%$$

$$u_c(\rho) = 7.830\ \text{kg/m}^3 \times 0.19\% = 0.015 \times 10^3\ \text{kg/m}^3$$

（4）结果表示：

$$\rho = 7.830 \times 10^3\ \text{kg/m}^3, \quad u_c(\rho) = 0.015 \times 10^3\ \text{kg/m}^3, \quad u_c(\rho)/\rho = 0.19\%$$

七、不确定度评定步骤小结

对测量结果计算及其不确定度评定和表示的步骤简化小结如下：

1. 将输入量 X 与被测量 Y 的关系用函数表示：$Y = f(X_1, X_2, \cdots, X_N)$,函数 f 应显含每一个对测量结果的不确定度有显著影响的分量及所有的校正值或校正因子；

2. 用统计分析或其他方法确定输入量 X_i 的估计值 x_i；

3. 评定每个输入量估计值 x_i 的标准不确定度 $u(x_i)$,对非重复测量的输入量,按标准不确定度的 B 类评定,对重复测量量,按标准不确定度的 A 类评定,要注意如果重复测量量重复性很好,应再做与仪器误差限相关的 B 类评定,并以两种评定中更大的作为输入量的标准不确定度；

4. 对相关性不可忽略的输入量,评定它们的协方差；

5. 将输入量 X_i 的估计值 x_i 代入函数关系式计算得到被测量 Y 的估计值 y；

6. 由输入量估计值和标准不确定度根据函数关系计算各输入量对被测量的不确定度分量,然后以方和根计算测量结果 y 的合成标准不确定度 $u_c(y)$；

7. 有要求时还要给出扩展不确定度 U,表明被测量 Y 以一定概率 P 处于区间 $[y-U, y+U]$ 中；

8. 测量结果不确定度报告与表示.

对误差及不确定度评定的总结如图 1-6-1 所示.

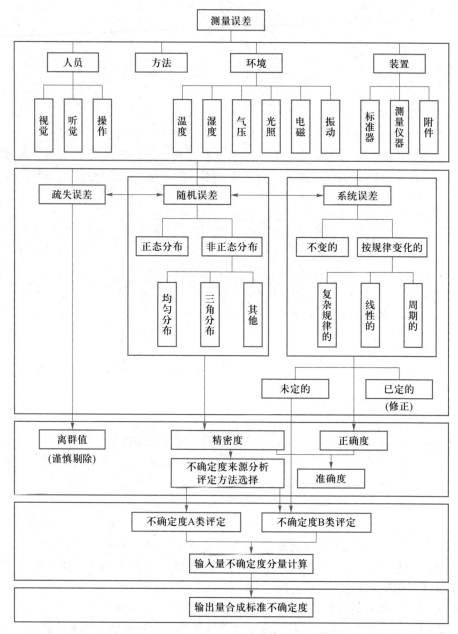

图 1-6-1　误差、不确定度小结

第七节　实验数据处理的常用方法

数据处理(data processing)是从测得数据到得出所需结果的整个过程.要想从实验数据中得到科学的、达到一定准确度要求的实验结果,必须对数据进行科学的分析和处理.所以数据处理是实验不可分割的一部分.

不同的测量对象,不同的函数关系,不同的测量目的,所采用的数据处理方法不同.在物理实验中,常用的数据处理方法有列表法、作图法、逐差法、线性回归法等.

一、列表法

直接测量的数据是从仪器上读到的,没有经过任何数学运算处理,是实验的宝贵资料,是获得实验结果的依据.所以,全面、正确、完整地记录原始数据是实验成功的保证.利用表格进行数据的记录和处理,是最基本的数据处理方法.

1. 列表记录数据的优点

① 可以提高处理数据的效率,减少和避免错误.

② 便于检查测量结果是否合理,发现错误数据.

③ 可以简单而明确地表示出有关物理量之间的对应关系.

④ 有助于找出有关量之间的规律性联系.

根据需要把计算的某些中间结果列在数据表中,可以从对比中发现运算是否有错误,随时进行有效数字的简化,避免不必要的重复计算.

2. 列表的要求

① 一般表的上方应有表的编号和名称,标明数据表内容.

② 简单明了,层次分明,易于看出有关量之间的关系,便于数据处理.

③ 要交代清楚表中各符号代表的物理意义,并在符号后写明单位.单位及数据的量级写在标题栏内,不要重复记在数据的后面.

④ 记录的数据必须正确反映测量结果的有效数字.

例如非线性电阻伏安特性数据如表 1-7-1 所示.

表 1-7-1 非线性电阻伏安特性数据

项目	1	2	3	4	5	6	7	8
U/V								
I/mA								

二、作图法

作图法是将两列数据之间的关系用曲线(包括直线)表示出来的一种方法.作图法简单、直观,不受函数形式的局限,所以是科学实验中最常用的数据处理方法,是科技工作者应掌握的基本技能.

1. 作图法的作用和优点

① 形象直观地反映物理量之间的规律和关系,特别在函数形式未知的情况下,其优点更突出.

② 不必知道函数具体关系,可以直接由曲线求斜率、截距、微分(切线)、积分(面积)、极值,还可以采用内插、外推、渐近线等方法求出某些物理量.

③ 描绘光滑曲线有平均效果,可减小随机误差,并能帮助发现和分析系统误差.

④ 根据曲线上物理量之间的变化趋势,帮助建立经验公式.

2. 作图方法与规则

（1）坐标纸的选取

常用的坐标纸有直角坐标纸、单对数坐标纸、双对数坐标纸、极坐标纸等,我们需要根据所绘制曲线的物理量之间的函数关系对应的坐标系统以及绘图的目的来选择合适的坐标纸.在物理实验中,大多数情况下我们使用的都是直角坐标纸.

（2）坐标轴的比例和标度

作图时,一般以横轴代表自变量,纵轴代表因变量.轴线的末端加箭头,并标明所代表的物理量的名称(或符号)和单位.

选取比例和标度时,要特别注意被测量的有效数字.原则上,有效数字的最后一位是估计位,在图上也应是估计的,即坐标纸的最小格代表被测量中可靠数字的最后一位.这样,可以避免因标度不当带来的精度的夸大或减小.当需要时,可以按 $1:2$、$2:1$、$1:5$ 等比例放大或缩小,纵轴和横轴的比例不一定相同,尽量让曲线对称地充满整个坐标纸,使其整齐、美观.

在轴上按等间距用有效数字写出标度,坐标轴的起点不一定从零开始.

（3）标点与连线

实验数据点一般用符号"+""×""○""△"等在坐标纸上明确标出,一条曲线用一种符号,几条不同的曲线画在同一张坐标纸上时,用不同的符号以示区别.

连线(拟合曲线)一定要用直尺或曲线尺等作图工具,根据不同情况把数据点连成光滑的直线或曲线.由于测量存在误差,曲线并不一定要通过所有的点,而是要求不在线上的数据点随机、均匀、对称地分布在曲线两旁.这相当于在数据处理中取平均值.若有个别点偏离过大,应仔细分析后决定取舍.连线要细而清晰,连线过粗会带来附加误差.

（4）标明曲线的名称

作完图后,一定要在图的上方或下方标明曲线的名称,有必要时应给出图例和注明获得本实验曲线的实验条件.

在用作图法处理数据时,为使所画曲线能真实地反映测量值之间的关系,实验时应根据曲线的大致形状选取测量点,若是直线,自变量可以等间距变化;若不是直线,则斜率变化大的地方测量点在横轴上应取得密一些.

说明:以实验数据曲线可视化表达变量间的关系,条件允许的情况下使用计算机软件绘制曲线会更方便、更准确,进行参量求解也更简单.但手工作图作为了解作图法基本概念的方法和一种基本训练,以及在不使用计算机的情况下它是一种十分简单的方法,我们有必要对其加以训练并掌握.关于计算机作图的基本知识,有兴趣的同学可参考本章第九节内容和查询相关软件的帮助信息.

3. 图解法

图解法是从曲线信息求出被测量或得出经验方程的方法.物理实验中常从直线上求斜率(slope)和截距(intercept);或通过内插(interpolation)、外推(extrapolation)等方法求某些实验无法测得的物理量.要说明的是,以坐标纸作图求解参量一般误差较大,作图者主观因素影响明显,学习重点在于对其物理概念的理解和基本训练,更客观准确的求解方法是线性回归等数理统计方法.

（1）求斜率和截距

在所拟合的直线上选取两点 $A(x_1, y_1)$、$B(x_2, y_2)$,A、B 两点应相距远一点,为方便读图,应尽量选择直线与坐标整刻度线的交点.

设所拟合的直线方程为 $y=a+bx$,将 A、B 两点的坐标代入得

$$b=\frac{y_2-y_1}{x_2-x_1} \tag{1-7-1}$$

若 x 轴的起点为零,则直线与 y 轴的交点的对应值即为截距 a.当 x 轴的起点不为零时,把 A 点(或 B 点)的坐标和式(1-7-1)代入直线方程有

$$a=\frac{y_1x_2-y_2x_1}{x_2-x_1} \tag{1-7-2}$$

当曲线是非线性关系时,可以改直作图后再求值.

若 $y=a+bx^2$,y 与 x^2 是线性关系,作 y-x^2 图,可求得 a、b 值.

若 $y=a+b/x$,y 与 $1/x$ 是线性关系,作 y-$1/x$ 图,可求得 a、b 值.

若 $y=bx^a$,两边取自然对数有 $\ln y=\ln b+a\ln x$,$\ln y$ 与 $\ln x$ 是线性关系,作 $\ln y$-$\ln x$ 图,可求得 a、$\ln b$ 值,进而可求出 b.

若 $y=a^x$,两边取自然对数有 $\ln y=x\ln a$,$\ln y$ 与 x 是线性关系,作 $\ln y$-x 图,可求得 $\ln a$ 值,进而可求出 a.

(2)内插、外推

测量的数据点是有限的,利用内插可以求出两测量点之间的坐标值.内插有非线性内插和线性内插两种,非线性内插是直接从所拟合的曲线上找坐标值(当已知的两点距离很近时可按线性处理).

当两物理量满足线性关系时,既可以从图上直接读取相应的坐标,也可以进行线性内插,如图 1-7-1 所示,已知 $A(x_1,y_1)$、$B(x_2,y_2)$ 两点,在 A、B 之间已知坐标 x_0,求对应的坐标 y_0,由图可得

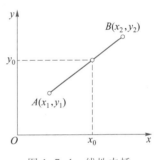

图 1-7-1　线性内插

$$y_0=a+bx_0=\frac{y_1x_2-y_2x_1+(y_2-y_1)x_0}{x_2-x_1} \tag{1-7-3}$$

例如,在温度变化范围不大时,可以认为水的比热容与温度是线性关系,从手册上查得 20 ℃、30 ℃ 时水的比热容分别为 4.185 0×10^3 J/kg·℃ 和 4.179 5×10^3 J/kg·℃,则用线性内插可求出温度是 27 ℃ 时的比热容为 4.181 2×10^3 J/kg·℃.

外推是根据实验所能达到条件下测得的数据,由作图外推求出无法实现条件下的物理量.如在比热容实验中,可以根据温度随时间的变化曲线,作图外推求出混合时刻的温度.

例 1.3:某金属的电阻随温度变化的关系为 $R=R_0(1+\alpha t)$,其中 α 是电阻温度系数,R_0 是 0 ℃ 时的阻值.实验测量数据如表 1-7-2 所示,用作图法求 R_0 和 α 值.

表 1-7-2　某金属电阻随温度的变化

项目	1	2	3	4	5	6
t/℃	20.0	30.0	40.0	50.0	60.0	70.0
R/Ω	10.50	11.02	11.53	12.06	12.60	13.11

解:(1) 选取比例.测量数据中,温度的变化范围是 50.0 ℃,阻值的变化范围是 2.61 Ω.根据作图规则,在直角坐标纸上,横轴最小格代表 1 ℃,纵轴最小格代表 0.1 Ω.这样,保证测量数据的最后一位在作图时是估计的.

(2) 画轴、箭头、写名称、单位,按有效数字规定标明标度.由数据可知,纵轴可以不从零开始.将数据点标在图纸上(见图 1-7-2).

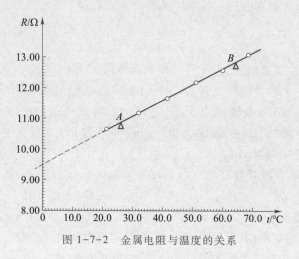

图 1-7-2   金属电阻与温度的关系

(3) 由数据点画出函数曲线.本例中为直线,使数据点均匀地分布在直线两边.

(4) 标明曲线的名称.所作的图是金属电阻与温度的关系,故名称为"金属电阻与温度的关系".

(5) 根据曲线求值.

所求的物理量是 R_0、α,由题可知直线的斜率是 αR_0,截距是 R_0.截距的求法有两种:一是沿直线外推,由图外推得 $R_0 = 9.50\ \Omega$;二是由式(1-7-2)计算,在直线上取点时,为便于计算,分母最好是整数.两点取为 A(25.0,10.80),B(65.0,12.89),代入式(1-7-1)、式(1-7-2),斜率和截距分别为

$$k = \alpha R_0 = \frac{12.89-10.80}{65.0-25.0}\ \Omega/℃ = 0.052\ 2\ \Omega/℃$$

$$R_0 = \frac{10.80 \times 65.0 - 12.89 \times 25.0}{65.0 - 25.0}\ \Omega = 9.49\ \Omega$$

所以有

$$\alpha = \frac{k}{R_0} = \frac{0.052\ 2}{9.49}\ ℃^{-1} = 5.50 \times 10^{-3}\ ℃^{-1}$$

作图法简单、明了、直观,但用绘图工具拟合曲线时,有一定的随意性,不是唯一的,所以由图解法求得的数据也会引入一定的误差.

三、逐差法(差数平均值法)

逐差法是测量一个线性函数关系中的斜率和截距的特定数据处理方法.尽管前面的作图法和下一个数据处理方法——线性回归——也都能进行处理且适用范围更广,但在

满足一定条件时,逐差法更简单,而且具有累积放大、降低误差的作用.

1. 逐差法使用的条件

当两个物理量 y 和 x 满足下面两个条件时,可用逐差法处理数据.

（1）y 是 x 的多项式

$$y = a_0 + a_1 x + a_2 x^2 + \cdots$$

只有一次方项时（线性关系）,用一次逐差;只有二次方项时,用二次逐差.

（2）变量 x 在实验测量中是等间距变化的,且有偶数组数据.

有些函数经过变换后,能满足上面两个条件,也可以用逐差法处理.如指数函数

$$y = a\mathrm{e}^{bx}$$

两边取对数有

$$\ln y = \ln a + bx$$

$\ln y$ 与 x 是线性关系,x 等间距变化时也可用逐差法处理.

2. 逐差法处理数据的过程

在物理实验中,y 与 x 多为线性关系,用一次逐差.设

$$y = a_0 + a_1 x$$

满足以上条件的 n 组（n 为偶数,设 $n=2m$）测量数据如下：

$$y_1 = a_0 + a_1 x, y_2 = a_0 + a_1(x+\Delta x), \cdots, y_m = a_0 + a_1[x+(m-1)\Delta x]$$
$$y_{m+1} = a_0 + a_1(x+m\Delta x)x, \cdots, y_n = a_0 + a_1[x+(n-1)\Delta x]$$

把 n 个数据按测量顺序分为前 m 个和后 m 个两组,对应项相减有

$$\delta_1 = y_{m+1} - y_1$$
$$\delta_2 = y_{m+2} - y_2$$
$$\cdots\cdots\cdots$$
$$\delta_m = y_n - y_m$$

δ_i 表示自变量 x 变化了 m 个时 y 的变化量.由于是线性关系,从理论上讲 $\delta_1 \sim \delta_m$ 的值应是相同的,可以取平均,即

$$\overline{\delta} = \frac{1}{m}\sum_{i=1}^{m}\delta_i$$

自变量改变一个 Δx 时,y 的变化量的平均值为

$$\overline{\delta}_y = \frac{\overline{\delta}}{m} = \frac{1}{m^2}\sum_{i=1}^{m}\delta_i$$

3. 逐差法处理数据的不确定度计算

在用逐差法处理数据时,δ_i 相当于 m 次重复测量值,不确定度的计算应从此入手.δ 的不确定度 A 类评定为

$$u(\delta) = s(\overline{\delta}) = t_P\sqrt{\frac{1}{m(m-1)}\sum_{i=1}^{m}(\delta_i-\overline{\delta})^2}$$

若 δ 重复性很好,还要做不确定度 B 类评定.若仪器误差限或其他情况给出的误差限为 Δ,近似服从均匀分布,其 B 类评定为

$$u(\delta) = \frac{\Delta}{\sqrt{3}}$$

δ 标准不确定度为两者中较大的.

根据不确定度传递公式,δ_y 的不确定度为

$$u_c(\delta_y) = \frac{u(\delta)}{m}$$

例 1.4:在"钢丝杨氏模量的测定"实验中,钢丝在拉力的作用下,用光杠杆系统在望远镜中测量的伸长量数据如表 1-7-3 所示.试计算钢丝受力为 1 N 时,在望远镜中测得钢丝的伸长量.

表 1-7-3　钢丝载荷与伸长量

项目	1	2	3	4	5	6	7	8
载荷/9.8 N	0.00	1.00	2.00	3.00	4.00	5.00	6.00	7.00
伸长量/cm	0.00	1.34	2.72	4.06	5.43	6.80	8.16	9.51

解:已知钢丝的伸长量与拉力在弹性限度内是线性关系,实验中用每次加 9.8 N (1 kg 砝码)载荷拉伸钢丝,保证了等间距变化,所测数据是连续的 8 个,可以用逐差法处理数据,在此例中,$n=8$,$m=4$.把数据分为前 4 个和后 4 个两组,对应项相减得(此处用 L 表示该逐差变化量)到表 1-7-4 中数据.

表 1-7-4

L_1/cm	L_2/cm	L_3/cm	L_4/cm	$\overline{L}$/cm
5.43	5.46	5.44	5.45	5.44

按 A 类评定计算不确定度为($t_P = 1.20$)

$$u(L) = t_P \sqrt{\frac{1}{4(4-1)} \sum_{i=1}^{4} (L_i - \overline{L})^2} = 0.009 \text{ cm}$$

由于 L 的重复性很好,需要比较 B 类评定.所用标尺是米尺,误差限 $\Delta = 0.5$ mm,则 $\overline{L}$ 的 B 类评定为

$$u(L) = \frac{\Delta}{3} \approx 0.017 \text{ cm}$$

相比较,B 类评定更大,采用该结果.

钢丝受力为 1 N 时的伸长量平均值为

$$\overline{l} = \frac{\overline{L}}{4 \times 9.8 \text{ N}} = \frac{5.44}{4 \times 9.8} \text{ cm/N} = 0.138\ 7 \text{ cm/N}$$

$\overline{l}$ 的不确定度为

$$u(l) = \frac{u(L)}{4 \times 9.8} = \frac{0.017}{4 \times 9.8} \text{ cm/N} = 0.000\ 5 \text{ cm/N}$$

所以,钢丝受力为 1 N 时,在望远镜中测得钢丝的伸长量的结果表示为

$$l = 0.138\ 7 \text{ cm/N}, \quad u(l) = 0.000\ 5 \text{ cm/N}, \quad u(l)/l = 0.36\%$$

四、最小二乘原理及线性回归法处理数据

在作图法中,对于一组测量数据,通过作图可以得到一条"最佳"曲线.该曲线是由目测拟合而来的,不同的人去拟合后从曲线上求值,会得到不同的结果.那么有没有一种方法,使得不同的人拟合同一组数据,所得的结果是唯一的,同时也是最佳的? 答案是肯定的.这里着重介绍在处理实验数据,特别是在函数关系拟合方面得到广泛应用的一种方法——最小二乘法(least square method).因为它是一种代数方法,故用此法拟合同一组实验数据时,不管是谁,只要不发生错误,结果均相同.这是一种更为客观、结果也更为准确的方法.

1. 最小二乘原理

最小二乘原理(least squares principle)的产生是为了解决从一组测量值中寻求最可信赖值的问题.

最小二乘原理表述为:有一组等精度测量数据,由这些数据所得的最佳值应为各测量数据与最佳值的差的平方和为最小.

设一组测量数据为:$x_1, x_2, x_3, \cdots, x_n$. 若 x_0 是该组数据的最佳值,则 x_0 应满足

$$\sum_{i=1}^{n} (x_i - x)^2 \big|_{x=x_0} = 最小值 \tag{1-7-4}$$

对 $\sum_{i=1}^{n} (x_i - x)^2$ 求 x 的一阶和二阶导数有

$$一阶导数 \qquad \sum_{i=1}^{n} 2(x - x_i) = 2\sum_{i=1}^{n} (x - x_i)$$

$$二阶导数 \qquad \sum_{i=1}^{n} 2 = 2n > 0$$

令一阶导数等于 0,可得极小值点 x_0 为

$$x_0 = \frac{1}{n} \sum_{i=1}^{n} x_i = \overline{x} \tag{1-7-5}$$

即最佳值就是算术平均值.这一结果与前面的结论是一致的.

2. 线性回归

线性回归法(linear regression)的作用有两个:

① 由测量的一系列数据拟合直线或曲线,推测经验公式.

② 在已知函数关系的情况下,可以由测量数据求出函数中的待定参量.若是一元线性函数,则称为一元线性回归.

设自变量 x 和因变量 y 的一组测量数据为

$$x_1, x_2, x_3, \cdots, x_n$$
$$y_1, y_2, y_3, \cdots, y_n$$

若 y 与 x 是线性关系,设其最佳直线方程为

$$y = a_0 + a_1 x \tag{1-7-6}$$

只要参量 a_0 和 a_1 确定,则函数关系确定.当 a_0、a_1 是由测量数据确定的最佳参量时,式(1-7-6)才是拟合的最佳直线方程.若实验没有误差,把 (x_1, y_1),(x_2, y_2),$\cdots$ 代入式(1-7-6)时,方程的两边应该相等.但测量总有误差,设 x 的误差与 y 的误差相比可以

忽略,把 x_i 代入式(1-7-6),所求的 y_i' 与测量值 y_i 之间总有误差(如图 1-7-3 所示).令这一误差为 ε_i,即有

$$y_1 - y_1' = y_1 - a_0 - a_1 x_1 = \varepsilon_1$$
$$y_2 - y_2' = y_2 - a_0 - a_1 x_2 = \varepsilon_2 \qquad (1-7-7)$$
$$\cdots\cdots\cdots$$
$$y_n - y_n' = y_n - a_0 - a_1 x_n = \varepsilon_n$$

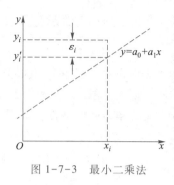

图 1-7-3　最小二乘法

根据最小二乘原理,最佳值应使误差的平方和最小,令

$$E = \sum_{i=1}^{n} \varepsilon_i^2 = \sum_{i=1}^{n} (y_i - a_0 - a_1 x_i)^2 \qquad (1-7-8)$$

使式(1-7-8)取最小值的 a_0、a_1 就是最佳值.

将式(1-7-8)对 a_0、a_1 求偏导数,得

$$\frac{\partial E}{\partial a_0} = -2 \sum_{i=1}^{n} (y_i - a_0 - a_1 x_i)$$

$$\frac{\partial E}{\partial a_1} = -2 \sum_{i=1}^{n} (y_i - a_0 - a_1 x_i) x_i$$

且 E 对 a_0、a_1 的二阶导数均大于 0.令上式等于 0,有

$$\begin{cases} \sum_{i=1}^{n} y_i - n a_0 - a_1 \sum_{i=1}^{n} x_i = 0 \\ \sum_{i=1}^{n} y_i x_i - a_0 \sum_{i=1}^{n} x_i - a_1 \sum_{i=1}^{n} x_i^2 = 0 \end{cases} \qquad (1-7-9)$$

将上式两边均除以 n,且令

$$\bar{x} = \frac{1}{n} \sum_{i=1}^{n} x_i \qquad (x \text{ 的平均值})$$

$$\bar{y} = \frac{1}{n} \sum_{i=1}^{n} y_i \qquad (y \text{ 的平均值})$$

$$\overline{x^2} = \frac{1}{n} \sum_{i=1}^{n} x_i^2 \qquad (x^2 \text{ 的平均值})$$

$$\overline{xy} = \frac{1}{n} \sum_{i=1}^{n} x_i y_i \qquad (xy \text{ 的平均值})$$

将上面 4 式代入式(1-7-9)有

$$\bar{y} - a_0 - a_1 \bar{x} = 0$$
$$\overline{xy} - a_0 \bar{x} - a_1 \overline{x^2} = 0$$

解方程组得

$$\begin{cases} a_1 = \dfrac{\bar{x}\,\bar{y} - \overline{xy}}{\bar{x}^2 - \overline{x^2}} \\ a_0 = \bar{y} - a_1 \bar{x} \end{cases} \qquad (1-7-10)$$

由式(1-7-10)计算所得的斜率和截距就是最佳参量;代入式(1-7-6)后对应的直线就是最佳拟合直线.

3. 线性回归的不确定度

根据国标 GB/T 27418-2017 线性回归计算部分给出的实验方差表达式可得两个参

量的标准不确定度为

$$s(a_0)=\sqrt{\dfrac{s_y^2\sum\limits_{i=1}^{n}x_i^2}{D}} \tag{1-7-11}$$

$$s(a_1)=\sqrt{n\dfrac{s_y^2}{D}} \tag{1-7-12}$$

其中：$s_y^2=\dfrac{\sum\limits_{i=1}^{n}\big[y_i-y(x_i)\big]^2}{n-2}$，$D=n\sum\limits_{i=1}^{n}x_i^2-\Big(\sum\limits_{i=1}^{n}x_i\Big)^2=n\sum\limits_{i=1}^{n}(x_i-\bar{x})^2$. 需要说明的是，这只适用于等精度测量情况.

4. 非线性函数的线性回归

在作图法中已经介绍，对于一些非线性函数，适当做变量替换，即可化为线性关系，按线性回归处理. 如指数函数 $y=ae^{bx}$，两边取对数有

$$\ln y=\ln a+bx$$

即测量模型可以改为 $\ln y$ 与 x 的线性关系模型，用线性回归即可求出 $\ln a$ 和 b，$\ln a$ 取反对数即可求出 a.

5. 相关系数

用回归方法寻求经验方程时，最困难的问题在于函数形式的选取，在函数关系尚未确定时，只能靠实验数据的趋势来推测. 这样，同一组实验数据，不同的人可能采取不同的函数形式. 由式（1-7-10）可知，只要有一组数据，即使是非线性关系，同样能求出 a_0、a_1，这显然是不合理的. 为了判断所选函数是否合理，在待定参量确定后，还须计算相关系数（correlation coefficient）r. 一元线性回归的 r 值为

$$r=\dfrac{\overline{xy}-\bar{x}\,\bar{y}}{\sqrt{(\overline{x^2}-\bar{x}^2)(\overline{y^2}-\bar{y}^2)}} \tag{1-7-13}$$

可以证明 $|r|\leqslant1$，$r>0$ 为正相关，说明一个物理量随另一个的增大而增大，$r=1$ 称为完全正相关；$r<0$ 为负相关，说明一个物理量随另一个的增大而减小，$r=-1$ 是完全负相关. $r=0$ 说明两个物理量无关. r 的绝对值越接近 1，表明实验数据越接近所求的直线，用线性回归较合理；r 的绝对值远小于 1，表明实验数据相对于求得的直线非常离散. 两种情况如图 1-7-4 所示.

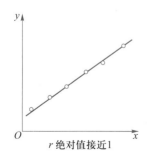
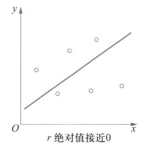

图 1-7-4 回归相关性的示意

第八节　用科学计算器处理实验数据

从本章前几节中我们可以看到,物理实验除了实验设计、操作、测量,还有很重要的一步就是对测量数据的处理,其中涉及大量的计算,充分利用好科学计算器,可以又快又好地完成数据处理,并减少出错.本节主要介绍科学计算器的统计功能在不确定度评定方面的应用,以及回归分析功能在线性、指数、对数函数的相关参量计算方面的使用.这里以常见的学生科学计算器为例(以下简称计算器,面板如图1-8-1所示),其他类型的科学计算器计算过程基本相同,但具体操作按键可能有所区别,实际使用时可参考其说明书.

图1-8-1　常见的学生科学计算器面板

计算器上的黄色"SHIFT"按键和紫色"ALPHA"按键都是按钮功能转换键,当按下这两个键之一后再按其他白色按键时,该按键实现其上方黄色或紫色字符对应的功能.下面的叙述中,按键名称都由其上白色字符表示,转换功能则放在其后的括号中加以提示.

一、统计功能计算平均值和标准差

计算器的统计功能主要用于计算输入量的平均值和标准偏差.该功能一般需要四步:清内存、选模式、输入数据、输出结果.现在以透镜焦距测量实验中凸透镜自准直法测量结果为例说明其步骤(5个测量值以 cm 为单位分别是 11.12,11.22,11.30,11.19,11.20):

第一步,清除内存中原有数据:依次按下 SHIFT , MODE (CLR), 1 (或 3), = 键;

第二步,选择统计模式:依次按下 MODE , 2 键;

第三步,输入数据:先输入 x 值,再按 M+ 键存入内存(x 值见表 1-8-1);如果要检查前面输入的数据是否有录入错误,可直接使用上下箭头翻动查看,有错的可直接重新输

入后按 $\boxed{=}$ 键确定；

表 1-8-1　x　　值

序号	1	2	3	4	5
x_i/cm	11.12	11.22	11.30	11.19	11.20

第四步,输出结果：

平均值：依次按下 $\boxed{\text{SHIFT}}$, $\boxed{2}$ ($\boxed{\text{S-VAR}}$), $\boxed{1}$, $\boxed{=}$ 键,即显示结果 11.206.

样本标准差(贝塞尔公式)：依次按下 $\boxed{\text{SHIFT}}$, $\boxed{2}$, $\boxed{3}$, $\boxed{=}$ 键,即显示结果 0.065.

平均值标准差：对上一步结果再直接除以 $\sqrt{5}$,即得结果 0.029.

A 类评定不确定度：对上一步的结果再乘以 5 次测量对应的 t_p 因子 1.14 即可.

说明：

1. 使用统计功能前必须执行清除内存操作,三个选项中"1"表示清除内存数据,"2"表示退出其他的"统计"或"回归分析"功能模式."3"为清除全部,即清除数据、退出其他功能模式、将其他选项设置恢复到出厂默认设置.

2. 依次按下 $\boxed{\text{SHIFT}}$, $\boxed{2}$, $\boxed{2}$, $\boxed{=}$ 键,显示的是结果总体标准差,以此计算 n 次测量平均值标准差时要除以 $\sqrt{n-1}$,上例即除以 $\sqrt{5-1}=2$.

二、回归分析功能

利用计算器的回归分析功能可以方便地对线性关系以及可以化为线性关系的指数关系和对数关系的测量数据进行回归分析.下面以放电法测高值电阻实验为例进行说明.

1. 数据如图 1-8-2 所示.

2A1 放电法测高值电阻									
序号	1	2	3	4	5	6	7	8	9	10
t/s	5	10	20	30	45	60	80	100	120	150
Q/nC	1014.5	903.2	762.1	573.7	361.3	253.9	179.1	108.2	62.8	30.1
$\ln Q$	6.92	6.81	6.64	6.35	5.89	5.54	5.19	4.68	4.14	3.40

图 1-8-2　放电法测高值电阻实验数据

数据表中 Q 和 t 是原始数据,两者是负指数函数关系： $Q(t)=Q_0 \mathrm{e}^{-\frac{t}{RC}}$.这个关系也可以两边取对数,转化为 $\ln Q$ 和 t 的线性关系： $\ln Q = \ln Q_0 - \dfrac{1}{RC} \cdot t$.

2. 线性回归分析(计算器线性回归的方程形式 y=A+Bx)

计算器的线性回归分析功能也需要四步：清内存、选模式、输入数据、输出结果：

第一步,清除内存中原有数据：依次按下 $\boxed{\text{SHIFT}}$, $\boxed{\text{MODE}}$ ($\boxed{\text{CLR}}$), $\boxed{1}$ (或 $\boxed{3}$), $\boxed{=}$ 键；

第二步,选择线性函数回归模式：依次按下 $\boxed{\text{MODE}}$, $\boxed{3}$, $\boxed{1}$, $\boxed{=}$ 键；

第三步,输入数据：先输入 x 值,再按逗号键 $\boxed{,}$ 分隔,然后输入 y 值,然后按 $\boxed{\text{M+}}$ 键存入内存.如果要检查前面输入的数据是否有录入错误,同样可以使用上下箭头翻动查看,有错的可直接重新输入后按 $\boxed{=}$ 键予以更正(数据见表 1-8-2).

表 1-8-2

序号	1	2	3	4	5	6	7	8	9	10
x_i/s	5	10	20	30	45	60	80	100	120	150
y_i/s	6.92	6.68	6.81	6.64	6.35	5.89	5.19	4.68	4.14	3.40

第四步,输出结果:

截距 A:依次按下 $\boxed{\text{SHIFT}}$,$\boxed{2}$($\boxed{\text{S-VAR}}$),$\boxed{\blacktriangleright}$,$\boxed{\blacktriangleright}$,$\boxed{1}$,$\boxed{=}$键,即显示结果 7.057;

斜率 B:依次按下 $\boxed{\text{SHIFT}}$,$\boxed{2}$($\boxed{\text{S-VAR}}$),$\boxed{\blacktriangleright}$,$\boxed{\blacktriangleright}$,$\boxed{2}$,$\boxed{=}$键,即显示结果 -0.0242;

相关系数 r:依次按下 $\boxed{\text{SHIFT}}$,$\boxed{2}$($\boxed{\text{S-VAR}}$),$\boxed{\blacktriangleright}$,$\boxed{\blacktriangleright}$,$\boxed{3}$,$\boxed{=}$键,即得结果 -0.999.

3. 指数函数回归分析(科学计算器指数函数回归的方程形式为:$y=Ae^{Bx}$)

指数函数回归分析功能也需四步:清内存、选模式、输入数据、输出结果.

第一步,清除内存中原有数据:依次按下 $\boxed{\text{SHIFT}}$,$\boxed{\text{MODE}}$($\boxed{\text{CLR}}$),$\boxed{1}$(或$\boxed{3}$),$\boxed{=}$键;

第二步,选择指数函数回归模式:依次按下 $\boxed{\text{MODE}}$,$\boxed{3}$,$\boxed{3}$键;

第三步,输入数据:先输入 x 值,再按逗号键$\boxed{,}$分隔,然后输入 y 值,然后按$\boxed{\text{M+}}$键存入内存(数据见表 1-8-3).如果要检查前面输入的数据是否有录入错误,同样可以使用上下箭头翻动查看,有错的可直接重新输入后按$\boxed{=}$键修改.

表 1-8-3

序号	1	2	3	4	5	6	7	8	9	10
x_i/s	5	10	20	30	45	60	80	100	120	150
y_i/s	1 014.5	903.2	762.1	573.7	361.3	253.9	179.1	108.2	62.8	30.1

第四步,输出结果:

倍率系数 A:依次按下 $\boxed{\text{SHIFT}}$,$\boxed{2}$($\boxed{\text{S-VAR}}$),$\boxed{\blacktriangleright}$,$\boxed{\blacktriangleright}$,$\boxed{1}$,$\boxed{=}$键,即显示结果 1 161.3;

指数系数 B:依次按下 $\boxed{\text{SHIFT}}$,$\boxed{2}$($\boxed{\text{S-VAR}}$),$\boxed{\blacktriangleright}$,$\boxed{\blacktriangleright}$,$\boxed{2}$,$\boxed{=}$键,即显示结果 -0.0242;

相关系数 r:依次按下 $\boxed{\text{SHIFT}}$,$\boxed{2}$($\boxed{\text{S-VAR}}$),$\boxed{\blacktriangleright}$,$\boxed{\blacktriangleright}$,$\boxed{3}$,$\boxed{=}$键,即得结果 -0.999.

说明:

1. 按键$\boxed{\blacktriangleright}$是指屏幕下方导航键的右翻页键.

2. 同一组数据的指数函数直接做回归分析的系数,和取对数转化为线性关系后回归分析的斜率系数有极小的差异,这是运算过程中的舍入误差导致的.

第九节　用计算机通用软件处理实验数据

用计算机软件处理实验数据,具有方便、准确、速度快等优点.可无须编程就能直接处理数据的软件主要包括 Microsoft Office Excel、WPS 表格、Origin 等.如果要通过编程来实现数据自动处理的话,那么利用任何一种具有数据计算的计算机编程语言均可实现数据处理的各项功能,常用的比如 Matlab、Fortran、Basic、Python、C 语言等.本节以 WPS 表格为例介绍计算机通用软件数据处理，其他软件可参看其相应的说明书或有关教程.

为了方便录入、查看和数据处理，在 WPS 表格里可以为一个实验建立一个工作簿，在这个工作簿内设立多个表格，比如：第一个表格为原始数据记录表格，第二个为画图表格，第三个为数据处理表格.

一、原始数据记录

在 WPS 表格中，为了简单、清晰，我们可以把数据处理的各个环节、步骤分别放在不同的表格内，查看不同内容时只需点击工作簿下方的表格标题即可简单切换. 原始数据的记录表格可以直接采用实验报告册中的原始数据记录表格. 灵敏电流计研究实验的原始数据表格如图 1-9-1 所示.

	A	B	C	D	E	F	G	H	I
1									
2	2A2 灵敏电流计研究								
3	实验参量:								
4	$R_1/\Omega=$	20000	$R_c/\Omega=$	28	$R_2/\Omega=$	0.80	d_0/mm=	45.0	
5									
6	测量数据$R_外$~I:								
7	序号	1	2	3	4	5	6	7	8
8	$R_外/\Omega$	370	320	270	220	170	120	70	20
9	$I/\mu A$	400	330	300	240	200	150	100	50

图 1-9-1　灵敏电流计研究实验的原始数据表格

二、绘制实验曲线

在 WPS 表格中绘制实验曲线的作用与手工作图的用途相同，但更方便、更准确，且能利用其数据拟合功能可直接得到一些拟合参量，比如直线拟合中的斜率和截距，多项式拟合中的各幂次的系数，指数函数中的系数等. 图 1-9-2 给出了灵敏电流计研究实验中的数据处理的例子，所用数据为图 1-9-1 所示数据. 首先在原始数据记录表中选择绘图数据，在实验曲线表格中绘制电流与外电阻关系的实验数据散点图. 绘制散点图可以直接使用带平滑线的散点图，但这种平滑线会强制通过每个测量点，使直线关系显示的不是直线而是过所有点的折线，曲线也不具有整体平滑取平均的意义. 一般建议绘制不带平滑线的散点图，这样可以后面添加拟合趋势线. 添加趋势线时在软件内有“线性”“多项式”“指数”“对数”等类型，选择时应根据两个变量之间的实际物理关系来选择，如果不知道两者的实际关系，可以根据数据点的走势进行尝试以选择相对更好的函数关系，或采用多项式. 如果经过尝试实在没有合适的拟合曲线，可以使用“插入-形状”选择样条曲线来手动绘制平滑曲线. 图 1-9-2 中绘制的是以电流为横轴，外电阻为纵轴的曲线，由于已知两者是线性关系，所以选择“线性趋势线”拟合. 在趋势线的设置选项中勾选“显示公式”，则图中显示拟合公式，从这个公式中我们可以看到，灵敏电流计的内阻即直线截距为 31.5 Ω，而直线的斜率为 1.024 Ω/μA，由此可进一步计算灵敏电流计的电流常量或灵敏度.

三、实验数据处理

利用 WPS 表格的公式计算功能，可以进行实验结果的计算，既方便也快速准确，特别是某些实验测量数据多，计算比较复杂的时候，其优点更加明显.

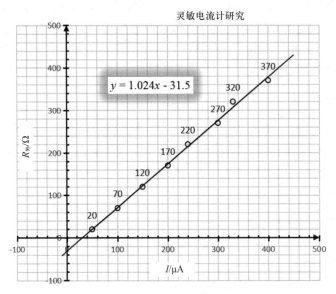

图 1-9-2   灵敏电流计研究实验作图法处理数据

此外,若出现录入错误要修改或需要重新测量某个值,重新处理数据时不用像手工计算那样全部重算,表格的重复利用率很高.基本的数据处理,包括原始数据记录、数据基本运算(如求和与求平均)、统计分析、关系曲线、标准偏差、不确定度的计算等,这些均可在表格中完成.为了计算方便,可以将前述几项内容集中在一个工作簿的多张表格中,以方便在进行各种计算时各表格数据的交叉引用.图 1-9-3 所示为"钢丝杨氏模量的测定"实验数据处理工作簿中的第一个表格——原始数据记录表.图 1-9-4 所示为钢丝伸长量与加载砝码的关系曲线,由图可以看出两者之间有很好的线性关系.而图 1-9-5 所示为实验结果的计算表格.

1A2 钢丝杨氏模量的测定

1. 钢丝直径测量数据　　螺旋测微计初读数 $D_0=0$　　单位: mm

序号	1	2	3	4	5	6	7	8	9	10
D_i	0.502	0.500	0.500	0.496	0.502	0.498	0.500	0.503	0.502	0.498

2. 钢丝伸长量测量数据　　单位: cm

砝码质量(kg)	3	4	5	6	7	8	9	10
a 上行	10.90	12.02	13.22	14.40	15.58	16.78	17.95	19.14
a 下行	10.90	12.07	13.27	14.42	15.62	16.79	17.98	19.15

3. H 测量数据　　单位: cm

序号	1	2	3	4	5
上视距丝 x_1	15.46	16.64	17.82	19.02	20.19
下视距丝 x_2	11.03	12.18	13.38	14.55	15.74

4. L 测量数据(单位: cm)　　$L=$ 83.8　　$u_B(L)=$ 0.2
5. 质量 m(单位: kg)　　$m=$ 1.000　　$u_B(m)=$ 0.005

6. b 测量数据　　单位: cm

序号	1	2	3	4	5
b	7.62	7.60	7.62	7.64	7.60

原始数据　　实验曲线　　实验结果　　不确定度计算　　… +

图 1-9-3   "钢丝杨氏模量的测定"实验原始数据记录表

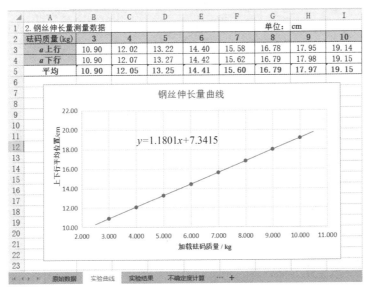

	A	B	C	D	E	F	G	H	I
1	2. 钢丝伸长量测量数据							单位:	cm
2	砝码质量(kg)	3	4	5	6	7	8	9	10
3	a 上行	10.90	12.02	13.22	14.40	15.58	16.78	17.95	19.14
4	a 下行	10.90	12.07	13.27	14.42	15.62	16.79	17.98	19.15
5	平均	10.90	12.05	13.25	14.41	15.60	16.79	17.97	19.15

钢丝伸长量曲线

$y=1.1801x+7.3415$

图 1-9-4　钢丝伸长量与加载砝码的关系曲线

J19　　fx　=400*4*9.8*(D22*0.01)*(G20*0.01)/3.14/(L7*0.001)^2/(G27*0.01)/(J14*0.01)

1A2　钢丝杨氏模量的测定

	A	B	C	D	E	F	G	H	I	J	K	L
4	1. 钢丝直径测量数据			螺旋测微计初读数 $D_0=0$			单位:	mm				
6	序号	1	2	3	4	5	6	7	8	9	10	平均
7	D_i	0.505	0.500	0.500	0.496	0.502	0.498	0.500	0.503	0.502	0.498	0.500
9	2. 钢丝伸长量测量数据					单位:	cm					
10	砝码质量m(kg)	3.000	4.000	5.000	6.000	7.000	8.000	9.000	10.000	平均		
11	a 上行	10.90	12.02	13.22	14.40	15.58	16.78	17.95	19.14			
12	a 下行	10.90	12.07	13.27	14.42	15.62	16.79	17.98	19.15			
13	a 平均	10.90	12.05	13.25	14.41	15.60	16.79	17.97	19.15			
14	a 平均逐差l	4.70	4.74	4.72	4.74					4.724		
16	3. H测量数据				单位:	cm						
17	序号	1	2	3	4	5	平均					
18	上视距丝x_1	15.46	16.64	17.82	19.02	20.19			实验结果:			
19	下视距丝x_2	11.03	12.18	13.38	14.55	15.74				$E=$	2.067E+11	Pa
20	H	4.43	4.46	4.44	4.47	4.45	4.450					
22	4. L测量数据(单位: cm)		L(cm)=83.8									
23	5. 质量m(单位: kg)		m=1.000									
25	6. b测量数据				单位:	cm						

图 1-9-5　"钢丝杨氏模量的测定实验"结果的计算表格

为了使计算过程清晰,减少出错和易于检查,全部计算都列出在表格中,比如全部平均值计算,伸长量的上下行数据平均和逐差过程,H 的计算过程等.计算中数据都采用单元格引用形式,以便在有数据录入错误时直接修改错误数据后,其他全部计算可实时自动完成更新.

图 1-9-6 为数据处理的不确定度计算表格.同样地,为了清晰和避免出错,全部计算过程也都列在表格中.为了简洁,进行不确定度 A 类评定时,先使用数据统计函数 STDEV(即贝塞尔公式,具体介绍见下一节内容),然后乘以 t_p 因子并除以测量次数的二次方根,

即为 A 类评定结果. 处理过程针对重复测量的输入量，除非测量重复性非常差或非常好，都要单独列出其 A 类评定和 B 类评定的不确定度，然后以其大者为输入量的标准不确定度.

	A	B	C	D	E	F	G	H	I	J	K	L	M
2			1A2 钢丝杨氏模量的测定										
4	1. 钢丝直径				螺旋测微计初读数D_0=	0	单位：	mm					
6	序号	1	2	3	4	5	6	7	8	9	10	平均	STDEV
7	D	0.505	0.500	0.500	0.496	0.502	0.498	0.500	0.503	0.502	0.498	0.500	0.002675
8		$u_A(D)$=	0.00095	$u_B(D)$=	0.00133	$u(D)$=	0.00133	$u_r(D)$=	1.07%				
10	2. 钢丝伸长量测量数据			单位：	cm						杨氏模量不确定度：		
11	序号	1	2	3	4	平均	STDEV	相对分量			$u_r(E)$=	1.26%	
12	l	4.700	4.740	4.720	4.735	4.724	0.017969882	0.35%			$u_c(E)$=	0.026	$\times10^{11}$ Pa
13	$u_A(l)$=	0.011	$u_B(l)$=	0.017	$u(l)$=	0.017							
15	3. H测量数据				单位：	cm					结果表示：		
16	序号	1	2	3	4	5	平均	STDEV	相对分量		E=	2.067	$\times10^{11}$ Pa
17	H	4.43	4.46	4.44	4.47	4.45	4.450	0.015811388	0.37%		$u_c(E)$=	0.026	$\times10^{11}$ Pa
18	$u_A(H)$=	0.0081	$u_B(H)$=	0.017	$u(H)$=	0.02					$u_r(E)$=	1.3%	
20	4.L 测量数据(单位：cm)		L=	83.8	$u(L)$=	0.3	$u_r(L)$=	0.36%					
21	5.质量m 数据(单位：kg)		m=	4.000	$u(m)$=	0.005	$u_r(m)$=	0.13%					
23	6. b测量数据				单位：	cm							
24	序号	1	2	3	4	5	平均	STDEV	相对分量				
25	b	7.62	7.60	7.62	7.64	7.60	7.616	0.016733201	0.22%				
26	$u_A(b)$=	0.009	$u_B(b)$=	0.017	$u(b)$=	0.017							

原始数据　实验曲线　实验结果　..　不确定度计算　+

图 1-9-6　“钢丝杨氏模量的测定”实验不确定度计算表格

钢丝杨氏模量测定实验中，被测量与各输入量间是连乘除、乘方关系，先计算相对合成不确定度比较简单，因此每个输入量也单独列出其相对标准不确定度乘以灵敏系数称为相对不确定度分量（仅钢丝直径的灵敏系数是 2，其他均为 1），以便计算杨氏模量的合成标准不确定度时可以直接引用.

四、常用基本函数用法

在熟悉了测量结果计算、不确定度计算和数据处理方法后，也可以直接使用软件中的一些函数来简化运算. 函数使用的基础是对单元格的正确引用、公式套用等，物理实验数据处理中常用的函数包括：“SUM”“AVERAGE”“STDEV”“SLOPE”“INTERCEPT”“CORREL”“LINEST”等. 下面对单元格引用和几个函数用法做简要介绍.

1. 表格单元格及其引用

WPS 表格中单元格如同矩阵中的元素，由行列坐标引用，是存放数据、计算公式等的基本单元. 电子表格中行坐标为数字，为从 1 开始的自然数，列坐标序号使用大写英文字母 A—Z，列更多时字母顺序重叠使用如 AA、AB……. 当在计算公式中需要使用某个单元格数据时，引用格式是“列号”+“行号”，如整个表的最左上角单元格是“A1”，第一行第二列为“B1”，第二行第一列为“A2”……. 还有一个概念就是相对引用和绝对引用，在单元格行号和列号前面都加一个符号“$”就是绝对引用，在公式套用时保持不变，不加该符号则为相对引用，会随公式套用而顺序变化. “$”也可以单独加在行号前或列号前，使得仅对行或列绝对引用. 单元格也可以跨表引用，只需在单元格行列号前面加上“工作表名称”和“!”，比如在第二张工作表（sheet2）中要引用第一张表（sheet1）中的第二行第二列单元格，引用格式是“sheet1! B2”. 如果工作表名称做了修改，跨表引用时要使用修改后的名称.

2. 公式输入与套用

表格计算公式（或表达式）最基本的输入方式有三种：（1）鼠标单击选中要输入公式

的单元格,然后在工具栏下方的"编辑栏"输入框中手动输入公式,注意在输入公式前先要输入"="(等号).(2)鼠标单击选中要存放函数计算结果的单元格,点击"编辑栏"输入框左侧的函数插入按钮"fx",然后在弹出的"插入函数"对话框中选择所需要函数,并依据提示用鼠标拖曳、点击或手动输入其相应参量.(3)拖曳复制:如果要对表格中一个区块数据各行或各列做相同的运算,可以通过拖曳来复制公式并自动计算,而无需每个都手动输入.比如要对一个区块中每一行的数据求平均,那么可以先在第一行数据后面一列的单元格中用函数"Average"求平均,选中该单元格并将鼠标移动到单元格的右下角,使光标变成一个加粗的"+"号,然后按下鼠标左键向下拖曳,则其下各单元格自动复制该公式对本行数据求平均.注意如果这些公式中都需要使用某个不变的单元格,比如每行的计算结果都要乘以该工作表中"G1"单元格的数据,那么就要在第一个单元格的表达式中使用绝对引用"*G1".

3. 求和函数 SUM

求和函数的基本形式是"SUM"(待求和单元格列表),待求和单元格列表中连续的单元格可以用冒号符号连接首尾单元格给出,如"SUM(F1:F6)",表示对连续的单元格 F1、F2、F3、F4、F5、F6 求和;不连续的单元格用","(逗号)分隔."SUM"的实现方式基本的有三种:(1)直接用鼠标拖曳选取需要求和的按行或按列的全部连续单元格,然后点击快捷工具栏中的求和符号,则在最后一个单元格的紧邻下一个单元格给出求和值.如果选择一个区块,则会在区块下方按列求和.(2)鼠标单击选中要存放求和的单元格,在编辑栏中手动输入求和表达式.比如在某单元格中输入"=SUM(B7:D7,F7,H7)",表示在该单元格中存放 B7 到 D7 的连续单元格,以及离散的 F7、H7 单元格的数据之和.括号中的单元格引用既可以直接手动输入,也可以在输入函数和左括号后用鼠标拖曳选取连续的单元格,其他分离的单元格可以按住"ctrl"键的同时继续选取.选择完毕后可以敲回车键确认或鼠标点击输入框左侧的确认按钮"√".(3)鼠标单击选中要存放求和的单元格,单击函数插入按钮"fx",在弹出的"插入函数"对话框中选择函数"SUM",并依据提示用鼠标拖曳或点击全部求和单元格,完成后点击"确定"按钮即可.

三种方式中第一种最便捷,但仅适用于对连续的一行或一列的单元格的求和操作,而且存放求和值的单元格也必须是在选择单元格的紧邻下一格.当然,完成后也可以再手动编辑、分解、删减中间的某个或某些单元格,或增加其他不相邻单元格.第二种操作方式为全手动模式,操作比较便捷灵活,速度也快,适合于对函数比较熟悉的使用者.第三种操作方式的特点是可保证函数拼写正确,而且全部使用鼠标完成操作.

4. 求平均值函数

求平均值函数为"AVERAGE",其操作方式与"SUM"函数基本相同.不过第一种方式需要在工具栏点击"求和"按钮下边的展开小三角,然后从展开的列表中选择"平均值".另两种操作方式全部一样,仅函数名不同.

5. 用贝塞尔公式求标准差和标准不确定度

对一个序列的测量值求标准差使用"STDEV"函数,操作方式可参照"SUM"函数使用的第二种和第三种方式.要注意的是,该函数的计算结果是: $\sqrt{\dfrac{1}{n-1}\sum\limits_{i=1}^{n}(x_i-\bar{x})^2}$.因此要计算该序列平均值不确定度的 A 类评定,还要除以 $\sqrt{n}$ 并乘以 t_p 因子.

6. 求线性关系的斜率、截距、相关系数

利用线性回归法处理线性函数 $y=kx+b$ 关系(如杨氏模量测定、微小形变的电测法、灵敏电流计研究以及可以转化为线性关系的指数函数如放电法测高值电阻实验等)数据,求斜率 k、截距 b 以及相关系数时,若直接利用公式引用数据分步计算,需要很多的中间计算过程和引用很多的单元格,工作量大且计算烦琐,如果使用函数则比较简单. WPS 表格中可以用函数"SLOPE""INTERCEPT""CORREL"分别计算斜率、截距、相关系数.

还是以放电法测高值电阻的实验数据为例,使用本章第八节图 1-8-2 中的实验数据,对测量数据,计算 $\ln Q\text{-}t$ 的斜率可在单元格中输入"=SLOPE(B5:K5,B3:K3)",引用单元格 y 即 $\ln Q$ 序列为"B5:K5",x 即 t 序列为"B3:K3",可直接得结果 $k=-0.024\,2$;而用"=CORREL(B5:K5,B3:K3)"则可得相关系数为 $r=-0.999$.

习　题

1. 解释下列名词:

(1)测量,(2)直接测量,(3)间接测量,(4)等精度测量,(5)误差,(6)随机误差,(7)系统误差,(8)疏失误差,(9)正确度,(10)精密度,(11)准确度,(12)不确定度.

2. 举例说明系统误差产生的原因以及消除或修正的方法.

3. 推导下面函数的不确定度传递公式(忽略输入量间的相关性):

(1) $f=\dfrac{L^2-d^2}{4L}$;

(2) $n=\dfrac{\sin i}{\sin r}$;

(3) $g=4\pi^2\dfrac{L}{T^2}$;

(4) $N=\dfrac{x-y}{x+y}$.

4. 计算下列各式的值和不确定度,并完整表示结果:

(1) $N=A+B-\dfrac{1}{3}C$

$A=0.576\,8$ cm,　$u(A)=0.000\,5$ cm;　$B=85.07$ cm,　$u(B)=0.04$ cm;

$C=3.247$ cm,　$u(C)=0.003$ cm;

(2) $N=\dfrac{1}{V}$,　$V=1\,000$ m³,　$u(V)=7$ m³;

(3) $g=4\pi^2\dfrac{L}{T^2}$

$L=101.00$ cm,　$u(L)=0.05$ cm;　$T=2.01$ s,　$u(T)=0.04$ s.

5. 下面是用螺旋测微器测量钢球直径的一组数据:

次数	1	2	3	4	5	6	7	8	9	10
D/mm	5.499	5.498	5.501	5.500	5.502	5.502	5.500	5.497	5.503	5.498

要求:(1)给出直径的完整结果表示;

(2)给出钢球体积的完整结果表示.

6. 测量弹簧劲度系数时,伸长量与所加砝码的数据如下(伸长量用带 10 分度游标的焦利氏秤测量,砝码可认为是标准的):

项目	1	2	3	4	5	6	7	8
砝码/g	0	10.0	20.0	30.0	40.0	50.0	60.0	70.0
伸长量/cm	0	1.15	2.31	3.43	4.63	5.75	6.92	8.05

要求:

(1) 用作图法求劲度系数;

(2) 用逐差法求劲度系数,并给出完整表示结果;

(3) 用线性回归法求劲度系数,并计算相关系数.

第一章
拓展文献链接

【拓展文献】

[1] 李松茂. 系统误差的消除或减弱[J]. 计量与测试技术,2010,37(01):11-12.

[2] 吕春兰,郎成. 基于 MATLAB 的物理实验数据处理[J]. 大学物理实验,2002,15(02):77-78.

[3] 郝长春,孙润广. Origin 9.0 软件在大学物理实验数据处理中的应用探讨[J]. 大学物理实验. 2015,28(04),90-91,95.

[4] 熊泽本. 实验数据处理的 excel 函数解法研究[J]. 大学物理实验,2010,23(6):86-89.

第二章

物理实验中的通用基本仪器

科学实验中,物理量测量都需要通过特定测量仪器来进行,学习和掌握这些仪器的正确使用方法,是本课程对学生基本实验技能训练的主要内容之一.

为了保证测量精确度,减小误差,不同类别或同类别不同量程、不同精度的仪器,在设计、制造等方面采用了不同的原理、结构和技术,在使用方法上亦有不同.学习并理解仪器的工作原理及设计思想,对开阔学生眼界,扩展学生的知识面,提高学生的学习兴趣都有积极的作用.熟练而正确地操作、使用仪器,才能保证测量结果的准确性、可靠性,同时也能减少仪器故障率并延长其使用寿命,是科学实验的基本实践技能.

物理实验课程中主要涉及长度、质量、电压、电流、温度及时间等基本物理量的测量,本章就物理实验中常用的基本仪器做简要介绍.

第一节 米尺、游标卡尺、螺旋测微器

一、米尺

米尺是最基本、最简单的长度测量工具,又称刻度尺,其最小分度值为 1 mm. 使用米尺时,一般采用如图 2-1-1 所示的方式,即被测量长度的两端边缘,分别对应于刻度尺的两个位置,两位置读数之差即被测量的测量值.读数位置若没有对准某刻度线(图 2-1-1 中右侧读数位置),应该在最小刻度线之间作估读,估读一般用十分法,即将最小分度分为 10 份,用目测判断为十分之几;若读数位置刚好对准刻度线,则应估读为"0".因此,图示的测量值为 $(7.87-5.00)$ cm = 2.87 cm,此测量值有 3 位有效数字.

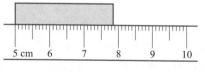

图 2-1-1 用米尺测量长度示意图

二、游标卡尺

游标卡尺是利用机械放大原理制成的长度测量仪器,它将主尺上的 1 mm 放大为游标上的 n 格. n 一般为 10、20、50,相应的游标卡尺分别称为 10 分度、20 分度、50 分度游标卡尺,其测量精度分别为 0.1 mm、0.05 mm、0.02 mm,游标卡尺的仪器误差限与精度等值.一般游标卡尺可用来测量物体的厚度、外径、内径和深度.

游标卡尺读数方法:副尺 0 刻线在主尺的位置记为读数的毫米数,再看副尺刻线与主尺刻线对齐的那条刻线的序号数,按序号数即可读得毫米位以下的读数.如图 2-1-2

所示为 50 分度游标卡尺的某测量状态,副尺 0 刻线位于主尺 25 mm 与 26 mm 之间,与主尺刻线对齐的副尺刻度线的序号为 23,因此,毫米后的读数为 23×0.02 mm = 0.46 mm,故该游标卡尺的当前示数为 25.46 mm,或 2.546 cm. 为了读数方便,在设计制造游标卡尺时,在副尺上按乘以 1/n 对刻度作标度(每隔 5 格的标度为 1,2,…,10),分别代表 0.10 mm,0.20 mm,…,0.90 mm,1.00 mm,而游标的最小刻度则代表 0.02 mm,误差限亦为 0.02 mm. 读数时小数点后第一位即为相应标度读数,第二位按每格 0.02 mm 递增即可,不再需要前述的数格子和计算过程.

图 2-1-2 50 分度游标卡尺

三、数显游标卡尺

数显游标卡尺(digital vernier caliper)采用光栅、容栅等系统对 mm 以下的量进行测量,测量精度比传统游标卡尺高,其外形如图 2-1-3 所示.

图 2-1-3 数显游标卡尺

目前国内的数显游标卡尺都使用容栅传感器,利用电容的耦合方式将机械位移量转化成电信号并输入电子电路,再经过运算处理后显示出机械位移量的大小. 容栅传感器的特点是测量方便、精度高(0.01 mm),可直接连接检测仪器进行自动数据采集;可以存储并导出数据,以进行相关的分析,也可通过网络直接获取测量的数据;支持移动测量,可由操作人员在现场移动操作,数据无线上传. 与传统的纸张记录模式相比较,可降低人工记录和计算的出错概率并提高效率.

使用注意事项:

1. 移动尺框和微动装置时应松开紧固螺钉,将尺框平稳拉开. 测量前合拢量爪,检查游标 0 刻线与主尺 0 刻线是否重合,如不重合,应记下零点读数,并对测量结果加以修正.

2. 上量爪用于测量内径,下量爪用于测量外径. 应注意调整量爪张口比内径略小或者比外径略大,然后慢慢拉或推尺框,使量爪轻轻地接触被测件表面.

3. 物体被卡定后,不要挪动物体,防止磨损卡口.

4. 测量洞孔深度可用尺身尾端与尺框同步伸缩的深度尺杆测量.应使深度尺杆与被测工件底面相垂直.

5. 带深度尺的卡尺用完后要合并量爪.否则较细的深度尺杆露在外边容易变形甚至折断.

6. 卡尺使用完毕后必须擦净上油,放回到卡尺盒内(或袋内),不要将卡尺放在磁性物体上.发现卡尺带有磁性,应及时退磁后方可使用.

7. 大部分游标卡尺上同时有米制和英制两种单位刻度,读数时不要弄混单位.

四、螺旋测微器

螺旋测微器另一个常用名称是千分尺.物理实验室常用的螺旋测微器量限为 25 mm,精度为 0.01 mm,如图 2-1-4 所示.

螺旋测微器采用机械放大原理,将螺距 0.5 mm 放大为微分筒上的 50 格,从而使测量精度可以达到 0.01 mm.读数时,先以微分筒棱边为准线,读出固定主尺读数,其横线上方为整数毫米刻度线,横线下方为 0.5 mm 刻度线,过该线时加 0.5 mm,然后以固定套管轴向刻线为准线,读出微分筒上的数值(包括估计值),两部分读数和即为测量值.

螺旋测微器是根据螺旋放大原理测量微小长度的仪器,它的这种测量方法还被更多的测量仪器借鉴.读数显微镜、测微目镜、迈克耳孙干涉仪等的测量系统均采用这一原理.

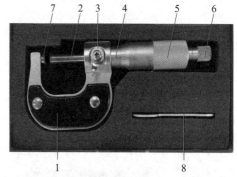

1—弓架;2—测微螺杆;3—制动器;4—固定套管;5—微分筒;6—棘轮;7—测砧;8—维修小扳手

图 2-1-4   螺旋测微器

使用注意事项:

1. 使用前先记录初读数,即缓慢转动棘轮使测微螺杆与测砧接触,棘轮发出声音后读数,若不是 0 mm,则要对测得值进行修正.

2. 根据国家标准,在正确使用情况下,螺旋测微器的示值误差限是 0.004 mm.

3. 将被测物放在测砧和测微螺杆之间,轻轻转动棘轮,直到棘轮发出"喀喀"声后,便可读数.切不可用力转动微分筒挤压被测物体,否则会影响测量结果,甚至损坏仪器.

4. 用完后,应使测微螺杆与测砧间留有空隙,以免热膨胀导致微分筒卡死甚至损坏测微螺杆上的精密螺纹,如图 2-1-4 所示.

第二节   测 微 目 镜

测微目镜(micrometer eyepiece)是用来测量微小间距的仪器,由目镜、可动分划板、固定分划板、读数鼓轮和固定螺钉等组成,其结构简图如图 2-2-1 所示.

测量系统由固定标尺(毫米刻度尺)、可动分划板和可转动的读数鼓轮组成,可动分划板叉丝常见的有水平竖直交叉的十字叉丝和图 2-2-2 所示的 X 形刻线加两条竖线叉丝.使用时,通过转动读数鼓轮带动丝杠推动可动分划板左右移动,根据被测对象特点和所用可动分划板样式,选择可动分划板的合适标志点作读数基准与被测点对齐,然后先从固定分划板上读取毫米数,再由读数鼓轮读取毫米以下读数,读数方法与螺旋测微器一样.测微目镜的测长范围一般为 0~8 mm,最小分度值为 0.01 mm,估读到 0.001 mm.使用时应先调节接目镜使叉丝和标尺清晰,然后调节外光路使被测对象清晰成像在分划板平面上.若开始时叉丝处于被测范围内,需转动鼓轮将其移到该范围之外,然后移动叉丝测量基准与被测物像边缘重合,得到一侧读数,继续转动鼓轮使叉丝基准移动到被测物像的另一边缘上,得到另一侧的读数,两读数之差即被测物像的大小.一种测微目镜实物照片如图 2-2-3 所示.

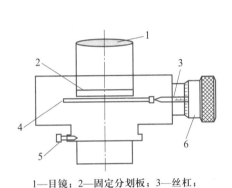

1—目镜；2—固定分划板；3—丝杠；
4—可动分划板；5—固定螺钉；6—读数鼓轮

图 2-2-1　测微目镜结构简图

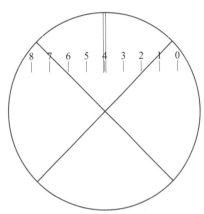

图 2-2-2　测微目镜可动分划板

图 2-2-3　测微目镜

使用注意事项:

1. 测量前应检查读数鼓轮读数为 0 时,镜内叉丝基准是否与主尺整刻线对齐,未对齐时,应作读数修正处理.

2. 测微目镜中十字叉丝移动的方向应与被测长度方向平行、一致.

3. 为消除螺旋间隙误差,测量应朝一个方向转动鼓轮,中途不可逆转以避免回程误差.

4. 转动鼓轮观测十字叉丝的位置时,不要移出其观测范围(0~10 mm).

5. 不要用手触摸任何镜头.

防回程误差

第三节　尺读望远镜

　　物理实验中常用的望远镜在工作原理上可以看作是由焦距比较大的物镜和焦距比较小的目镜两个凸透镜组合而成.物镜可将远处的被观测物成像于镜筒内分划板平面,目镜则是将这一成像放大(虚像),以便于人眼识别、判断.与一般望远镜不同的是,测量望远镜(survey telescope)内靠近目镜端设置了便于测量的带十字叉丝基准线的分划板,调节目镜端视度圈可以使分划板清晰可见.测量望远镜镜筒内设有一个可前后移动的调焦镜头,而镜筒侧面设置有一个调焦手轮,可以带动调焦镜头前后移动实现望远镜调焦.

　　尺读望远镜(ruler telescope)是将测量望远镜及其底座(可调节镜筒俯仰)安装在可升降的立柱上,立柱另一侧安装有竖立的米尺,其基本结构如图 2-3-1 所示.物理实验中,尺读望远镜一般需配合光杠杆使用,从而放大测量一些微小位移.此外,尺读望远镜还具备测距功能,其分划板如图 2-3-2 所示,读取"上视距丝"到"下视距丝"之间米尺读数差 H 再乘以视距常数 100,即为望远镜到反射镜距离的 2 倍.

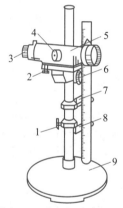

1—标尺支架锁紧旋钮；2—俯仰角微调旋钮；3—目镜视度圈；
4—内调焦手轮；5—望远镜；6—望远镜锁紧手柄；
7—带灯米尺；8—米尺支架；9—底座

图 2-3-1　尺读望远镜装置示意图

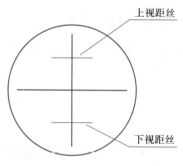

图 2-3-2　分划板

调节步骤:

　　1.目测粗调.调节望远镜的位置和准直方向,使望远镜筒顶部的瞄准器(准星)对准光杠杆小镜,调节小镜俯仰角并从小镜中看到米尺像.

　　2.转动视度圈,调节目镜与分划板之间的距离,使能从望远镜中看到清晰的叉丝.

　　3.调焦.调节调焦手轮,改变调焦镜头在镜筒中的位置,使标尺清晰成像到分划板上.

　　4.消视差.眼睛上下移动,观察分划板刻线与标尺刻线有无相对移动,若有相对移动,表明标尺成像与分划板不在同一平面内,即有视差,望远镜视差消除的方法是首先调节视度圈使叉丝清晰,然后微调调焦手轮,使米尺像与分划板较好地重叠,直到视差完全消除.

第四节　天　　平

物理实验中,常用天平来精确称衡物质的质量,常用的有电子天平和物理天平两种.

一、电子天平

电子天平(electronic balance)是应用传感器技术和单片机技术制造的智能化称量设备,所采用的传感器一般有应变式传感器、电容式传感器和电磁平衡式传感器等.电子天平的称量和分度值是电子天平的两个重要指标,称量是指电子天平允许称衡的最大质量;分度值是指电子天平的最小显示分辨率.图 2-4-1 所示为 YP2001 型电子天平,其传感器为应变式传感器,其称量为 2 000 g,分度值是 0.1 g.

电子天平的使用步骤与方法:

图 2-4-1　YP2001 型电子天平

1. 调节电子天平底脚螺钉使水平仪中的气泡居中.

2. 打开电源开关,电子天平进入自检状态,几秒后稳定显示"0.0 g",则表示电子天平进入称量状态.核对电子天平显示的单位为所需要的单位,否则按"单位 unit"键进行调整.

3. 将被称物放置到秤盘中心进行称量.如果是称量整块固体,可直接放在秤盘上称量.如果是称量粉末状固体或液体,需将其置于一定容器后再置于秤盘上.

4. 利用电子天平的"去皮"功能可方便地称量粉末或液体质量.使用时先将容器置于秤盘上,然后按"去皮/回零"键使电子天平回复零位,再在容器中加入所需要测量的被测物体,则电子天平显示的质量即被测物体的质量,这对于称取设定质量的物质会很方便.另一种方式是先将粉末或液体装入容器置于秤盘上,然后按"去皮/回零"键使电子天平示数置零,然后从容器中取出实验所需量的物质,这时天平显示一个负值,该值的绝对值就是取出物质的质量.

使用注意事项:

1. 被称物质量不得超过电子天平的称量.

2. 放置物体时,要轻拿轻放,避免冲击秤盘,并将物体置于秤盘中心.

3. 严禁将水等液体洒在天平上.

二、物理天平

物理天平是一种等臂杠杆装置,利用直接比较法测量质量.物理天平的称量和感量是物理天平的两个重要指标,称量是指物理天平允许称衡的最大质量;感量是指物理天平平衡后,要使指针从平衡位置偏转一个小格时,物理天平两秤盘上的质量差.感量的倒数称为物理天平的灵敏度,感量越小灵敏度越高.物理天平的感量不是常量,它与负载有关.负载增加,灵敏度减小,感量值增大.

按物理天平名义感量与称量之比,物理天平分为 1—10 级,物理天平的等级是衡量物理天平的测量精度的综合指标.对一物体质量称量结果好坏的评定,不仅取决于所用物理天平的精度,还取决于所用砝码的精度,砝码精度分为五个等级.按规定,不同级别的物理天平,配置与之相对应的砝码,物理实验室中常用的 WL-1 型物理天平配用四等砝码.

WL-1 型物理天平结构如图 2-4-2 所示,其称量为 1 000 g,横梁上的游码 4,用来称量 2 g 以下的物体.游码向右(向左)移动一个小格,相当于在右盘中加(或减)0.05 g 砝码.

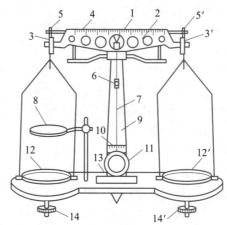

1—主刀口；2—横梁；3、3′—刀口；4—游码；5、5′—平衡螺母；
6—平衡砣；7—指针；8—托盘；9—支柱；10—标尺；11—制动旋钮；
12、12′—称盘；13—水平仪；14、14′—底脚调节螺钉

图 2-4-2　WL-1 型物理天平结构

物理天平操作步骤:

1. 仪器检查.物理天平的横梁两边及相应的吊耳、挂篮、秤盘上都打有"1""2"标记,在动手操作之前要检查一下物理天平横梁、吊耳、挂篮、秤盘等是否按标记装配正确,砝码是否齐全.

2. 调整底座水平.调节底脚螺钉 14、14′,使水平仪 13 中的气泡居中.

3. 调节平衡(调节零点).将游码移至零点,缓慢转动制动旋钮 11,升起主刀承顶起主刀口 1 和横梁 2,观察指针 7 的摆动情况.调节平衡螺母 5、5′,直至慢慢升起横梁时,指针 7 在标尺 10 中心不动.

4. 称衡.将被测物体放在左边托盘,根据被测物体预估质量用镊子向右边托盘加砝码,砝码盘无晃动时缓慢顶起横梁观察物理天平是否平衡,然后按逐次逼近法调节,直至最后调节游码使天平平衡.

5. 读数.缓缓逆向旋转制动旋钮放下横梁,正确记下砝码、游码读数.(注意:物理天平上的游码始终向右盘加重.)

消除天平不等臂系统误差的方法:

1. 复称法(即交换法):将被测物体放在左边托盘称衡质量为 m_1,将其放在右边托盘称衡质量为 m_2,实际质量 $m=\sqrt{m_1 m_2}$.

2. 替代法:在右边托盘放被测物体,左边托盘添加可微小改变其质量的物质(如干净的细砂),使天平平衡,然后取下右边托盘中被测物体换之以砝码,通过增减砝码和游码

的质量,使天平再次平衡,此时,砝码与游码之和即为被测物体的质量.

使用注意事项:

1. 使用物理天平前必须首先了解该物理天平的称量是否满足称衡要求.

2. 物理天平应当经常处于止动状态. 只有当判断物理天平是否平衡时,才能顶起主刀口和横梁,当横梁顶起时,严禁其他任何操作.

3. 开启或止动物理天平时,动作要轻缓. 如果物理天平正在摆动,则应当指针经过零点时止动.

第五节　水　平　仪

一、水平尺

水平尺(level bar)结构如图 2-5-1 所示,一条形尺上安装两端封闭的玻璃管,管内装水并留一小气泡,玻璃管旁边有刻度线. 水平尺能用来检验沿尺长方向是否水平. 由于气体密度比水密度小,故气泡总是向上,密封管设置于条形尺的顶部中心的位置,因此使用时是以玻璃管内小气泡的中心是否位于刻度尺中心"0"刻度线来判断尺子底部所在尺长方向直线是否水平. 气泡偏向的一侧偏高,降低该侧高度或升高另一侧高度时,气泡向中心移动,当气泡处于中心时,该直线方向水平. 常用的水平尺还装有竖直方向的和斜 45°的气泡玻璃管,可以将水平尺贴靠竖直面或 45°斜面时检测竖直面是否竖直,斜面是否为45°角.

二、水平仪

水平仪(spirit Level),又称气泡水平仪,是可以显示任意方向水平情况的水平仪,它在一个圆形封闭的玻璃泡内装水并留一小气泡,在玻璃泡中央有同心圆环线,最后将玻璃泡安装于圆形基座内,如图 2-5-2 所示. 当小气泡中心和同心圆环中心重合时表明底盘水平. 使用水平仪检查和调节一个平面是否水平的方法请阅读第三章第二节内容.

图 2-5-1　水平尺

图 2-5-2　水平仪

水平尺只能检验一维方向水平,要调整二维平面,则需要调整一维方向水平后,将水平尺转动 90° 再调一次,重复检查调节,直到两个方向都水平.水平仪可用于二维检验,一次即可检验整个平面.

第六节　电　　表

电表是常用的电学测量仪器.可分为直流和交流两大类.按测量用途分为电压表、电流表、欧姆表(ohmmeter)等;按工作原理及结构它可分为指针式电表和数字式电表.要说明的是,电压表和电流表在物理学名词规范用词中分别是"伏特计"和"安培计(也称电流计)",但在其他各学科领域和工程上的规范用词都是电压表和电流表.考虑到都是规范用词,本教材都使用,不作统一.

一、指针式电流表和电压表

物理实验常用的指针式电表有直流电流表、直流电压表及交直流两用表等.其内部为磁电式结构.

电流表用来测电流,串联在被测电路中;电压表用来测电压,并联在被测对象上.对直流电表,连线时必须注意电表的正、负极性.

实验室用电表按国家计量标准划分为若干准确度等级,其等级 a 一般标注在表盘的右下方(如图 2-6-1 所示),a 越小,表的精度越高.其仪器误差限为所用量程与百分等级的乘积,即

$$\Delta = 量程 \times a\%$$

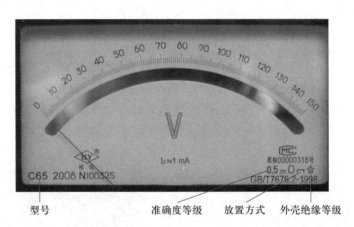

图 2-6-1　指针式电表的读数面板图

使用电表前需根据测量对象选择合适的量程、等级和内阻.选择电表的量程时,不能太小,否则测量值超过量程时可能会损坏电表;也不能过大,否则测量精度不够.一次测量时,以指针偏转超过量程一半为宜.对多量程电表,在不知被测量值范围时,应先接大量程,粗测后,再换接与之相近的量程,使测量误差减小.常见指针式电表的符号和内阻范围如表 2-6-1 所示.

表 2-6-1　常见指针式电表的符号和内阻范围

名称	符号	内阻范围（数量级）
检流计	G	$10^2 \sim 10^3 \ \Omega$
安培计	A	$<1 \ \Omega$
毫安表	mA	$10^0 \sim 10^1 \ \Omega$
微安表	μA	$10^2 \sim 10^3 \ \Omega$
伏特计	V	$10^2 \sim 10^3 \ \Omega/V$
毫伏表	mV	$10^2 \sim 10^3 \ \Omega/V$

使用注意事项：

1. 使用前要检查机械零点并依照表盘右下角的符号按要求放置表盘，符号"⊥""↑"表示刻度盘应竖直放置，而"⊓""→"表示要水平放置.

2. 测量时，为消除视差的影响，应在指针与其在镜中的像重合时读数.

二、数字式电表

数字式电表（digital ammeter & voltmeter，简称数字电表）是精密的电子测量仪器，它主要由输入电路、A/D 转换器、逻辑控制电路、计数器、译码显示电路及电源等部分构成. 其特点是：

1. 测量结果以数字形式显示，并以位数的多少直接反映测量值的有效数字，能够获得较高的测量精度（指针式电表一般仅能读取 3 位有效数字）；

2. 数字电表的输入阻抗对被测电路状态影响极小；

3. 使用方便.

根据国家标准，数字电表误差限表示方法常用的有下面 3 种方式（具体需看仪器说明书）：

① $\Delta = a\% \times$ 量程，a 为仪器准确度等级.

② $\Delta = a\% \times$ 量程 $+b$，a 为仪器准确度等级，b 为仪器分辨力或仪器说明书指定值.

③ $\Delta = a\% \times$ 示值 $+\beta\% \times$ 量程，a、β 由仪器说明书给出.

实验室中常用的 XH-8135 系列三位半数字显示直流电压（电流）表即采用上面第二种，其中 a 为 0.2，b 为显示数值末位 2 个数字.

使用注意事项：

1. 按照电压表及电流表在电路中的连接方式正确连接；现在大多数数字电表都有极性自适应功能，如果电表正极电势比负极电势低时，将以负号表示极性相反.

2. 被测量大于电表量程时数字显示首位为"1"，其后各位无显示，请根据被测电压（或电流）选择合适量程.

3. 使用前需开启电源（220 V 交流市电）开关，使用完毕后应及时关闭电源.

三、检流计

检流计（galvanometer），又称灵敏电流计，主要用来检验电路中有无电流通过或检测微小电流，在电学测量中应用特别广泛，有模拟指针式和数字式. 一般而言，指针式检流计的零点在刻度盘的中央,一些型号的检流计表盘上并不标出电流的实际值,仅指示电流是否为零,习惯上称作检流计.另一些型号的仪器表盘标有电流刻度,配合其量程或灵敏度挡位及电流常量也可以测量微小电流,此时该仪器习惯上称作灵敏电流计.检流计和灵敏电流计在线路中都用符号 G 表示.

AC5 型指针式检流计

图 2-6-2 是常用的 AC5 型指针式检流计面板图,图 2-6-3 是其内部结构图,它的电流常量 $C_i = 10^{-7}$ A/mm.

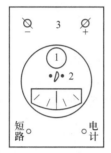

1—零点调节器；2—锁定装置旋钮；3—接线柱

图 2-6-2　AC5 型指针式检流计面板

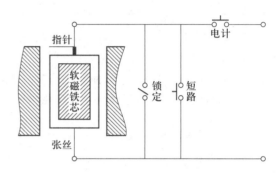

图 2-6-3　AC5 型指针式检流计结构

检流计面板上有锁定装置,当检流计不用时,将小旋钮拨至左方红点位置,检流计被短路,处于电磁阻尼状态,搬动该仪器时,内部动圈不致剧烈转动,从而保护张丝不致损坏.此外,面板上还有"短路"和"电计"两个常断式按钮,按下"短路"开关时,检流计处于短路过阻尼状态,使指针停止摆动;按下"电计"开关时,检流计和电路接通,以检验电路中是否有电流流过.

使用注意事项:

1. 在未接通电路时解除锁定,检查指针是否指向"0"刻线,若有偏离,轻转零点调节器,使指针指向"0"刻线位置.

2. 与保护电阻开关密切配合,先粗调,后细调.

3. 指针摆动不止时,可按"短路"按钮使其迅速停止.先按一下再松开,当指针慢速通过零点时再次按下即可使其停在零点.

4. 使用完毕,必须将锁定装置旋钮拨至红色一侧,使检流计处于电磁阻尼保护状态.

AC15-A 型直流检流计

AC15-A 型直流检流计简称 AC15-A 型检流计,是一种多量程(灵敏度)式检流计,如图 2-6-4 所示.

AC15-A 型检流计用旋转式多挡开关选择灵敏度仪表,其采用宽面表头,中心零位双

图 2-6-4　AC15-A 型检流计

向偏转,可以直观地显示被测量的标量、矢量属性;双分度标尺"±60/±50"格,视野开阔,读数清晰.电气零点则靠一只多圈电位器来调节.未工作时表头为准临界阻尼(稍欠)状态.

使用注意事项:

1. 开启电源开关(在仪器背面上方),红色指示灯亮.检查仪器电气零点并调节.使用完毕,要及时关闭电源.

2. 使用该检流计前,必须先保证电路连接正确,然后根据具体实验情况对可能通过的电流大小进行估算,然后选用比估算值稍大的量程挡接入检测电路

3. 小量调节电路参量,观察指针偏转方向,正确确定电路调节趋向,并根据检流计反应大小选择合适调节挡位,然后配合其他灵敏度调节方法使检流计能分辨电路最小调节步进值.

随着数字技术的发展,现在数字检流计也得到广泛应用,如图 2-6-5 所示为一种简单的数字检流计,其使用方法和数字电流表类似.

图 2-6-5　DM-nA6 型数字检流计

第七节　标准电阻和标准电池

一、标准电阻

标准电阻(standard resistance)是一种温度系数很小的精密电阻器.标准电阻采用锰铜丝双绕方式制作而成,用以消除感抗,在其外部(如图 2-7-1 所示)有四个接头:一对小接头(内接头)为电压接头,其间的电阻即仪器标明的标准电阻值;一对大接头(外接头)为电流接头,设置四接头是为了避免接触电阻上的电压降对测量结果的影响,标准电阻的主要技术参量有阻值、额定电流(或额定功率)、准确度等级.

四接线柱的原理图如图 2-7-2(a)所示,四接线柱测量线路的等效线路图如图 2-7-2(b)所示.

图 2-7-2(b)中 R 为标准电阻,A_1 和 A_2 为电流端钮,

图 2-7-1　标准电阻

B_1 和 B_2 为电压端钮.尽管图中接触电阻 r_1 和 r_2 的阻值可能并不小,但因为接电位差计调平衡后通过 r_1 和 r_2 的电流基本为零,故对 R 两端电压测量的影响可以忽略,其他的接线电阻 r_3 和 r_4 在电阻 R 两端电压测量之外,亦无影响.

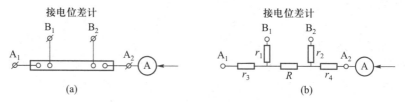

图 2-7-2　四接线柱测量线路及其等效线路

使用注意事项:

1. 选取合适的标准电阻值,且电流不能超过其额定值.

2. 电流接头和电压接头不可接错.

3. 远离热源,避免阳光照射,轻拿轻放.

二、标准电池

标准电池是将化学能转化成电能,复现并保存电压单位的装置.1892 年由惠斯通提出,由于其电动势比较稳定、复现性好,1908 年国际上正式采用,并逐步改进而形成标准电池.目前使用的标准电池是饱和硫酸镉标准电池.按其电解液(硫酸镉溶液)的浓度,可分为饱和标准电池和不饱和标准电池两种,每一种又有中性和酸性之分.物理实验中常用的一种是 BC9 型饱和标准电池,如图 2-7-3 所示.饱和标准电池具有恒定性、永久性、重复性等特点,在特定温度变化范围内,其值虽有变化,但很微小,且可用下式修正:

$$E_t = E_{20} - \left[39.94(t-20) + 0.929(t-20)^2 + 0.009(t-20)^3 \right] \times 10^{-6}$$

上式中,E_{20} 为 20 ℃ 时的标准电池电动势,单位为 V;E_{20} -

图 2-7-3　BC9 型饱和标准电池

1.018 59 V,实验中近似取值 $E_{20} = 1.018\ 6$ V;t 为环境温度,单位为℃.标准电池在测量和校准各种电池的电压时,用作标准的辅助电池,特别可用作校正电位差计工作电流,即对电位差计进行定标.

使用注意事项:

1. 使用过程中,其输出或输入的最大瞬时电流不能超过 $5 \sim 10$ μA.否则电极上发生的化学反应将改变其成分和组成,失去电动势的标准性质.

2. 不能使电池短路,也不允许用电压表测其电压,更不能将其当作电源用.

3. 在任何时候,标准电池都不能经受振动摇晃、倒置或暴晒.

4. 镉-汞标准电池的使用温度范围为 $0 \sim 40$ ℃,其电动势随室温不同将发生微小的变化.当温度明显偏离 20 ℃ 时,使用前须在其测温孔内插入温度计测出环境温度,利用修正公式进行电动势的校正.

第八节　电　阻　箱

一、直流多值电阻箱

1. ZX21 型六旋钮直流多值电阻箱

实验室常用的 ZX21 型六旋钮直流多值电阻箱(DC multivalue resistor),也称多值电阻箱或十进制电阻箱,常简称 ZX21 型电阻箱,它有四个接线柱,如图 2-8-1 所示.在实验中多值电阻器常用于使电路中某处电阻调节为设定阻值,或做多值变化以测量电路变化规律,或用于平衡测量、替代法测量、比较测量、补偿调节测量等.其主要参量是调节范围、额定电流及准确度等级.

调节范围:当连接"0"和"99 999.9 Ω"两接线柱时,所有调节位均接入电路,电阻调节范围为 0~99 999.9 Ω.6 个旋钮都指向"9"时,为最大总电阻,此时内部接触电阻(电刷接触与连接电线)也为最大.若连接"0"和"0.9 Ω"两接线柱,则只有"×0.1"这一个调节位连入电路,电阻调节范围为 0.1~0.9 Ω.若接"0"和"9.9 Ω"两接线柱,则有"×0.1"和"×1"两个调节位连入电路,电阻调节范围为 0.1~9.9 Ω.

额定电流:使用电阻箱不允许超过电阻箱所规定的额定电流,各调节位允许的额定电流见表 2-8-1.注意,一般情况下使用电阻箱时,会有多个调节位均有示数,此时允许的电流值不应超过最小值.

例如,示数为 216.4 Ω 时,电流就不能超过 0.05 A;示数为 5 320.5 Ω 时,电流就不能超过 0.015 A 等.

图 2-8-1　ZX21 型电阻箱

表 2-8-1　ZX21 型电阻箱各调节位的额定电流

调节位倍率/Ω	×0.1	×1	×10	×100	×1 000	×10 000
允许负载电流/A	1.5	0.5	0.15	0.05	0.015	0.005

准确度等级:ZX21 型电阻箱按其准确度可分为 0.02、0.05、0.1、0.2 和 0.5 级,电阻箱的仪器误差限由下面的公式计算:

$$\Delta = a\% \times R$$

式中,a 为电阻箱的准确度等级;R 为电阻箱示值.注意,也有部分厂家的 ZX21 型电阻箱的准确度等级与上述情况不同,可查看具体电阻箱上的铭牌确认.

2. ZX90 型直流电阻器

ZX90 型直流电阻箱是一种相比 ZX21 型电阻箱调节范围更小、分辨力更好的常用直流电阻箱,简称 ZX90 型电阻箱,如图 2-8-2 所示.ZX90 型电阻箱有三个接线柱,两个可调节范围.当接"0"和"111.1 Ω"接线柱时调节范围是 0~111.10 Ω,接"0"和"11.1 Ω"接线柱时调节范围为 0~11.10 Ω.和 ZX21 型电阻箱一样,ZX90 型电阻箱使用时也不能超过一定的电流(或功率),具体可查阅说明书.

图 2-8-2　ZX90 型电阻箱

ZX90 型电阻箱各旋钮盘的准确度等级不同,具体如表 2-8-2 所示,仪器的误差限则由各旋钮盘示值电阻值乘以对应等级百分数再相加:

$$\Delta = \sum a_i \% \times R_i$$

式中,a_i 为电阻箱各旋钮盘的准确度等级;R_i 为电阻箱各旋钮盘示值对应的阻值.

表 2-8-2　ZX90 型电阻箱各个旋钮盘的准确度等级

十进制盘	×10	×1	×0.1	×0.01
准确度等级	0.1	0.5	2.0	5.0

二、ZX35 型微调电阻箱

ZX35 型微调电阻箱,简称 ZX35 型电阻箱,如图 2-8-3 所示.相对于普通多值电阻箱,微调电阻箱的基本特点是其分辨力更高,最小步进值更小,有利于提高电阻的测量精度,适合于电路中需要呈现微小电阻变化的情况.该电阻箱为三旋钮可调电阻箱,分别为×0.1、×0.01 和×0.001 位.微调电阻箱在基本原理上,采取了小电阻被一个大电阻分路控制(并联),以实现微小阻值步进值变化的思路.

图 2-8-3　ZX35 型电阻箱

在使用微调电阻箱时必须注意其起始电阻为 10 Ω,即当其各旋钮均处零位时,电阻为 10 Ω,也就是说读数应为 10 Ω 加面板示值,不过该电阻箱更多地用于电路中微小电阻变化量的调节测量,这种情况下 10 Ω 的起始阻值无需记录.ZX35 型电阻箱的起始电阻值有一个准确度等级,而表盘示值各旋钮准确度等级不同,厂家常见有两种标示:三个旋钮统一为一个准确度等级和各旋钮有单独的准确度等级.误差限计算时,统一准确度等级的计算方式为示值乘以其等级,各旋钮有单独准确度等级的计算方式则是各旋钮代表的值与等级乘积之和.在进行多点变化测量时,误差限计算不考虑起始阻值的误差,示值要用最大的示值.

第九节　滑动变阻器

滑动变阻器(sliding rheostat)是一种可以连续调节的电阻器件,其外形如图 2-9-1 所示.它的主体是一个绝缘筒,其上绕有电阻丝,电阻丝的两端分别与固定的接线柱 A、B 相连(见图 2-9-2),它的上面有一个可沿金属滑杆滑动的触点,滑杆的一端连有接线柱.将 A、B、C 按一定的方式接入电路,就可通过滑动触点来改变阻值(请注意:仪器上的标尺刻度并不是电阻值,它只是将阻值按长度分成 100 等分).

图 2-9-1 滑动变阻器外形

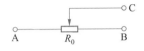

图 2-9-2 滑动变阻器示意图

滑动变阻器在电学中的应用十分广泛,多数情况下都是用滑动变阻器来控制电路中电流或电压.

选用滑动变阻器时,必须考虑它的两个主要参量:全电阻和额定电流.全电阻指 A、B 间的总电阻值,常用 R_0 或 R_{AB} 表示.额定电流(rated current)指电阻丝允许通过的最大电流.

滑动变阻器在电路控制中主要起限流和分压的作用.使用滑动变阻器时,在通电之前应使滑动端处于安全位置,即电源接通时,电路中只有较小的电流通过或负载上所加的电压为零.以安全位置接通电源后,再根据需要调整其阻值大小,改变电路中的电流或电压.

在使用滑动变阻器分压或限流时,必须考虑控制电路输出及负载阻值的大小,以满足实验的需要.使用滑动变阻器分压时,如图 2-9-3(a)所示,滑动变阻器的全电阻为 R_0,而负载电阻为 R_L 与 R_V 的并联值 R',若 $R' > 10R_0$ 以上,其电压输出 U_{BC} 与滑动变阻器用作负载分压的阻值 R_{BC} 成较好的线性关系;当 R' 接近 R_0 或小于 R_0 时,则为明显非线性关系.滑动变阻器用作限流时,如图 2-9-3(b)所示,电路中的电流为 $I = E/(R_{BC} + R_L)$,电流 I 随 R_{BC} 增大而减小呈非线性关系.当 $R_0 < 10R_L$ 时,回路电阻以 R_L 为主,改变滑动变阻器阻值,回路中的电流变化范围较小,电流 I 与 R_{BC} 之间可视作近似线性变化;当 $R_0 > 10R_L$ 时,回路中电阻以 R_0 为主,当 R_{BC} 变化时,电流变化范围较大,电流 I 与 R_{BC} 之间的非线性很明显.

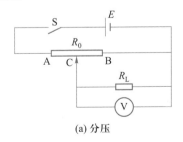

(a) 分压

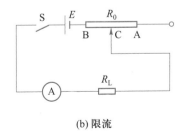

(b) 限流

图 2-9-3 滑动变阻器的作用

第十节　可调电容箱

电容器在电路中的作用是容纳和释放电荷.电容器容纳电荷的本领称为电容,用字母 C 表示,其单位为法拉,用字母 F 表示.电容器是电子电路中大量使用的电子元件之一,广泛应用于电路中,起到隔直流、通交流、耦合、旁路、滤波、调谐、能量转化和控制等作用.根据使用的要求,电容器的容量大小各不相同.电容的种类可以从原理上分为:无极性电容、有极性电容;从材料上可以分为:CBB 电容(聚乙烯)、涤纶电容、瓷片电容、云母电容、独石电容、电解电容、钽电容等.实验室常用的电容器多为可调电容箱,便于在不同条件下改变电容大小.图 2-10-1 所示为 RX7/0 可调电容箱.

图 2-10-1　RX7/0 可调电容箱

该电容箱有四个十进制转盘,调节范围为 $0\sim1.1110\ \mu F$. 表 2-10-1 给出了 RX7/0 可调电容箱的特性参量.当电容器用于交流电路时,其外壳应接地(接线端侧旁的金属连接片与接线端牢固连接).

表 2-10-1　RX7/0 可调电容箱的特性参量

取值范围	开关变化组合	最小步进值	准确度等级
$0\sim1.1110\ \mu F$	$(0\sim10)\times(0.0001+0.001+0.01+0.1)$	$0.0001\ \mu F$	0.5

第十一节　直流电源

常用的直流电源有蓄电池、干电池和稳压电源等.蓄电池有良好的电压稳定性,但由于其维护保养程序复杂,一般很少在物理实验室中使用.干电池电压稳定性也较好,但因其容量太小、消耗太快也不宜在实验室中经常使用.

稳压电源是将 220 V 交流市电经过变压器降压、整流、稳压之后,输出低压直流电以供实验或其他电路使用的电源器件,因其维护简便、调节灵活方便而得到了广泛的应用.本节以 YB1730A 型直流稳压电源(见图 2-11-1)为例,简要介绍直流稳压电源的使用方法.

YB1730A 型直流稳压电源为单路输出电源,其输出电压范围为 $0\sim30$ V 并连续可调. 面板上用两组 LED 显示器分别指示电压和电流值, 对应地在 LED 显示器下方有两组旋钮, 分别调节输出电压和电流, 且每组有两个分别用于粗调和细调的"COARSE""FINE"旋钮.

图 2-11-1　YB1730A 型直流恒压电源

在使用直流电源前, 如果外电路有开关, 应在其断开的情况下打开电源, 调节好所需电压后再接通开关. 如果外电路没有开关, 则应该先将所有输出旋钮调至最小 (逆时针旋转到底) 再开启电源, 然后调节至所需值. 要使电源工作在恒压源模式, 在选择电压前, 先将电流旋钮调至最大 (顺时针方向), 再根据实验需要调节合适电压输出值; 要使电源工作在恒流源模式, 则是先使电压旋钮调至最大, 电流旋钮调至最小, 在外电路接通后, 缓慢增加电流输出, 直至达到所需电流值.

使用完毕, 应先断开外电路, 再关闭电源, 最后拆线.

使用注意事项:

1. 连接线路时, 注意分清输出接线端子的极性 (两边分别为正、负极, 中间接线端子为接地) 与电路相一致, 不可接错;

2. 严防电源短路 (即正负输出端子间电阻为零);

3. 电源面板显示器显示的电压或电流值仅供参考, 不能作测量值使用.

第十二节　示　波　器

示波器是一种用途十分广泛的电子测量仪器. 它能把多种不直观的物理量变化转换成可视化图像, 便于人们研究各种物理现象的变化过程. 目前大量使用的示波器有模拟示波器和数字示波器两种. 模拟示波器发展较早, 技术也非常成熟. 数字示波器拥有许多模拟示波器不具备的优点: 可存储波形、体积小、功耗低, 使用方便等. 而且它还具有强大的信号实时处理分析功能、输入输出功能, 以及与计算机或其他外设相连实现更复杂的数据运算或分析的功能.

随着微电子技术及通信技术的进一步发展, 数字示波器的频率范围也越来越宽, 其使用范围更为广泛, 因此, 在物理实验教学中也普遍使用数字示波器, 下面做简要介绍.

TDS1001B 数字存储示波器

数字存储示波器首先对被测信号电压按一定的时间间隔进行"采样"(或称捕捉), 然后用模/数变换器 (ADC) 对这些瞬时采样值进行变换, 从而生成代表每一个采样电压的二进制数值, 这个过程称为数字化, 获得的二进制数值储存在存储器中. 存储器中储存的数据经过处理后重建信号, 并以纵坐标表示信号幅值, 横坐标表示时间 (与采样时间间隔对应, 即扫描), 在屏幕上显示出信号波形. 对输入信号进行采样的速度, 即单位时间从模拟信号采样的次数, 称为采样速率, 单位为 Ms/s.

　　在数字存储示波器中输入信号接头和示波器显示屏之间的电路不仅仅有模拟电路,还有对输入信号的波形进行采样、数字化、计算、存储等操作的数字电路.在示波器屏幕上看到的波形是由所采集到的数据重建的波形,而不是输入端上所加信号的直接显示.

　　本实验室教学用示波器为 TDS1001B 数字存储示波器,其外形如图 2-12-1 所示(高清照片可扫码查看).

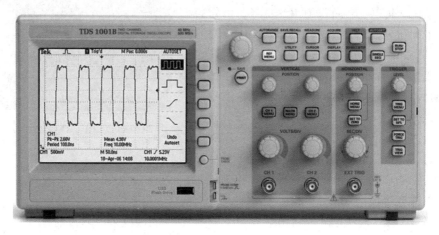

图 2-12-1　TDS1001B 数字存储示波器

示波器照片

　　该示波器有两个 y 轴输入单元 CH1、CH2,可以同时输入两路被测信号,采样速率为 500 MS/s,带宽为 40 MHz.

　　电源开关在仪器顶部左侧,按下电源开关按钮,示波器开始启动,约 2 min 后,启动完成.使用完毕,按此按钮关闭仪器电源.该示波器操作面板示意图如图 2-12-2 所示,仪器面板上分为五个区块:"显示区域""垂直控制""水平控制""触发控制"及"功能控制".下面分别做介绍:

　　显示区域　显示区域分为波形显示区和状态信息区.在波形显示区,可用刻度线读出波形的幅度(垂直方向)和周期(水平方向)的大小;在状态信息区,显示当前各控制键作用之后示波器的工作状态、灵敏系数("伏/格"或"VOLTS/DIV","秒/格"或"SEC/DIV")以及当前各通道被测信号的测量结果.

　　垂直控制　在该区,左右两列分别控制 CH1、CH2 两个通道.由上至下依次为:

　　垂直方向位置(VERTICAL POSITION)——调节波形的上下位置;菜单(MENU)——打开或关闭该通道的波形以及对应菜单的内容显示;伏/格(VOLTS/DIV)——调节 y 轴灵敏度,即改变纵坐标轴上的电压分度值,以获得幅值大小合适的波形.

　　水平控制　位置——调整所有通道波形的水平位置;秒/格(SEC/DIV)——选择扫描周期灵敏度,可以显示波形被拉伸或压缩至方便观察的大小.

　　触发控制　触发将确定示波器开始采集数据和显示波形的时间,正确设置触发后,示波器就能显示稳定的波形.

　　功能控制

　　自动设置(AUTOSET)　每次按该按钮,示波器获得显示稳定的波形.该功能自动调

整 y 轴灵敏度、扫描周期和触发设置,还可以显示自动测量结果.建议开机后首先使用该功能.

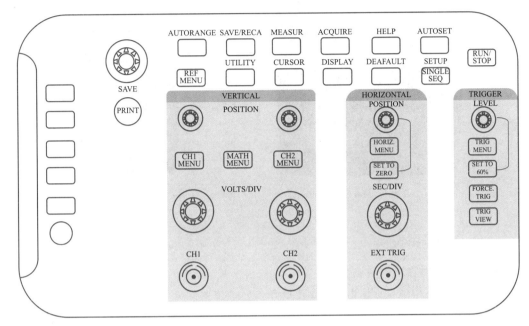

图 2-12-2 示波器操作面板

自动量程(AUTORANGE) 该功能可以启用或禁用.在启用状态下,相应指示灯亮,示波器会根据输入信号的大小自动选择合适的 y 轴灵敏度以合适大小显示完整波形.

显示(DISPALY) 按此按钮,屏幕右侧出现"显示菜单",内容有:类型、持续(显示时间)、格式(Y-T 或 X-Y)、对比度(用"自动量程"键左侧"多用途旋钮"可调节)、显示格式(一般或反色)等,按下对应位置旁边的按钮可选择或转换.

目前,数字存储示波器的类型很多,使用时可根据实际需要选择合适的型号.本书仅介绍了数字存储示波器的部分功能以及简单操作,如果需要了解或使用更多的功能,请仔细阅读厂商提供的用户手册.

第十三节 多 用 表

多用表(multimeter)集测量交、直流电压、电流、电阻、电容以及各类电子器件性能于一体,因而成为最基本、最常用的电测工具被广泛地应用于各种场合.随着大规模集成电路的发展,传统的指针式(磁电结构表头配置各种电路)多用表已经在很多应用场合被数字式多用表替代.数字多用表具有精度高、速度快及较强的抗过载能力等优点.本节简要介绍实验室常用的 500 型指针式多用表(以下简称 500 型多用表,外观如图 2-13-1 所示)和 UNI-TUT58A 型数字多用表(以下简称 UNI-TUT58A 型数字多用表,外观如图 2-13-2 所示)的功能和使用方法.

图 2-13-1　500 型多用表

图 2-13-2　UNI-TUT58A 型多用表

一、500 型多用表

1. 500 型多用表结构与表盘

500 型多用表由表头、测量电路及转换开关三个主要部分组成.

（1）表头

表头是一只高灵敏度的磁电式直流电流表,多用表的主要性能指标基本上取决于表头的性能.表头的灵敏度是指表头指针满刻度偏转时流过表头的直流电流值,这个值越小,表头的灵敏度越高.测电压时的内阻越大,其性能就越好.

（2）测量线路

测量线路是用来把各种被测量转换到适合表头测量的微小直流电流的电路,它由电阻、半导体元件及电池组成.它能将各种不同的被测量(如电流、电压、电阻等)、不同的量程,经过一系列的处理(如整流、分流、分压等)统一变成一定量限的微小直流电流送入表头进行测量.

（3）转换开关

其作用是用来选择各种不同的测量线路,以满足不同类别和不同量程的测量要求.操作面板(见图 2-13-3)上转换开关有两个,分别标有不同的挡位和量程.

图 2-13-3　500 型多用表操作面板

（4）表盘

500 型多用表表盘面板上从上往下有四条刻度线（如图 2-13-4 所示），它们的功能如下：

刻度（1）标有 R 或 Ω，为电阻读数刻度，转换开关在欧姆挡时，即读取此条刻度线. 注意：右端为 0，左端为无穷大.

读法：被测电阻＝指示值×欧姆挡倍数.

刻度（2）标有"≈"，指示的是交、直流电压，刻度满量程分为 50 和 250 两层，读数时需与量程匹配计算.

刻度（3）标有"～10 V"，为 10 V 以内小幅值交流电压的测量读数刻度.

刻度（4）标有"dB"为音频电平测量读数盘，即按等效分贝测量交流电压，0 bd 参考值定义见表盘左上角，图 2-13-4 中为"0 dB＝1 mW600 Ω". 注意实际分贝数还要对照表盘右下角对应交流电压量程挡位附加一个分贝数值.

图 2-13-4　500 型多用表盘面板图

2. 使用方法

（1）熟悉表盘上各符号的意义及各个旋钮和选择开关的主要作用（见图 2-13-4，表 2-13-1）.

（2）进行机械调零. 在未接入被测量电路时，观察表头指针是否对准刻度尺左端，若没有对准，用螺丝刀轻调"机械零位"旋钮，直至指针对准"0"刻线.

表 2-13-1　表盘上符号的意义

序号	符号	意义
1	≈	表示交直流两用
2	⊟	表示磁电系整流式有机械反作用力仪表
3	Ⅲ	表示三级防外磁场
4	☆	表示绝缘强度试验电压为 6 kV
5	0 dB＝1 mW600 Ω	表示规定零电平在 600 Ω 负载上获得 1 mW 功率，以此作为参考电平

续表

序号	符号	意义
6	**−25—40 Ω**	表示其灵敏度范围
7	**2.5** **V**	以标度尺长度百分数表示准确度等级,2.5 表示 2.5 级
8	⌐	表示使用时要求表盘水平放置
9	**V −2.5 KV 4 000 Ω/V**	对于交流电压及 2.5 kV 的直流电压挡,其灵敏度为 4 000 Ω/V
10	**A−V−Ω**	表示可测量电流、电压及电阻
11	**45−65−1000 Hz**	表示使用频率范围为 1 000 Hz 以下,标准工频范围为 45 ~ 65 Hz
12	**2 000 Ω/V DC**	表示直流挡的灵敏度为 2 000 Ω/V

（3）根据被测量的类别及大小,转换开关选择相应的功能及量程,并找出表盘对应的刻度线.

（4）选择表笔插孔的位置.测量交直流电压(小于 500 V)、电流(小于 500 mA)及其他电学量时,红表笔插入"+"插孔,黑表笔插入"*"插孔;测量交直流电压范围为 500 ~ 2 500 V 时,红表笔插入"2 500 V"插孔;测量交直流电压叠加信号中的交流电压成分时,红表笔插入"DB"插孔(该插孔设有隔直电容),使用等效电平测量.

（5）测量电压(或电流):首先选择量程.量程的选择应尽量使指针偏转到满刻度的 2/3 左右.在事先不清楚被测电压的大小时,应先选择最高量程挡,然后逐渐减小到合适的量程.测量直流电时,红表笔要接连高电势.

（6）测电阻:用多用表测量电阻时,应先选择合适的倍率挡.然后将两表笔接在一起,检查表头指针是否右满偏(零欧姆),若没有对准零欧姆,则要使用欧姆调零旋钮进行调零,调不到零欧姆,有可能是内装电池电量不足,应该及时更换电池.注意每换一次倍率挡,都要再次进行欧姆调零,以保证测量准确.多用表欧姆挡的刻度线是不均匀的,所以倍率挡的选择应使测量电阻的示值指向刻度线较稀的部分为宜,且指针越接近刻度尺的中间,读数越准确.表盘的读数乘以倍率,就是所测电阻的电阻值.

使用注意事项:

1. 不能带电换量程.

2. 选择量程时,要先选大的,后选小的,尽量使被测值接近于量程.

3. 不能带电测量电阻.因为测量电阻时,多用表由内部电池供电,如果带电测量则相当于接入一个额外的电源,可能损坏表头.

4. 用毕,应使转换开关在空挡位(两个转换钮的白点)或交流电压最大量程挡上.

二、UNI−TUT58A 型数字多用表

UNI−TUT58A 型数字多用表是 1 999 计数 3 位半手动量程数字多用表.整体面板如图 2-13-2 所示.上部为液晶显示屏,数值显示范围为 0 ~ 1 999,并标注小数点及单位.本仪表采用内置式直流电源(9 V 叠层电池),电源开关为黄色按钮(POWER).可用于交直

流电压、交直流电流、电阻、二极管、电路通断、三极管、电容和频率的测量.

屏幕下方的转盘是功能选择开关,用来选择不同功能及量程,各项测量功能对应的选择开关位置见图 2-13-5.选择开关下方为四个测量端(俗称"表笔")插口,并用黑、红两色插线作为表笔.红色为测量端,黑色为接地端(COM).

使用方法与注意事项:

1. 使用前要检查仪表和表笔,谨防任何损坏或不正常的现象,如果发现任何异常情况:如表笔裸露、机壳损坏、液晶显示屏无显示等,请不要使用.**严禁使用没有后盖和后盖没有盖好的仪表,否则有电击危险.**

2. 仪表根据所选择测量功能的不同,显示表笔的插入孔位,测量前务必对照屏幕显示以确认表笔插入的位置.**表笔破损必须更换,并须换上同样型号或相同电气规格的表笔.**

3. 当仪表正在测量时,不要接触裸露的电线、连接器、没有使用的输入端或正在测量的电路.

4. 测量高于直流 60 V 或交流 30 V 的电压时,务必小心谨慎,切记手指不要超过表笔护指位,以防触电.

5. 在不能确定被测量值的范围时,须将功能量程开关置于最大量程位置.

6. 切勿在端子和端子之间,或任何端子和接地之间,施加超过仪表上所标注的额定电压或电流.

开关位置	功能说明
V⎓	直流电压测量
V~	交流电压测量
⊣⊢	电容测量
Ω	电阻测量
▸⊢	二极管测量
♫	电路通断测量
Hz	频率测量
A⎓	直流电流测量
A~	交流电流测量
℃	温度测量(UT58B、C)
hFE	三极管放大倍数测量
POWER	电源开关
HOLD	数据保持开关

图 2-13-5　UNI-TUT58A 型数字多用表操作面板图与功能对应表

【拓展文献】

[1] 李兰秀,张仲秋,朱琴.光杠杆实验中尺读望远镜视场部分不清晰的成因和改善[J].大学物理,2011,30(10):34-35,51.

[2] 刘润.滑线变阻器限流和分压特性的研究[J].青海师范大学民族师范学院学报,2008,19(2):74-76.

第二章
拓展文献链接

第三章
物理实验的基本操作

在物理实验中,对仪器的调节乃至对整个实验系统的调节是实验操作环节的主要内容.正确规范的调节和操作非常重要,它既直接影响实验结果的准确程度又与实验室安全密切相关.第二章中介绍了部分具体的基本实验仪器调节和操作,本章将介绍一些具有普遍意义的基本操作技术和通用操作规范.

第一节 零位调节

许多仪器由于装配不当或是长期使用等原因,其零位可能发生偏离,如果使用时未加以考虑将带来系统误差,因此在使用前需要校准其零位(也称调零).

有些仪器本身配有零位校准装置,如大多数的指针式电表,可以直接进行零位校准.电表类仪表的零位调节装置,有的为机械零位,有的为电气零位,或者同时兼有两种零位调节.零位校准时不能对仪表有任何加载,比如电流表进行机械零位调整时,应在接入电路之前,或已接入电路但未通电时进行调整.对于电气调零,则应在接入电路前打开仪表电源并检查和调节电气零点.还有一些仪器本身没有校准零位装置,如螺旋测微器和游标卡尺等,此时应先记下零位读数,然后用测量值减去零位读数即可.记录零位读数时要注意其正负符号,一般地,仪器指针或刻线在检查零位读数时偏离 0 基准线的方向与其测量时移动方向一致的为正读数,如果方向相反则为负值.图 3-1-1 所示为螺旋测微器三种零读数情况,图中(a)为正常零点,(b)为有一个正的零位读数 0.020 mm,(c)为有一个负的零位读数 -0.040 mm.

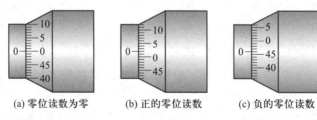

(a) 零位读数为零   (b) 正的零位读数   (c) 负的零位读数

图 3-1-1 螺旋测微器的零位读数

另有一些仪器和量具,在使用时其零位可以自由选择,比如当米尺的零点因磨损而模糊不清楚时,用其测量长度可以不用零点而是从某一数值开始测量,记作 x_1,长度末端记为 x_2,则物体实际长度为 $L = |x_2 - x_1|$.这叫做自由零位.在测微目镜、光具座、干涉仪等仪器的测量中都采用自由零位测量.

第二节　水平、竖直调节

实验中常有些仪器和设备需要保持水平或竖直,比如用三线摆测转动惯量时大小盘均须保持水平,电子天平使用前也需要先调水平,测钢丝杨氏模量时钢丝需要保持竖直.此时则需要对仪器进行水平和竖直调节.此类调整可以利用水平仪和铅锤进行.

一般需要做水平调整的实验装置在底部通常会有三个可调节底脚螺钉,也有的是后部为一个固定底脚,前部为两颗可调节的底脚螺钉.三个底脚通常构成等腰三角形,仪器自带的水平仪通常处于前部两个底脚连线的中垂线上,当仪器本身不带水平指示装置时,亦宜将水平仪放在两个可调节底脚连线的中垂线上.调节时先调节前部底边上的一个螺钉,使气泡移动到底边中垂线上,保证底边方向上水平;然后调节后部顶角的螺钉,使气泡移到水平泡中央,整个工作台水平.如果后部为不可调底脚,则应同步、同向调节前部两个底脚螺钉来代替后脚的作用.

水平调节

竖直调节是为了使物体基准方向与竖直方向一致,此时需要用铅锤来进行验证.在被测物体上找一条与待调节轴线平行的线,例如均匀圆柱体的边线,称为素线.在物体旁吊一铅锤,用目测检验素线是否与铅锤的竖直线平行.如果不平行,则对物体的角度进行调节,直到素线和竖直线平行为止.需要注意的是,检查和调节素线和竖直线平行时,需要从两个相互垂直的方向进行检查和调节,以保证它们是在空间中平行.

竖直调节的另一种方法是确保被调对象与底座平面垂直,然后调节底面水平来实现被调节对象竖直.如杨氏模量测定实验和落球法测定液体黏度实验中的竖直调节.

另外,如果要检查一条线(或一条边)是否水平(或竖直),或者要标画一条水平线或竖直线,目前工程上大量采用激光水平仪.激光水平仪用激光束扫描出一条严格的水平线(和/或一条铅垂线)用于检测边线和画线参考,精度高、使用方便.

第三节　间隙空程回程误差消除

一些仪器的调节和读数装置有丝杠加螺纹的螺旋机构,比如读数显微镜、测微目镜微分筒、迈克耳孙干涉仪动镜等,丝杠和螺母通常都不是完全密合的,而是存在如图 3-3-1 所示的螺纹间隙.当图中丝杠向左旋进时,丝杠需要转过一定的角度才能与移动机构上的螺母啮合,其间移动机构无移动,此时可称丝杠在"空转"或在"空程"行进,而读数装置上产生的读数变化可称为间隙空程回程误差,简称回程误差.

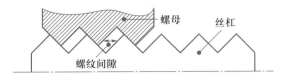

图 3-3-1　丝杠传动与间隙空程回程误差

此类机构的读数一般采用本章第一节中所提到的"自由零位"测量,即先读取一个起始位置的值,再转动丝杠,使移动机构移动一定距离或角度后读取第二个数值,两者相减即为测量值.为在测量中避免回程误差,应在读取第一个数值前,先在转动丝杠的同时进行观察,如果是"空转",则表明螺旋间隙还没有消除,需继续转动至空转消除后再对准基准读数,接着继续同向转动至第二个位置读数.如果错过了第二个读数位置,不能直接反转退回第二位置读数,而应重新测量,或者反向回退使后退量大于错过量与回程误差之和,然后以原方向前进到第二个读数位置读数.

第四节　仪器初态和安全位置调节

一些仪器在正式的实验操作前,需要处于正确的初态和安全位置,以保证实验操作的顺利进行和实验仪器的安全.

光学仪器或器件大部分都有调节螺钉或紧固螺钉,如迈克耳孙干涉仪中动镜和定镜的调节螺钉,杨氏模量测量中望远镜俯仰角调节螺钉,测微目镜的紧固螺钉,光具座上的紧固螺钉等.实验前,应首先调节好器件的位置和方向,然后拧紧紧固螺钉,否则可能在实验操作过程中产生随机的位置或方向变化而影响实验.调节螺钉的作用是在实验操作过程中,使实验仪器处于某特定状态,此类螺钉调节范围有限,为了保证实验过程中调节螺钉可以在一定范围内朝不同方向调节,在实验之前,应该先将这些螺钉处于大致的中间状态(或称半松半紧状态),从而使其有适当的双向调节预留量.

在一些双向测量实验中,也需要考虑变化范围问题.比如在杨氏模量的测定实验中,开始测量前应使望远镜叉丝处于标尺中部位置,从而在加减砝码测量过程中不致使叉丝超出标尺测量范围.在微小形变电测法实验中,测量臂上的微调电阻箱的表盘初值,也不宜置于最小或最大值附近,否则可能在上、下行测量中超出可调节范围.

在电学实验中,仪器初态调节则更多是要考虑仪器线路安全.在未确保电路和仪器状态正常,或未预知电路或仪器所需电压、电流时,应在刚通电时使电流和电压足够小,然后边观察边调节至所需值.为此,一些电学仪器在通电前需要处于所谓的"安全位置",例如,一般应在电源打开前使其处于电压或电流输出最小位置.对于滑线变阻器,限流接法时滑动端的安全位置要使得滑线变阻器的全部电阻接入电路,而分压接法时滑动端的安全位置要保证其分压输出最小.对于与检流计相串联的保护电阻开关,则应使保护电阻为接入状态(即开关不闭合),使其处于"粗调"状态.电路的安全位置不仅有利于保护仪器的安全,也常常为定性观察时的电路调节提供便利.

第五节　逐次逼近调节

一些实验中为了观察特定的现象或是进行测量,往往需要使仪器处于一定范围内的特定状态,或寻找一个特定参量值.逐次逼近调节法(也称折半调节法)是一种能快速调节仪器装置到规定状态或寻找特定参量值的基本方法.可在天平、电桥、电位差计等平衡调节中应用,也可在光路共轴调节、分光计调整中应用.

逐次逼近调节的核心在于,后面每一次的调节都会使得仪器比前一次更接近目标状态.以平衡调节为例,首先根据经验或理论估计在平衡点附近两侧分别找两个观察点 x_1、x_2,且 $x_1 < x_2$,这两个点确定一个区间 (x_1, x_2),平衡点即在这个区间内,调节新的观察点为区间的中点 $x_3 = (x_1 + x_2)/2$,然后用该中点替换与其偏离方向相同的观察点确定新的区间,重复前面过程直到到达平衡点.例如,在电桥平衡调节时,可以先找出测量臂在预估值两侧的两个阻值 R_1 和 R_2,使得桥路的检流计分别偏向两边.假设 $R_1 < R_2$,则可以判断,使得电桥平衡的阻值 R 必然在这两者之间,即 $R_1 < R < R_2$.改变测量臂的阻值,使其改变量约为前两次阻值差值的 $1/2$,如 $R_3 = R_1 + (R_2 - R_1)/2$,然后观察检流计变化,若此时指针偏转情况与 R_1 时相同,可以进一步判断平衡阻值在 R_2 和 R_3 之间,且下一步调节值为 $R_4 = R_3 + (R_2 - R_3)/2$,反之平衡阻值应在 R_1 和 R_3 之间,且下一步调节值为 $R_4 = R_1 + (R_3 - R_1)/2$,依此类推,经过几次调节后,就能很快地实现电桥平衡.

当然,实际操作中也不必完全拘泥于此,比如在通过逐次逼近调节已经接近平衡且知道调节方向时,可以朝此方向连续调节测量臂阻值至平衡即可,无须再进行折半计算调节.

第六节　预置平衡调节

在一些实验中,测量是基于平衡的,如物理天平称量质量、惠斯通平衡电桥测电阻(或其他电学量)、电位差计测电动势等.此类测量中都有一个进行平衡比较检查的精密器件,如物理天平中的刀口、电桥和电位差计中的检流计.为保护这些精密器件,我们在平衡检查前应该使测量端的量值与被测量端的量值相近,我们称该操作为"预置平衡",这样既可以避免严重偏离平衡对平衡检测器件的冲击,也有利于后续尽快完成平衡调节.

物理天平称量质量时,先根据经验预估被测物体的质量,然后在测量盘中放入等值的砝码,再检查平衡和采用逐次逼近调节测量.

在惠斯通平衡电桥中先由比例臂设置和预估的被测量大小根据平衡公式估算测量臂初值,然后按此初值预设测量臂,则在初次检查电桥平衡状态(粗调状态下)时,电桥偏离平衡态不会太远,这一方面可以避免检流计猛烈偏转损坏仪器,另一方面亦可微调测量臂,根据检流计偏转方向确定后续测量臂的调节方向.类似地,电位差计在初次闭合测量回路前,也要先将比较输出值调节至与被测量预估值相同大小,再闭合检流计支路检查平衡状态.

第七节　电学实验基本要求及电路连线

一、电学实验的基本要求

在电学实验中,首先要重视实验仪器的合理布局和线路连接的合理性,否则可能导致操作不方便,实验系统整体看起来比较混乱,而且出现线路故障时也不便于分析和排除.

电学实验的基本流程和要求包括:

1. 仪器布局合理

在实验电路图中,各种仪器用一定的图形和符号表示.接线前,首先必须了解线路图中每个图形符号所代表的仪器,理解它们的作用,然后按照"走线合理,操作方便,易于观察,实验安全"的原则布置仪器.

2. 按回路法接线

连接线路时,一般从电源开始(连线时电源需关闭),依次连接.当线路比较复杂时,应将总电路图分成多个回路,然后每个回路依次连接完成(具体见本节第二项内容).

3. 检查线路

线路接好后,应对照电路图仔细检查有无错误或遗漏,线路比较复杂时,课堂上也可同学之间互查.

4. 通电实验

接通电源前,应先检查、确认电路开关已断开,滑动变阻器滑动端处于安全位置,然后打开电源将电源输出调至所需值再接通电路开关.接通电路时要密切观察所有仪器有无异常反应,如指针是否正常偏转,是否超过量程,甚至是否不偏转或反转等.如有异常反应,应立即切断电源,重新检查,分析问题原因并予以排除.如无异常反应则先调节电路,定性观察实验现象,然后再按实验要求定量测量数据.

实验测量过程中,若因方法的改变需变换电路时,应注意首先断开电路和电源开关,然后重新接线或变换电路,不可带电操作.

5. 数据记录与检查

实验中所用电表大多是多量程的,测量读数时应根据所选量程和电表的参量确定读数方法,直接读出准确的数值,不要先记录格数,然后再换算为具体数值.测量过程中在记录数据的同时观察数据变化规律,若发现数据偏离规律太多,要重复测量确认其是正确测量值还是离群值.

6. 拆线、整理

如前所述,接线时应"先接线路、后通电源",而拆线整理时则应"先断电源、后拆线路",然后将实验器件摆放整齐,保持环境整洁.

二、回路接线法

在连接电路,特别是比较复杂的电路时应该采用回路接线法.电路中的一个回路,是指由电学实验仪器和导线连接而成的一个闭合圈,回路划分一般以功能划分为宜.接线时一般从电源所在回路开始,沿电路图回路中电流的走向,顺次连接.注意接线时电源必须关闭,若电源本身没有开关(如干电池等)可以串联一个处于断开状态的单刀开关.对于直流电路中接线端有正负极区别的实验仪器,必须注意正极连接高电势端(电流流入侧),负极连接低电势端(电流流出侧),不要接反.

下面以图 3-7-1 的电路为例,说明接线的顺序.首先将各仪器按照电路图摆放在适当的位置.对电路图进行分析,可以看出其能够划分成 3 个回路.

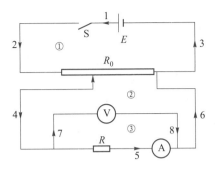

图 3-7-1 电路接线示意图

第一个回路①从电源正极出发,沿电流方向经过线 1、开关 S、线 2、滑动变阻器的一个固定端(高电势端),由滑动变阻器的另一个固定端(低电势端)连接线 3 回到电源负极构成回路,此回路将电源电压全部降到滑动变阻器上,供后续电路取得方便改变电压的输出,可称为电源回路.第二个回路②从滑动变阻器 R_0 的滑动端出发,经过线 4、负载电阻 R、线 5、电流表正极,由电流表负极连接线 6 回到滑动变阻器低电势端(与线 3 连接的固定端)构成回路,该回路从滑动变阻器上分得的电压加载到负载上,此回路可称为负载回路.第三个回路③由电阻 R 连接线 4 的接线端出发,经过线 7 连接电压表正极,再由电压表负极连接线 8 到达电流表负极构成回路,此回路是为了测量负载和电流表上的电压降,可称为测电压回路.连线时,可以按照图中箭头和数字的顺序依次连接.

回路法接线时要注意的一点是:对于一根导线有多个"等势点"可连接时,要将其连接到与本回路相关的器件上形成最小实际回路,而不要连接到与本回路无关的器件上,这样电路才更清晰,并便于在出现电路故障时做电路分析和故障排查.以图 3-7-1 为例,图中测电压回路③的器件是电压表、电阻和电流表,因此电压表左侧连线 7 就应该连接到负载左侧,而不要连接到滑动变阻器的滑动端,尽管它们是"等势点".同样,电压表右侧连线 8 也应该连接到电流表的右侧,而不要连接到滑动变阻器的右侧固定端,甚至电源负极上,尽管它们也都是"等势点".

第八节 电路故障的发现与排除

电学实验中,电路如发生故障,会产生仪器无反应、指针反向、偏转超量程、总调不平衡、数据严重偏离等各种异常现象.发生故障时首先应进行必要的理论分析,可以根据电路理论推测何处发生何种故障,会产生何种现象,反过来再判断某种现象会由何处的何种故障引起,因此实验过程中所观察到的具体异常现象是进行故障分析的重要依据.

线路故障首先可能是因为接线错误(包括仪器极性接错)而产生,所以应该首先依照电路图按回路接线法重新检查接线和极性.若检查确认接线无错误,则可能是电路中存在断路、接触不良.断路表现为电路不通,电阻无穷大.接触不良则一般表现为电路时通时不通或电阻大大增加,具体可表现为电流表读数自行波动或按压碰触接点时有变化或显示数值明显小于预期等.第三,排除前面两个因素后,则要考虑是否是实验仪器损坏而不能正常工作,仪器器件损坏可能表现为断路、短路、接触不良等现象.

　　仍以上一节的内接法测量电阻的电路,并假设负载为白炽灯灯珠为例进行分析.如图 3-8-1(a)所示,如果出现图中最上面的断路点,则故障现象应为电源有输出显示,但是在开关 S 闭合且改变滑线变阻器滑动头位置的过程中电流表、电压表均无示数,灯泡亦不亮;而如果出现图中中间的断路故障点则故障现象应该是电流表有示数,但电压表无偏转;如果出现图中下面的断路故障点则故障现象应该是电压表有示数,但灯泡一直不亮且电流表无示数.反过来,我们用图 3-8-1(b)从故障现象分析可能的故障点,假设电路严格按上一节的最小相关回路法接线,且在其他情况正常的条件下出现灯泡不亮且电流表无示数的现象,那么可能是导线 5 断线或连接不良或者灯泡损坏;若出现故障现象时其他情况正常但电压表不偏转,那么则应该是导线 7、8 断线或接触不良;而若是电路中仅电源显示正常,电流表、电压表、灯泡均无反应,则可能电线 1、2、3 断线或接触不良、开关 S 未闭合或损坏.

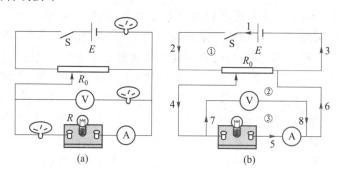

图 3-8-1　电路故障分析示意图

　　电路故障点检查确认通常有两种方法:伏特计法和欧姆计法.

　　用电压表检查电路中的各段电压,从而判断故障点的方法叫伏特计法.将测量的各段电压与理论压降进行比较,如果测量值偏离理论值很多,表明相应段有电路故障.比如,由于导线的电阻很小,由同一根导线连接的两个触点的压降理论上几乎为 0,如果测量出其压降较大,则表明两触点间发生了接触不良或者断路.这种检查方法的好处是不必拆开电路,带电操作,方便快捷.

　　欧姆计法主要查元件、导线的阻值,它必须在不带电和无分路的条件下进行,因此要关断电源,拆除分路.一般导线的电阻很小,接近 0;元件电阻各不相同,比如电流表内阻较小,而电压表内阻较大,各种负载有其参考值或示值.如果用欧姆计测量的某个元件的阻值不在其通常范围内且偏离较远,则故障就可能发生在这里.利用欧姆计法时,还应注意不要超出元件的额定电流和电压.例如检流计允许通过的电流很小,不可直接用欧姆计测量,否则有可能损坏检流计;半导体元件也不可贸然使用 10 kΩ 以上挡来检查,此时电压较高,可能导致器件击穿.

第九节　视差消除

　　视差是指当读数基准与仪器刻度不在同一平面时,眼睛从不同的方位读数会得到不同数值的现象,为了减小此种情况的测量误差,我们需要采用一定方法尽量消除视差.

对于指针式电表,读数时要正视表盘,使得指针和刻度盘镜面中的指针像重合后再读数.对其他没有镜面的仪器,如一些指针式温度计、湿度计、台秤等则需要读数时尽量对正,避免倾斜读数.

游标卡尺的游标刻度和螺旋测微器的微分筒刻度都被设计成斜面以便与主尺刻度靠近,但实际上它们并没有完全靠拢,在读数时仍然需要注意对正读数.当我们使用有一定厚度的米尺测量某物体长度时,为了避免视差引起的误差,可以把标尺刻度面竖起来,使刻度直接落在测量面上进行读数.

对于玻璃温度计、量筒等量具,刻度和液面之间有一定厚度的玻璃,读数时也需要与液面平视,避免偏上偏下导致视差而产生误差.

对于测量望远镜、读数显微镜和分光计等仪器,需要将被测物成像到分划板上进行测量,如果像与分划板不在同一个平面,则当眼睛在观察位置左右或上下移动时,会发现像与叉丝的相对位置发生变化,从而导致读数变化.从这种视差产生的原因看,消除视差就需要将被观察物体的像和分划板叉丝调节到同一平面上,为此首先要调节视度圈使分划板叉丝清晰,对于望远镜,还需要调节调焦手轮使物体成像清晰;对于测微目镜,需要调节光路前方的透镜使像清晰落在分划板上;对于读数显微镜,则要调节镜筒上下使成像清晰;一般来说当分划板和像两者都最清晰时,应不存在视差,如因仪器问题此时仍有轻微视差,可微调前述成像调节步骤直至消除视差(有时候可能会略微损失清晰度).

第十节　光学实验操作基本要求

光学实验一般多在暗室中进行,而且实验平台有较高的稳定性要求,所用光学仪器则多为光学玻璃制品和精密器件,因此对光学实验的基本操作有一些特定要求,需要学生在实验前认真学习和理解,并在实验中切实执行.

1. 大部分光学元件是用玻璃制成的,光学工作面经过精细抛光,有的还镀有特殊的薄膜,使用时要轻拿轻放,勿使元件碰损,上夹具时也要稳妥轻放,更要避免摔坏.

2. 在任何情况下都不允许用手触及光学器件的光学工作面(光线在这些面上反射、折射或透射),拿取器件时只能拿非光学工作面位置,如三棱镜的磨砂面.透镜也只允许拿透镜的棱边,反射镜只能拿镜片边沿而不能捏拿镜面.

3. 光学实验多在暗室中进行,仪器和元件的安放位置要有规律,暂时不用的器件可先集中移到一边,不能随便乱放,以免无意中把它们碰倒在工作台上或甚至跌落到地面,造成损坏.

4. 不准对着光学仪器和元件说话、咳嗽等,以免玷污光学工作面.

5. 光学工作面有污物时,要根据不同情况使用气吹或专用镜头纸等进行处理,不准随便用纸或布擦拭.

6. 光学仪器的机械部分,很多都经过精密加工,操作中要遵守仪器的使用规程,动作要轻缓,要全神贯注地边调节边观察.不许随便拆卸或用力扭动旋钮,以免造成仪器精度下降和不必要的磨损.

第十一节　光路共轴调节

为了保证成像质量和测量准确,几乎所有的光学实验中都要求各个光学元件的主光轴重合在一条直线上. 为此,要调节使各元件的光轴以及各段光路在同一条直线上,且与光具座导轨或光学平台平行,该调节称为光路共轴调节(或光学元件共轴调节),不引起歧义时可简称共轴调节.

共轴调节一般分粗调和细调两步来实现,下面以光具座上的透镜成像系统为例来进行说明.

粗调时,可以先将物屏、透镜和像屏靠近,通过目测观察来直观地判断各元件是否共轴.如果发现各元件的主轴偏离较大,可以调节元件的高低和横向左右位置,保证其大致共轴.

在粗调完成后,可利用光学系统自身的成像规律来进行细调.利用共轭成像,如果物和透镜共轴,则经过透镜所成的一对共轭像的中心重合.如果发现共轭像的中心不重合,则可以调节物或透镜.调节时,可以采用第五节所述的逐次逼近调节法.每次调节透镜的光轴,使所成大像的中心向小像的中心靠近一半的距离,经过多次调节后,就实现了元件的共轴,这种方法可以形象地称为"大像追小像".

如果系统中有多个透镜需要调节,必须逐个进行调整.先将一个透镜调好后,记下像屏上像的中心位置;然后放入第二个透镜,对其做上下和左右调整,观察像的位置,直到像中心与原来记录的位置重合为止.

一些光学平台上的实验,也需要进行共轴调节,只不过当使用到分束镜和反射镜后会有多个并不重合的光轴,甚至形成复杂的空间光路,但同样要求每一条光轴上的器件共轴.简单的光学平台上共轴调节我们可以借助激光束来完成.比如在全息照相实验中,第一步,调整激光束与平台平面平行,这可以利用带坐标格的白屏来检查,将白屏沿激光束大范围地前后移动,观察激光点在白屏上的高度有无变化,没有变化时则表明激光束与平台平面平行,否则就需调节激光束的俯仰角.第二步,该实验中的分束镜和反射镜调节,先将分束镜或反射镜放到其所应在的位置或附近,观察光束经反射后到达较远处的白屏上的光点是否与前面的光点高度一致,不一致时调节其俯仰角使之一致.第三步,加入其他如透镜等器件并进行调节.透镜放入光路时,应使透镜光轴与光路平行而不能偏斜,然后可以用白屏检查透镜后方光斑中心是否与透镜放入前的激光束光点重合来判断调节透镜是否共轴.

如果在使用光具座导轨的实验中,需要测量光路长度且实验中使用了俯仰可调的多维调节架,那么有可能导致各器件虽然共轴,但光轴与光具座导轨不平行,将导致光路长度测量存在系统误差.此时,还需要专门进行光轴与光具座导轨平行的调节,亦即各器件光心与光具座导轨等高的调节,一般可与共轴调节合称为"共轴等高"调节.

第四章
物理实验的基本测量方法

物理实验包括在实验室人为再现自然界的物理现象、寻找或验证物理规律和对物理量进行测量三部分. 因此, 物理实验与物理测量既有区别, 又有紧密的联系. 在任何物理实验中, 几乎都要对物理量进行测量, 故人们有时也把物理测量称为物理实验, 而且物理测量泛指以物理理论为依据, 以实验仪器、装置及实验技术为手段进行测量的过程. 物理测量的内容广泛, 包括力学、热学、电磁学、光学、声学等. 所以根据不同的出发点和所考虑的内容, 测量方法有不同的分类, 如: 直接测量、间接测量、组合测量、电学量测量、非电学量测量、静态测量、动态测量等.

这里参考《理工科类大学物理实验课程教学基本要求》(2023 年版)的要求, 介绍几种基本的物理测量方法. 但要说明的一点是, 有一些方法之间有着天然的内在联系, 不能截然分开, 但为了叙述方便, 分别列为不同的方法. 另外, 在有些物理量测量中, 也可能同时包含了多种测量方法.

第一节　比　较　法

比较法是物理测量中最普遍、最基本的测量方法, 它是将被测量与标准量具进行比较而得到测量值的. 通常将被测量与标准量通过测量装置进行比较, 当它们产生的效应相同时, 两者相等. 测量装置称为比较系统. 比较法分为直接比较和间接比较.

一、直接比较

直接比较是将被测量与同类物理量的标准量具进行比较, 通过被测量是标准量的多少倍可直接得到被测量. 其特点是:

1. 同量纲: 标准量和被测量的量纲相同. 如米尺测量长度; 秒表测量时间.
2. 直接可比: 标准量与被测量直接比较, 不需要繁杂运算即可得到结果. 如天平称质量, 只要天平平衡, 砝码质量就是被测物的质量.
3. 同时性: 标准量与被测量在比较的同时, 结果即可得出, 没有时间的延迟和滞后.

直接比较需事先制成很多供比较的标准量具, 如砝码、直尺、角规等. 测量中根据不同的被测对象及误差要求, 选用不同的标准量具(仪器), 所以测量精度受仪器的限制.

二、间接比较

有些物理量难以制成标准量具,而是利用物理量之间的函数关系制成与标准量相关的仪器,再用这些仪器与被测量进行比较.如电流表、电压表等均采用电磁力矩与游丝力矩平衡时,电流大小与电流表指针的偏转之间具有一一对应关系而制成.液体温度计依据液体体积膨胀与温度增长的线性关系制成.所以,虽然它们能直接读出结果,但根据其测量原理应属间接比较.

一般而言,间接比较需要选取一个中间量,为了减小误差,要求被测量与中间量的关系最简单,同时必须稳定.如任何液体的体积随温度均发生变化,但通常温度计却使用水银,这是因为在温度变化不大时,水银的体积膨胀导致的液柱高度变化与温度成线性关系且很稳定,同时水银与玻璃毛细管无浸润,流动性好.

有时,只有标准量具还不够,还要配置比较系统,使被测量和标准量能够实现比较.如物体的质量与标准量砝码是通过天平这一比较系统来实现直接比较的.又如只有标准电池还不能测量电压,还需要由比较电阻等附属装置组成电位差计来测电压,这些装置构成了比较系统.

比较法的用途很广,如用李萨如图形测量频率也用了比较法,当垂直的两个正弦振动合成时,一旦形成稳定的封闭图形,则图形在 x、y 轴上的切点数 n_x、n_y 与相应频率 f_x、f_y 有以下关系:

$$f_x = \frac{n_x}{n_y} f_y$$

当 f_y 为标准频率时,即可由上式得到被测频率 f_x,利用上式进行比较的前提必须是获得稳定的李萨如图形.而能使其产生比较的示波器即为比较系统.

实际上,所有测量都是比较的过程,只不过有些比较的形式不那么明显而已.

三、替代法

替代法也是比较法的一种.它与直接比较法的区别在于不具备同时性;而与间接比较法的区别在于不用公式计算,不需要中间量.

替代法是利用被测量与标准量对某一物理过程具有等效作用来进行测量的.如图 4-1-1 所示,测量未知电阻 R_x,只要电源电压稳定不变,当 S_2 接到 R_x 时,电流表有一示数,然后将 S_2 接到标准电阻箱 R_0,调节 R_0 使电流表的读数与接 R_x 时的相同,则 $R_x = R_0$.这里标准件是 R_0;物理过程指 R_x、R_0 对电路电流的影响;而等效的判定是依据电流表的示数不变.同时要求比较系统的电压稳定不变.

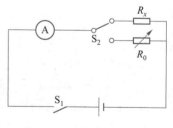

图 4-1-1 替代法测电阻

大家所熟知的曹冲称象即采用了替代法.

只要所用标准件的精度及判别等效所用的仪器精度较高,则替代法可以有比较高的测量精度.当然,由于不是同时比较,在两次比较中,要求系统的状态必须稳定.

第二节　放　大　法

实验中往往会遇到一些值很小或变化很微弱的物理量,即使能够找到与之进行比较的标准量,也会因为这些量的值过小,仅用肉眼无法分析和判断,此时需把这些量进行放大,使得测量成为可能.

一、机械放大

机械放大是利用部件之间的几何关系,使标准单位的量在测量过程中得到放大,从而提高测量仪器的分辨率,达到提高测量精度的目的.

螺旋测微器和读数显微镜的螺旋测微装置就是机械放大的典型例子.螺旋测微装置由主尺和读数鼓轮组成,一般主尺上 0.5 mm 对应读数鼓轮的 50 格,或主尺上 1.0 mm 对应读数鼓轮的 100 格.所以其放大倍数为 100.最小分度值由 1 mm 变为 0.01 mm,提高了测量分辨力.游标卡尺也利用放大原理,将主尺上的 1 mm 放大为游标上的 n 格,n 一般为 10、20 和 50,使分度值分别提高为 0.1 mm、0.05 mm 和 0.02 mm.

一根很细的金属丝,要直接用毫米尺测出它的直径很困难,这时可以把它密绕在一个光滑且直径均匀的圆柱体上用毫米尺测量其 n 匝的长度 L,则 L/n 就是细丝的直径,此方法即是把直径放大 n 倍来进行测量.再如测量单摆周期时,测量一个周期时的按表误差很大,这时可以测 n 次摆动的总时间 t,则周期 $T=t/n$,把按表误差平均分配在了 n 个周期中.以上两种方法有一个先决条件,即细丝的直径必须均匀;每次摆动的周期必须相同.这种方法又称为累积(计)放大法.

二、光学放大

物理实验中的光学放大法主要是利用几何光学器件,对物体进行几何尺度如长度、角度的直接放大或转换放大,可分为视角放大和微小变化量转化放大.显微镜和望远镜属于视角放大仪器,它们只能放大物体的几何尺度,帮助观察者分辨物体的细节或便于使测量基准对齐.若要测出被测物的尺寸,必须配以相应的读数装置.测微目镜、读数显微镜即为光学视角放大与机械放大的组合型仪器,其观察采用显微镜放大,便于测量基准对齐,而读数则利用螺旋测微放大系统.

光杠杆则是一种将微小伸长量放大为一种可直接在米尺上观测的长度量的仪器,光杠杆具体原理见实验 5-1"钢丝杨氏模量的测定"的实验原理部分.在复射式灵敏电流计中则是利用光杠杆将线圈的小角度变化转化为可观测的长度变化,其中还利用多个反射镜延长光路从而增加光点的移动量,起到"累积放大"的作用.

三、电磁放大

在电、磁等物理量的测量中,往往被测信号很微弱,必须经过放大才能测量.另外很多非电学量,如压强、光强、温度、位移等,都可以先经过相应的传感器转换为电学量,然后再放大测量,这种方法在工程测量中的应用非常广泛.电磁放大一般由电子仪器实现,对它的要求有：① 尽量工作在线性区；② 抗外界干扰（温度、湿度、振动、电磁场影响）性能好；③ 工作稳定，不发生漂移.

第三节　转　换　法

在实验中，有很多物理量由于其属性关系，很难用仪器、仪表直接测量，或者因条件所限，无法提高测量的准确度. 此时可以根据物理量之间的定量关系，把不易测量的被测物理量转换为容易测量的物理量后进行测量，之后再反求被测物理量，这种方法叫转换测量法.

有些物理量之间存在多重关系和效应，因此将会有多种不同的转换测量法，这恰恰反映了物理实验中最有启发性和创新性的一面. 随着科学技术的不断发展，这种方法已经渗透到各个学科领域. 科学实验不断向高精度、宽量程、快速测量、遥感测量和自动化测量发展，这一切都与转换测量密切相关.

转换法一般可分为参量转换和能量转换两大类.

一、参量转换法

利用物理量之间的某种变换关系（或函数关系），实现各参量之间的变换，以达到测量某一物理量的目的. 这种方法几乎贯穿于整个物理实验之中，例如，伏安法测电阻是根据欧姆定律，将 R 的测量转变为对电流 I 和电压 U 的测量，得到 $R = U/I$. 利用单摆测重力加速度 g，是将 g 的测量转换为对 L、T 的测量. 从以上可以看出，间接测量属于参量转换测量.

二、能量换测法

这里指的能量换测法，是泛指某种形式的物理量，通过变换器（传感器）变成另一种形式物理量的测量方法. 由于电学测量方便、迅速、容易实现，且能与计算机连接进行数据自动采集和处理，所以最常见的能量换测法是将非电学量转换为电学量的测量.

1. 热-电换测

将热学量通过热电传感器转换成电学量进行测量. 热电传感器种类很多，它们虽然依据不同的物理效应制成，具有不同的用途，但都是利用材料的温度特性. 常用的热电传感器有：① 金属电阻热传感器：它主要利用金属电阻值随温度变化的特性. ② 热敏电阻：用 SnO_2 等半导体材料制成，其阻值随温度的变化非常灵敏，一般多用在温度控制、温度补偿电路中，其缺点是稳定性较差. ③ pn 结传感器：若在半导体 pn 结器件上通一恒定的正向电流，则 pn 结正向电压与器件的温度成线性关系，因而只要测得结电压的大小，便可得到对应的温度. pn 结传感器的优点是灵敏度很高，每当温度变化 1 ℃时，结电压可变化 2 mV 左右，而且也比较稳定；缺点是可测温度范围较小，一般为 -200 ~ +200 ℃，温度再高，半导体性质就要发生变化. ④ 热电偶：当两种不同导体或半导体材料接触，且接触两端具有温差时，产生温差电动势，当两种材料确定后，电动势的大小与温差大小有关，当一端温度已知后，测量温差电动势的大小，即可得到另一端的温度值.

2．压-电换测

该方法是将压力转换成电学量进行测量,常用于厚度、速度或声速测量.大家所熟知的话筒就是把声压转换成电信号.

一种多晶结构的钛酸钡材料,被广泛应用于压电换能器中.在"空气中声速的测定"实验中,就使用了这种换能器,它在超声波范围内具有平面性好、方向性强、频率单一性好、抗干扰性强等特点,因而使测量声速的精度大为提高.

3．光-电换测

光电换测是将光信号转换为电信号再测量,其基本原理是光电效应,一般可分为两种类型:

(1) 外光电效应

在光照下物体吸收光能,电子动能增加,从而逸出材料表面,该现象称为外光电效应.它是在 1887 年由德国科学家赫兹发现的.基于这种效应的光电器件有光电管、光电倍增管等.

(2) 内光电效应

内光电效应根据其产生的原因分为两类,即光电导效应和光生伏打效应.

① 光电导效应:入射光强改变物质导电率的现象称为光电导效应.这种效应几乎所有高电阻率半导体都有.半导体材料受光照后,电子吸收光子能量,从价带激发到导带,过渡到自由状态,同时价带也因此生成自由空穴,致使导带的电子和价带的空穴浓度增大,引起材料电阻率减小.随着光能的增加,光生载流子浓度也增大,但同时电子与空穴的复合速度也加快,因此光能量和光电流之间不是线性关系.基于这种效应的光电器件有光敏电阻.

② 光生伏打效应:当 pn 结受到光照时,如果光子能量大于半导体材料的禁带宽度,电子就能从价带跃迁到导带,成为自由电子,而价带则对应生成自由空穴.这些电子和空穴对在 pn 结内部电场作用下,电子向 n 区移动,空穴向 p 区移动,使 n 区带上负电,p 区带上正电,于是 pn 结两侧便产生了光生电动势.基于这种效应的光电器件有光电二极管、光电三极管和光电池.

4．磁-电换测

该方法主要是利用磁场参量对电参量产生影响的效应,主要有电磁感应、霍尔效应和磁阻效应.

电磁感应是最基本的磁-电转换,该效应把磁场的变化转变为电流的变化,通过对电流的测量,达到对磁场及其相关物理量的测量.

在导电材料特别是半导体材料中,霍尔效应把磁场转换为相应的霍尔电压进行测量,其基本原理见实验 10-4"霍尔效应测磁感应强度".

物质在磁场中电阻率发生变化的现象称为磁阻效应.利用电阻率在磁场作用下的变化可以探测磁场或磁场变化,灵敏度很高,其基本原理参看实验 11-2"磁阻传感器的研究与应用".

第四节　补　偿　法

若某测量系统受某种作用产生 A 效应,同时受另一种同类作用产生 B 效应,如果 B 效应的存在使 A 效应显示不出来,就称 B 对 A 进行了补偿.补偿法大多用在补偿测量和补偿校正系统误差两个方面.

一、补偿测量

设系统中 A 效应的量值为测量对象,但由于物理量 A 不能直接测量或难以测准,就用人为方法制造出一个 B 效应与 A 补偿,制造 B 效应的原则是 B 效应的量值应易于测量或已知.这样,用测量 B 效应的方法获得 A 效应的量值.

完整的补偿测量系统由被测装置、补偿装置、测量装置和指零装置组成.被测装置产生被测效应,要求被测量尽量稳定,便于补偿.补偿装置产生补偿效应,要求补偿量值准确达到设计精度.测量装置将被测量与补偿量联系起来进行比较.指零装置是一个比较仪器,由它来显示被测量与补偿量是否达到完全补偿.只有补偿装置所用仪器和示零装置的精度足够高才能使补偿测量具有足够高的精度.

电位差计是一种典型的补偿测量.但需注意,由于被测量和补偿量要进行比较,所以,补偿法又包含了比较法的应用,具体请参看实验 8-5"十一线电位差计测电动势".

二、用补偿法校正系统误差

一些实验测量中,可能由于存在某些特定因素而产生系统误差,且无法排除,此时人们会想办法制造另一种产生相反效果的因素去进行补偿,使得这种影响消失或减弱至影响可以忽略,这个过程就是用补偿法校正系统误差.例如,用电阻应变片测应变实验中,由于应变片由金属制成,其阻值除了随所要测量的应变发生变化外也会随环境温度的变化而变化,为了使得温度变化引起的阻值变化不影响电桥的平衡,可在电桥的另一个臂上接一个相同材料、相同参量的温度补偿片来进行补偿.当温度有变化时,两个应变片的阻值将产生相同大小变化,但由于它们分属桥路两侧,其变化对电桥平衡的影响相互抵消.再如在电路中常使用的碳膜电阻和金属膜电阻,它们的温度系数都很大,当环境温度变化或电阻自身发热导致温升时,其阻值的显著变化将影响电路的稳定性.但由于金属膜电阻的温度系数为正,碳膜电阻的温度系数为负,若适当将它们搭配串联在电路里,就可以使电路受温度变化的影响降低甚至消除.

在光学实验中为防止因介质折射率不同所引起的光学色散对信号传输产生影响,常在光路中引入色散补偿元件产生相反色散来抵消,这也是补偿法的一种应用.

第五节　平　衡　法

平衡法利用了物理学中平衡态的概念,也是物理实验中被广泛使用的一种方法.在平衡法中,并不研究被测物理量本身,而是将其与一个已知的可变标准物理量相比较,比较过程中调节标准物理量,将两者之间的差异逐渐减小直到等于零,我们称两者此时达到了平衡态,则被测物理量与已知的标准物理量相等.

物理天平测量质量就是利用被测物和标准砝码在物理天平两端达到力矩平衡来实现的,由于物理天平等臂,实质来说也是两者在重力上达到平衡.

平衡法不仅可以利用力与力的平衡、力矩与力矩的平衡,也可以利用电压之间的平衡、电流之间的平衡等.比如,电桥电路测量电阻、电容、电感就是利用了电流、电压等的平衡,而电位差计所基于的补偿原理也可以说是利用了电压之间的平衡来测量电动势或电压降的.

平衡法主要有两个优点.第一点是选用合适的平衡指示装置,测量系统可以达到很高的系统灵敏度,比如精密测量中的"安培天平"和"电压天平",测量的相对不确定度可以达到 10^{-5}.第二点是通过良好的设计,平衡法很容易在一次测量中同时实现大量程与高精度.

第六节　模　拟　法

在探求物质的运动规律、自然界奥秘或解决工程技术问题时,经常会碰到一些特殊的情况,比如研究对象过分庞大、危险或变化过于缓慢等,以致无法或很难对研究对象进行直接测量.于是人们依据相似理论,人为地制造一个类同于研究对象的物理现象或模型,用对模型的测试代替对实际对象的测试,这种方法称为模拟法.模拟法分为物理模拟和数学模拟.

一、物理模拟

人为制造的"模型"和实际"原型"有相似的物理过程和相似的几何形状,以此为基础的模拟方法即为物理模拟.

例如,为了研究高速飞行的飞机上各部位所受的空气作用力,便于飞机的设计,人们首先制造一个与飞机几何形状相似的模型,将其放在风洞中,创造一个与实际飞机在空中飞行完全相似的物理过程,通过对模型飞机受力情况的测试,便可以在较短的时间内、在方便的空间中,以较小的代价获得可靠的实验数据.又例如,在空间科学技术的发展过程中,许多实验都先在实验室进行模拟实验,取得初步结果后,再发射人造地球卫星完成进一步的实验.

物理模拟具有生动形象的直观性,并可使观察的现象反复出现,因此具有广泛的应用价值,尤其对那些难以用数学方程式来准确描述的研究对象进行研究时,就常被采用.

二、数学模拟

模型和原型遵循相同的数学规律,而它们在物理实质上毫无共同之处,这种方法称为数学模拟,又称为类比.例如"模拟静电场"实验中,根据电流场与静电场具有相同的数学描述,用恒定电流来模拟静电场.

　　随着计算机技术的不断发展和广泛应用,人们可以通过计算机模拟实验过程,从而可预测可能的实验结果,这是一种新的模拟方法,它属于计算物理的研究范畴.

　　模拟法虽然具有上述的许多优点,但也有很大的局限性,因为它只能解决可测性问题,并不能提高实验的精确性.

第七节　干涉、衍射法

　　干涉、衍射法是指利用波动的干涉和衍射现象来测量相关物理量.无论是声波、水波、无线电波、红外线、可见光,甚至 X 射线、物质波等,只要满足相干条件或者衍射条件,则通过测量干涉或衍射的条纹特征参量,就可以实现与之相关的物理量的测量,比如长度、位移、角度、波长、折射率等.干涉、衍射法测量的精度可以达到对应波动的波长量级,如声波,根据其频率不同可以为厘米、毫米,甚至微米、亚微米量级,而可见光、X 射线则可以达到微米、纳米量级.

　　利用迈克耳孙干涉仪,通过干涉条纹计数可以精确测量波长、透明介质(固体、液体、气体均可)折射率、薄膜厚度、微位移等.利用劈尖干涉可以测量微小角度、细丝直径、介质折射率等.利用光栅衍射可以测量波长、观察光谱等.

　　利用声波干涉可以测量声波波长、波速,而利用声光效应形成的相位型超声光栅既可以进行声波相关量的测量,也可以进行光学量的测量.X 光衍射则在固体物理学和材料科学中有着重要应用.

　　以上分别介绍了几种典型的测量方法,在具体的科学实验中,往往把各种方法综合起来使用.因此,实验者只有对各种方法有深刻的理解,才能在未来的实际工作中得心应手地综合应用.

第二篇
基础物理实验

  基础物理实验包含 22 个实验,内容涉及力学、热学、声学、电学和光学.通过这些实验,学生将学习物理实验的基础知识及其应用,并训练掌握基本的测量方法和实验技能,熟悉常用仪器的功能、原理、结构、操作方法和使用注意事项,以及学会物理实验中常用的数据处理方法,为后续学习更进一步的内容打好基础.

第五章

力学实验

力学实验是物理实验的开端.本章主要学习以下几方面内容:长度、质量、时间等基本力学量的测量方法;基本的测长仪器、质量测量仪器和计时器的原理和使用方法;仪器装置的水平、竖直调节方法.

此外,通过本章的实验,要掌握基本的数据处理方法,如列表法、逐差法等.实验中要重视有效数字和误差估算的具体应用,学会基本的误差和不确定度处理方法,养成良好的实验操作和数据处理习惯.

实验 5-1　钢丝杨氏模量的测定

材料是人类一切生产和生活的物质基础,是生产力的标志之一,对材料认识和利用的能力,决定了社会形态和人们的生活质量.新材料的研制和应用是 21 世纪科技发展的主要方向之一,也是我国战略新兴产业发展的基石.模量(modulus)是材料重要的力学性能,为材料受力后应力与应变之比,是材料设计和使用中需要考虑的重要数据.不同材料的模量之间差别很大.工程应用中,为了获得材料的各种模量,需要进行相应的测量.以弹性模量为例,金属和陶瓷的弹性模量较高,而聚合物的弹性模量通常较低.杨氏模量是弹性模量中的一种,通过对该实验的学习,有助于学生增强对材料力学性能相关概念的理解,并为掌握其他模量的测量方法奠定基础.

【实验目的】

1. 了解杨氏模量的物理意义.
2. 学习用光杠杆放大法测量长度的微小变化量.
3. 掌握光杠杆测量系统的调节和使用方法.
4. 学会用逐差法处理数据.

【预习问题】

1. 什么是杨氏模量?
2. 如何测量钢丝产生的微小形变量?
3. 实验中各物理量的范围和仪器选配原则是什么?

【实验原理】

固体在外力作用下都会发生形变,当形变不超过某限度时,撤去外力后,形变会随之消失,这种现象称为弹性形变.物体发生弹性形变时,其内部会产生使物体趋于恢复原状的内应力,杨氏模量(Young's modulus)是反映材料形变与内应力关系的物理量.该模量以英国物理学家托马斯·杨(ThomasYoung,1773—1829)的名字命名,以纪念他在 1807 年对弹性形变的研究.

固体的形变具有多种形式.本实验涉及的是最简单的形变,即金属丝仅受轴向外力作用而发生的伸缩形变.设金属丝原长为 L,截面积为 S,它沿长度方向受外力 F 作用后,伸长量为 ΔL.忽略金属丝重量,平衡状态时,任一截面上内应力都与外力相等,故其单位截面积上的垂直作用力就是 F/S,称为正应力.金属丝相对伸长量 $\Delta L/L$,称为线应变.在弹性限度内,正应力与线应变成正比,即

$$\frac{F}{S} = E\frac{\Delta L}{L} \tag{5-1-1}$$

上式即为大量实验结果所揭示的胡克定律(Hooke's law).式中比例系数 E 称为该金属材料的杨氏模量,由材料本身的性质决定.

用钢丝作为试样,设外力来源于质量为 m 的重物,钢丝直径为 D,可得出

$$E = \frac{FL}{S\Delta L} = \frac{4mgL}{\pi D^2 \Delta L} \tag{5-1-2}$$

测出 m、L、D、ΔL,就可确定钢丝的杨氏模量.

由于外力不太大时,ΔL 是一微小的变化量,因此难以用一般工具直接测量.本实验中,用光杠杆(optical lever)放大法间接测量 ΔL.在光杠杆放大法中(原理见实验仪器部分),ΔL 可由下式给出:

$$\Delta L = \frac{bl}{2R} = \frac{bl}{100H} \tag{5-1-3}$$

式中 b 为光杠杆前后足之间的垂直距离;l 是加质量为 m 的砝码前后望远镜中标尺像的读数差;H 为望远镜分划板上下视距丝所对应的标尺像的读数差.将上式代入式(5-1-2)中,E 的测量公式可写为

$$E = \frac{400mgLH}{\pi D^2 bl} \tag{5-1-4}$$

【实验仪器】

杨氏模量仪,光杠杆及望远镜尺组,螺旋测微器,米尺,砝码.

1. 光杠杆及望远镜尺组

光杠杆及望远镜尺组是用来测量长度微小变化量的实验装置.光杠杆如图 5-1-1 所示,平面镜与前足共面,测量时,前足刀口放入固定平台沟槽内,后足支在金属丝下方的夹头上.当金属丝伸缩时,后足会随之上下移动,光杠杆镜面将向后或向前倾斜.

图 5-1-1　光杠杆

光杠杆前放置望远镜尺组(具体介绍参见第二章第三节),用望远镜观看平面镜中的标尺像,并读出水平叉丝所对准的数值.

如图 5-1-2 所示,添加砝码使金属丝伸长 ΔL,镜面将向后倾斜 θ 角,若金属丝伸长前后望远镜中标尺像的读数差为 l,光杠杆前后足垂直距离为 b,则有

$$\tan \theta = \frac{\Delta L}{b}, \quad \tan 2\theta = \frac{l}{R}$$

当 ΔL 很小时,θ 很小,于是有近似关系:

$$\theta = \frac{\Delta L}{b}, \quad 2\theta = \frac{l}{R}$$

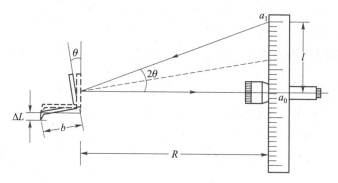

图 5-1-2　光杠杆与望远镜尺组

可以得出

$$\Delta L = \frac{bl}{2R} \tag{5-1-5}$$

这样微小伸长量 ΔL 的测量被放大为 l 的测量.

光杠杆放大倍数 M 可用下式算出

$$M = \frac{l}{\Delta L} = \frac{2R}{b} \tag{5-1-6}$$

通常用加大 R 来提高系统的测量精度.当空间有限时,还可采用多次反射法加大 R.而减小 b 亦可增大放大倍数,但会导致 θ 增加,从而破坏近似条件,故此方法不可取.

本实验所用内调焦望远镜放大倍数为 30 倍,视场角为 $1°26'$,视距常量为 100,最短视距为 2 m.望远镜分划板上下视距丝所对应标尺像的读数差为 H,与视距常量 100 的乘积,就是标尺与小镜所成标尺的像之间的距离,它是 R 的 2 倍,如图 5-1-3 所示,所以可知

$$R = \frac{100H}{2} = 50H \tag{5-1-7}$$

2. 螺旋测微器(千分尺)

螺旋测微器的使用方法和注意事项请阅读第二章第一节.

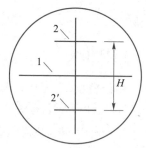

1—水平叉丝;2、2′—上、下视距丝

图 5-1-3　用视距常量测 R

【实验内容与步骤】

1. 检查底座水平泡,气泡不居中则调整底脚螺钉使气泡居中,则钢丝竖直(若底座无水平泡或已损坏,可在光杠杆平台放置一个独立水平仪进行检查和调节).在钢丝下端预加 3 kg 砝码,使钢丝拉直.放置好光杠杆,使前足位于沟槽内,后足尖置于钢丝下端三爪夹头上(不能掉进缝隙中).

2. 调整光杠杆及望远镜尺组

(1) 目测调节使光杠杆小镜平面与平台垂直,望远镜与光杠杆小镜处于同一高度,镜筒轴线对准光杠杆小镜.调节望远镜俯仰及左右位置,直到沿望远镜镜筒上方准星望去,从光杠杆小镜中可看到标尺像为止.

调节视频 5-1

(2) 调节望远镜目镜视度圈,使叉丝清晰.

(3) 调节望远镜调焦手轮,从望远镜中看到清楚的标尺像,这时标尺像处于分划板叉丝平面上.为避免在加载砝码测量的过程中读数超出标尺,应使从望远镜中看到的标尺像为标尺的中下部(为什么?).眼睛上下微微移动,观察标尺像与叉丝间是否有相对位移,若有则表明望远镜物镜所成标尺像没有完全在叉丝平面上,从而引起视差(parallax),需稍稍调节调焦手轮和视度圈,使标尺像和叉丝均清晰且无视差.

(4) 按先定性观察,再定量测量的原则,先逐个加挂全部砝码(砝码的缺口一定要交错开),观察望远镜尺组读数是否正常跟随变化,且能确保数据正常读取,然后逐个取下砝码至砝码盘上保留 3 个砝码.

3. 定量测量

(1) 多次测量 l.记录预加 3 kg 砝码时叉丝对准的标尺刻度,并逐次加砝码,每加一个砝码记录相应读数,直至加完 7 个砝码为止(上行测量).待砝码加完后再依次取下,同时记录相应读数(下行测量).

需要注意:加减砝码时,动作一定要轻,防止砝码摆动;砝码的缺口一定要交错开,否则,砝码盘受力不对称易翻倒并致砝码掉落;加减砝码后不要立即记录数据,需等钢丝完全变形后且处于稳定状态时再记录数据;不要用力压桌子,以免读数漂移.

(2) 测 l 的同时,记录上下视距丝所对应的标尺读数(不少于 5 次),以得到多次测量的 H.

(3) 用米尺一次测量钢丝原长 L(即预加 3 kg 砝码后的长度).由于测量受到实验装置结构的限制,米尺与钢丝无法紧靠,测量达不到直尺的精度,其误差限取为 3 mm.

(4) 用螺旋测微器在钢丝不同部位、不同方向多次测量直径 D(不少于 10 次),为避免在被测钢丝上测量时导致弯折,直径测量使用试验台上的同规格样品钢丝.

(5) 将光杠杆小镜的前后足在纸上重复多次压拓出印记,用尺规作图多次测量后足到前足的垂直距离 b.

注意:实验中,不能用手触摸任何光学镜面,光杠杆小镜要轻拿轻放,防止打碎.

【数据处理】

将逐次加、减砝码对应的读数取平均值,然后用逐差法处理,计算每加 1 kg 砝码前后两次标尺读数差的平均值 $\bar{l}$.

计算各输入量的不确定度(砝码质量的误差限 $\Delta_m = 0.005$ kg),推导计算 E 的不确定度各分量的灵敏系数,推出不确定度分量,并合成标准不确定度,最后给出测量结果的完整表示.

【思考提高】

1. 如何判断在整个加减砝码过程中钢丝是否是弹性形变?

2. 根据误差分析,要减小 E 的测量误差,关键应抓住哪几个量的测量?本实验采取了什么措施?

3. 试分析所用光杠杆的测量精度是多少(即望远镜中的每毫米代表实际的伸长量是多少)?要使测量精度达到 0.001 mm,应采取什么措施?

4. 是否任何一组偶数个数据都可以用逐差法处理?要具备什么条件?

5. 如果不用逐差法处理计算 $\bar{l}$,能否用最小二乘法或图解法处理?怎样做?

6. 试设计用本实验所用的光杠杆及望远镜尺组,测量固体薄膜厚度(比如纸张)的原理及方法.

【附1:仪器选配的一般方法】

在实验测量中,一般对实验结果都会提出不确定度的要求或期望.所以,在制定实验方案时,必须考虑所采用的仪器、方法以及数据处理是否能满足最终结果的不确定度要求,其中仪器的选配尤为重要.我们知道,输出量最终结果的不确定度是由各个输入量的不确定度通过传递公式所决定的,因此问题由对最终结果的不确定度要求转变为对各个输入量的不确定度的估算.有了每一个输入量的不确定度,我们便可以根据其大小来合理地选择测量仪器和方法.但由不确定度的特性可知,对应于输出量最终结果同样大小的不确定度,各个输入量的不确定度取值并非唯一,而且每一个输入量的不确定度可能是 A 类评定也可能是 B 类评定,其中 B 类评定与仪器的参量有关,A 类评定又并不能事先求得.所以为了使问题简化,在估算过程中采用以下两个原则:

1. 等分原则:传递时,使各个输入量的相对不确定度对最终结果的不确定度贡献相同,即要求各输入量的相对不确定度分量基本相等.

2. 取限原则:估算时,每个输入量的不确定度取其置信度为 1 时的 B 类评定,即直接取为测量仪器的误差限.

在以上两个原则的基础上,用不确定度传递公式,由最终结果的不确定度要求即可算出每一个输入量的误差限要求,然后结合具体情况再做适当调整,最后按误差限选配仪器、量具或选择方法.值得注意的是,由于绝大多数情况下,测量结果的可靠程度或误差的严重程度是由相对不确定度的大小决定的,所以不确定度的要求都是对相对不确定度而言的,传递和计算时应使用相对不确定度的传递公式.

下面以钢丝杨氏模量的测定实验为例,具体说明估算与选配方法.

钢丝杨氏模量的测量公式为

$$E = \frac{400mgLH}{\pi D^2 bl}$$

式中等号右边的量全部为输入量,其相对不确定度传递公式为

$$\frac{u_c(E)}{E} = \sqrt{\left[\frac{u(m)}{m}\right]^2 + \left[\frac{u(L)}{L}\right]^2 + \left[\frac{u(H)}{H}\right]^2 + 2\left[\frac{u(D)}{D}\right]^2 + \left[\frac{u(b)}{b}\right]^2 + \left[\frac{u(l)}{l}\right]^2}$$

假设要求最终结果的相对不确定度≤5%. 首先根据等分原则,等式右边根号下各项,即各输入量相对不确定度均应 $\leqslant (0.05)^2/6 = 0.000\ 42$. 再根据取限原则可得各量误差限应满足:

$$\Delta_m \leqslant 0.021m; \qquad \Delta_L \leqslant 0.021L; \qquad \Delta_H \leqslant 0.021H$$
$$\Delta_D \leqslant 0.021D; \qquad \Delta_b \leqslant 0.021b; \qquad \Delta_l \leqslant 0.021l$$

按实验条件,式中各个输入量为

$$m = 1.000\ \text{kg}; \qquad L \approx 85\ \text{cm}; \qquad H \approx 4\ \text{cm}$$
$$D \approx 0.5\ \text{mm}; \qquad b \approx 7.5\ \text{cm}; \qquad l \approx 13\ \text{mm}$$

将这些量的值代入以上各项可得

$$\Delta_m \leqslant 0.021\ \text{kg}; \qquad \Delta_L \leqslant 1.8\ \text{cm}; \qquad \Delta_H \leqslant 0.084\ \text{cm}$$
$$\Delta_D \leqslant 0.005\ 5\ \text{mm}; \qquad \Delta_b \leqslant 0.16\ \text{cm}; \qquad \Delta_l \leqslant 0.21\ \text{mm}$$

实验室中加载砝码的误差限为 0.005 kg;可用来测量长度量的仪器有直尺、50 分度游标卡尺、螺旋测微器,仪器的误差限分别为 0.5 mm、0.02 mm、0.004 mm. 对比以上要求,L 用直尺测量,考虑到测量条件受到限制,实际中取其误差限为 3 mm;b、H、L 均用直尺;D 用螺旋测微器. 在以上选择中除了 l 误差限大于估算要求外,其他量均远小于其误差限估算要求,这样最终结果的相对不确定度约为 4.5%,可以满足要求.

必须指出,以上的方法是为了获得仪器选配的定量指导所做的一种简化估算,并非实际的不确定度传递情况. 实际的不确定度比以上的计算复杂,它不仅包含了重复测量时的 A 类评定,而且和系统误差的大小有关. 在实验中除了合理地选配仪器以外,还应采取相应的实验方法和数据处理方法,以消除或修正系统误差,并计算 A 类评定.

从上面的量值和计算可以看出,L 相对于 l、D 大得多,且其相对不确定度传递公式中系数为 1,可能引入的相对误差小,故用直尺一次测量即可;钢丝直径 D 较小,且其不确定度传递公式中系数为 2^2,因此需要精度更高、误差限更小的仪器,故对 D 用螺旋测微器测量,并在金属丝不同的部位及不同的方向进行多次测量来降低误差. l 是由微小变化量 ΔL 通过光杠杆放大后在望远镜中测量的,可能引入较大的偶然误差,同时考虑对不同的负载求平均,以及在加载时由摩擦和延迟效应等引入的系统误差,对 l 的测量采取上行、下行加载进行,并用逐差法处理数据;同理,b、H 的测量也采取多次测量. 这样,通过仪器、测量方法和数据处理方法的适当选择来满足最终结果的不确定度要求. 由于影响不确定度的因素复杂多变,除进行以上的估算和分析以外,在实验中还应根据对测量数据所作的具体分析调整实验方案,使之更加合理.

通过以上的分析和计算,可以将仪器选配的一般原则归纳为:

(1) 对量值大者,可选用准确度等级低的仪器;反之,要选用准确度等级高的仪器;

(2) 对不确定度传递系数较大的输入量要选用准确度等级高的仪器;

(3) 若某一分量的相对不确定度对总不确定度影响较小,则其测量次数可少些,甚至只进行一次测量;反之,不仅要增加测量次数,而且还要考虑能进一步降低不确定度的数据处理方法;

(4) 选择测量仪器还应考虑实际条件,使测量方便、经济、安全.

实验 5-1
拓展文献链接

【拓展文献】

［1］彭涛,王新春,王宇,等.电桥法测杨氏模量的实验研究［J］.大学物理实验,
2011,24(01):51-54.

［2］CHEN C Q,SHI Y,ZHANG Y S,et al. Size dependence of Young's modulus in ZnO
nanowires. Physical Review Letters,2006,96(7):075505. I-075505. 4.

实验 5-1 拓展：用动态法测量杨氏模量

杨氏模量测量方法通常有两种,一种是静态法,例如静态拉伸法或静态压缩法,静态
扭转法和静态弯曲法;另一种是动态法,例如共振法(横向共振法、纵向共振法、扭转共振
法等)和弹性波速测量法(连续波法、脉冲波法等).静态法由于受弛豫过程等影响,不能
实时地反映材料内部结构变化,无法对脆性材料进行测量,也很难测量材料不同温度时
的杨氏模量,因此适用范围有限.动态法能很好地克服上述不足,因此它成为国家标准
GB/T 22315-2008 所推荐使用的测量方法.本实验用动态悬挂法测量试样固有频率,并
根据试样的几何参量测得材料的杨氏模量.

【实验目的】

1. 学习用动态悬挂法测量金属材料的杨氏模量.
2. 掌握外延法测量金属材料的固有频率,了解基频的鉴别方法.
3. 培养学生综合应用物理仪器的能力.

【预习问题】

1. 实验中应将悬线挂在细棒的什么位置?
2. 本实验如何得到基频共振频率?

【实验原理】

在一定条件下,试样振动的固有频率取决于它的几何形状、尺寸、质量以及它的杨氏
模量.如果在实验中测出试样在不同温度下的固有频率,就可以计算出试样在不同温度
下的杨氏模量.

如图 5-1-4 所示,长度 L 远远大于直径 $d(L\gg d)$ 的
一细长圆棒,沿 x 方向放置,且棒左端位于 $x=0$ 处,当棒
作 y 方向的微小横向无阻尼自由振动时,根据牛顿第二
定律,其动力学方程(横振动方程)为

图 5-1-4　细长圆棒的
弯曲振动分析

$$\frac{\partial^4 y}{\partial x^4} + \frac{\rho S}{EJ} \cdot \frac{\partial^2 y}{\partial t^2} = 0 \qquad (5-1-8)$$

式中,E 为杨氏模量,ρ 为材料密度,S 为截面积,t 为时间变量,J 为棒的截面惯性矩,主要

取决于棒的截面形状,且 $J = \int_S y^2 \mathrm{d}S$.

用分离变量法解该方程(详细解析过程见附录 2),对横截面为圆形的棒有

$$E = 1.606\,7 \times \frac{L^3 m}{d^4} \cdot f^2 \tag{5-1-9}$$

上式中,m 为棒的质量,f 为棒横向振动的固有频率,d 为棒的直径.

固有频率是金属棒本身固有的属性,一旦金属棒制作好之后,其固有频率也同时确定,不会因外部条件改变而改变.固有频率可通过测量金属棒的共振频率获得,当驱动力频率非常接近系统的固有频率时,系统振动振幅达到最大.

本实验采用动态悬挂法测量共振频率,其测量示意图如图 5-1-5 所示.由于悬线对测试棒有阻尼作用,其共振频率大小随悬挂点位置变化而变化.振动阻尼越小时,固有频率和共振频率越接近,理论上当悬挂点(即激振和拾振位置)在驻波节点处时,阻尼最小,共振频率等于测试棒的固有频率.但当激振点在节点处时,测试棒并不能被有效激发且接收到振动信号.所以实际实验中先找到节点位置,并在节点附近测量其共振频率,然后采用外延法推出节点处的共振频率.由附 2 可知测试棒节点在 $0.224L$ 和 $0.776L$ 处,测得此处固有频率并代入式(5-1-9)即得被测材料的杨氏模量.

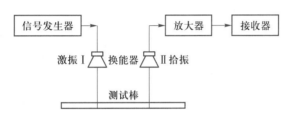

图 5-1-5　动态悬挂法测量杨氏模量示意图

【实验仪器】

DHY-2A 动态杨氏模量测试仪、DH0803 振动力学通用信号源、通用示波器、测试棒(铜棒、不锈钢棒、铝棒)、悬线、同轴信号线、电子天平、米尺、螺旋测微器、温度计.

1. DHY-2A 动态杨氏模量测试仪

动态杨氏模量测试仪示意图如图 5-1-6 所示,由信号发生器输出的等幅正弦波信号加在激振器上,通过激振器把电信号转变成机械振动,再由悬线把机械振动传给测试棒,使其作受迫横向振动.测试棒另一端的悬线把振动传给拾振器,这时机械振动又转变成电信号,该信号经放大后送到示波器中显示.当信号发生器的频率不等于测试棒的共振频率时,测试棒不发生共振,示波器上几乎没有信号波形或波形很小.当信号发生器的频率等于测试棒的共振频率时,测试棒发生共振,这时示波器上

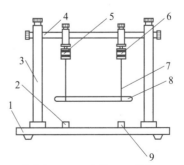

1—底板；2—输入插口；3—立柱；4—横杆；5—激振器；
6—拾振器；7—悬线；8—测试棒；9—输出插口

图 5-1-6　动态杨氏模量测试仪示意图

的波形幅值突然增大,读出频率就是测试棒在该温度下的共振频率.

2. DH0803 振动力学通用信号源

DH0803 振动力学通用信号源能产生方波和正弦波,频率在 20~100 000 Hz 范围内连续可调,其面板示意图如图 5-1-7 所示.

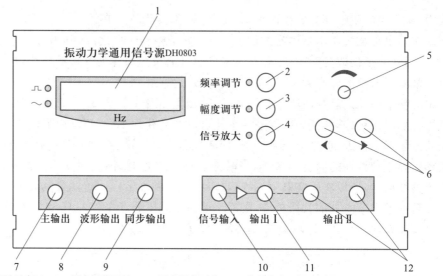

1—频率显示窗口;2—频率调节开关;3—幅度调节开关;4—信号放大开关;5—编码开关;6—调节开关;
7—主输出接口;8—波形输出接口;9—同步输出接口;10—信号输入接口;11—输出I接口;12—输出II接口

图 5-1-7   DH0803 振动力学通用信号源面板示意图

按下频率调节开关,对应指示灯亮,用编码开关配合调节开关调节输出频率;按下幅度调节开关,对应指示灯亮,用编码开关调节输出信号幅度,可在 0~100 挡间调节,输出幅度不超过 $V_{p-p}=20$ V;按下信号放大开关,对应指示灯亮,用编码开关调节信号放大倍数,可在 0~100 挡间调节,实际放大倍数不超过 55 倍;编码开关可以单击切换正弦波和方波输出,旋转旋钮可用于调节输出信号频率、幅度以及信号放大倍数.正弦波输出频率范围是 20~100 000 Hz,方波的输出频率范围是 20~1 000 Hz;调节开关用于切换频率调节位,仅用于信号频率调节.主输出接口用于功率信号输出,接驱动传感器;波形输出接口可接示波器观察主输出的波形;同步输出接口输出频率同主输出,且是与主输出相位差固定的正弦波信号;信号输入接口连接接收传感器,对磁电信号进行放大;输出 I 接口接示波器通道 1,接收传感器信号放大输出;输出 II 接口接收传感器信号放大输出,可接耳机或其他检测设备.

DH0803 振动力学通用信号源使用方法如下:

(1)打开信号源的电源开关,信号源通电.单击"编码开关"使输出为正弦波;调节频率、幅度,分别用示波器观察"主输出、波形输出和同步输出"端,应有相应的正弦波显示.

(2)将动态杨氏模量测试仪上的"输入插座"接至本仪器"主输出"端,驱动激振器.动态杨氏模量测试仪上的"输出插座"接至本仪器的"信号输入",对探测的共振信号进行放大;再将放大信号"输出 I"连接到示波器上观察共振波形."波形输出"同时接示波器,可实时观察激振波形.

（3）当测试棒振动幅度过大时,应减小信号输出幅度;振动幅度过小时,应加大信号输出幅度.

【实验内容与步骤】

1. 分别多次测量三种测试棒的长度 L、直径 d 和质量 m.

2. 按照图 5-1-6 所示将铜棒安装于动态杨氏模量测试仪上,将铜棒对称悬挂于两悬线之上,两悬线悬挂点到铜棒两端点的距离设为 1.0 cm（铜棒上标有刻度）,调节激振器和拾振器在横杆上的位置,使铜棒横向水平,悬线与铜棒轴向垂直,并处于静止状态,然后拧紧螺丝.

注意:须保持铜棒的清洁,拿放及更换时应特别小心,避免损坏激振器拾振器.悬挂铜棒后,应移动悬挂横杆上的拾振器到既定位置,使两根悬线垂直于铜棒.实验时,铜棒需稳定之后才可以进行测量.

3. 按照图 5-1-8 所示将动态杨氏模量测试仪、振动力学通用信号源、示波器之间用同轴信号线连接,打开信号源开关,通电预热 10 min. 单击编码开关将输出波形调至正弦波.

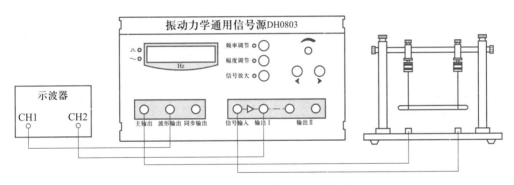

图 5-1-8　动态杨氏模量测量连线图

4. 待铜棒稳定后,按下频率调节开关,对应指示灯亮,调节编码开关调节频率,编码开关下方的一对左右按键用于切换频率调节位,直到示波器显示波形振幅突然变大并达到极大值.

5. 鉴频:由于测量公式（5-1-9）只适用于基频共振的情况,而频率扫描时,铜棒不只在一个频率处发生共振,要确定铜棒是否是在基频频率下产生的共振,须采用阻尼法来鉴别是否为基频.用探棒沿铜棒的长度方向轻触铜棒的不同位置,同时观察示波器,如果探棒触到的是波节处,则示波器上的波形幅度不变,如果探棒触到的是波腹处,则示波器上的波形幅度变小,当发现铜棒上仅有两个波节时,那么这时的共振就是基频频率下的共振,记下这一频率 f.

注意:因铜棒共振状态的建立需要一个过程,共振峰十分尖锐,因此在共振点附近调节信号频率时,必须十分缓慢地进行,以免错过相应的共振频率.

6. 改变两悬线悬挂点到铜棒两端点的距离（具体位置铜棒上已用刻度线标注）,重复 2—5 步,记录共振频率,并读取实验时的室内温度.

注意:当铜棒悬挂在距两端 4.0 cm 处时,由于接近 0.224 L = 4.032 cm 的节点处,共振频率可能无法测出,略过此点即可.

7. 更换不锈钢棒和铝棒,重复 2—6 步进行测量.

【数据处理】

1. 根据测试数据用计算机作图,拟合 f-x/L 曲线,用作图外延法找到 $x/L = 0.224$ 处的共振频率,即测试棒的基频共振频率,根据公式求出三种材料的杨氏模量 E.

注意物体的固有频率 $f_{固}$ 和共振频率 $f_{共}$ 是两个不同的概念,它们之间的关系为

$$f_{固} = f_{共}\sqrt{1 + \frac{1}{4Q^2}} \tag{5-1-10}$$

式中,Q 为试样的机械品质因素.对于悬挂法测量,一般 Q 的最小值为 50,把该值代入公式(5-1-10)有

$$f_{固} = f_{共}\sqrt{1 + \frac{1}{4Q^2}} = f_{共}\sqrt{1 + \frac{1}{4 \times 50^2}} \approx 1.000\,05 f_{共} \tag{5-1-11}$$

可见,共振频率与固有频率相比只相差十万分之五(0.005%),相差极小,因此本实验用共振频率代替固有频率是合理的.

2. 分别计算三种材料的杨氏模量的不确定度,完整表示结果(信号发生器的频率误差限为:当 $f < 1\,000$ Hz 时,Δ 取 0.1 Hz,当 $f \geqslant 1\,000$ Hz 时,Δ 取 1 Hz).三种测试棒 20 ℃时的参考杨氏模量见本书附录二表 5,参考基频共振频率分别为:

铜棒的参考基频共振频率:549~602 Hz.

不锈钢棒的参考基频共振频率:791~821 Hz.

铝棒的参考基频共振频率:800 Hz.

注意:因环境温度及测试棒材质不尽相同等影响,所提供的数据仅作参考.

【思考提高】

1. 试样的长度 L、直径 d、质量 m、共振频率 f 分别应选择何种精度的仪器测量? 原因是什么?

2. 从仪器误差限和悬挂/支撑点偏离节点这两个因素如何估算本实验的测量误差?

3. 测量时为何将支撑点放在测试棒的节点附近?

【附2:用分离变量法求解横振动方程】

由式(5-1-8)可知,棒的横振动方程为

$$\frac{\partial^4 y}{\partial x^4} + \frac{\rho S}{EJ} \cdot \frac{\partial^2 y}{\partial t^2} = 0$$

用分离变量法求解棒的横振动方程,令

$$y(x,t) = X(x) \cdot T(t)$$

将上式代入式(5-1-8)得

$$\frac{1}{X} \cdot \frac{\mathrm{d}^4 X}{\mathrm{d}x^4} = -\frac{\rho S}{EJ} \cdot \frac{1}{T} \cdot \frac{\mathrm{d}^2 T}{\mathrm{d}t^2}$$

等式两边分别是 x 和 t 的函数,只有两边都等于同一个常量时才成立,设该常量为 K^4,

则有

$$\frac{\mathrm{d}^4 X}{\mathrm{d}x^4} - K^4 \cdot X = 0$$

$$\frac{\mathrm{d}^2 T}{\mathrm{d}t^2} + \frac{K^4 EJ}{\rho S} \cdot T = 0$$

这两个线性常微分方程的通解分别为

$$X(x) = B_1 \cdot \mathrm{ch}\, Kx + B_2 \cdot \mathrm{sh}\, Kx + B_3 \cdot \cos Kx + B_4 \cdot \sin Kx$$
$$T(t) = A \cdot \cos(\omega t + \varphi)$$

于是上述振动方程的通解为

$$y(x,t) = (B_1 \cdot \mathrm{ch}\, Kx + B_2 \cdot \mathrm{sh}\, Kx + B_3 \cdot \cos Kx + B_4 \cdot \sin Kx) \cdot A \cdot \cos(\omega t + \varphi)$$

其中，ω 为振动圆频率，有

$$\omega = \left[\frac{K^4 EJ}{\rho S} \right]^{\frac{1}{2}} \tag{5-1-12}$$

该公式对任意形状的截面和不同边界条件的试样都是成立的，其中常量 K 由边界条件确定. 如果悬线悬挂在试样的节点附近，则其边界条件为自由端横向作用力，有

$$F = -\frac{\partial M}{\partial x} = -EJ \frac{\partial^3 y}{\partial x^3} = 0$$

弯矩为

$$M = EJ \frac{\partial^2 y}{\partial x^2} = 0$$

即

$$\left. \frac{\mathrm{d}^3 X}{\mathrm{d}x^3} \right|_{x=0} = 0, \quad \left. \frac{\mathrm{d}^3 X}{\mathrm{d}x^3} \right|_{x=l} = 0$$

$$\left. \frac{\mathrm{d}^2 X}{\mathrm{d}x^2} \right|_{x=0} = 0, \quad \left. \frac{\mathrm{d}^2 X}{\mathrm{d}x^2} \right|_{x=l} = 0$$

将通解代入边界条件，得

$$\cos KL \cdot \mathrm{ch}\, KL = 1$$

用数值解法求得常量 K 和棒长 L 应满足

$$K \cdot L = 0, 4.730\,0, 7.853\,2, 10.995\,6, 14.137, 17.279, 20.420, \cdots$$

由于其中第一个根 "0" 对应于静态情况，舍去. 将第二个根作为第一个根，记作 $K_1 \cdot L$. 一般将 $K_1 \cdot L = 4.730\,0$ 所对应的共振频率称为基频. 在上述 $K_n \cdot L$ 值中，第 1，第 3，第 5，……个数值对应着 "对称形振动"，第 2，第 4，第 6，……个数值对应着 "反对称形振动". 图 5-1-9 给出了当 $n = 1, 2, 3, 4$ 时的振动波形. 由 $n = 1$ 图可以看出，试样在作基频振动时，存在两个节点，它们的位置距离端面分别在 $0.224L$ 和 $0.776L$ 处. 理论上悬挂点应取在节点处，但由于悬挂在节点处试样棒难以被激振和拾振，为此，可以在节点两旁选不同点对称悬挂，用外推法找出节点处的共振频率. 将第一本征值 $K = 4.730\,0/L$ 代入式 (5-1-12)，得自由振动的固有频率（即基频）为

$$\omega = \left[\frac{(4.730\,0)^4 EJ}{\rho L^4 S} \right]^{\frac{1}{2}} \tag{5-1-13}$$

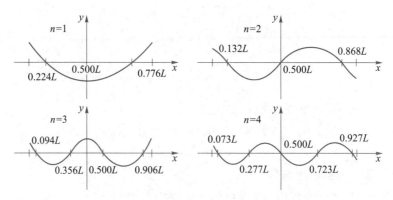

图 5-1-9   二端自由棒 $n=1,2,3,4$ 时的振动波形图

由式(5-1-13)可解出杨氏模量为

$$E = 1.9978 \times 10^{-3} \frac{\rho L^4 S}{J} \cdot \omega^2 = 7.8870 \times 10^{-2} \times \frac{L^3 m}{J} \cdot f^2$$

对于直径为 d,长为 L,质量为 m 的圆棒,其截面惯性矩为 $J = Sd^2/16$,有

$$E = 1.6067 \times \frac{L^3 m}{d^4} f^2$$

【拓展文献】

实验 5-1 拓展
拓展文献链接

[1] 刘吉森,张进治.杨氏模量的动态法测量研究[J].北方工业大学学报,2006,18 (1):49-52.

[2] 王龙,李东霞,马红章,等.动态法测量杨氏模量的理论分析与 Matlab 辅助研究 [J]大学物理,2015,34(10):39-42.

[3] AMIGÓ J R,PÉREZ F,CANTALAPIEDRA I R. Simple method of dynamic Young's modulus determination in lime and cement mortars. Materiales De Construccion 2011, 61 (301):39-48.

实验 5-2   用三线摆测定转动惯量

转动惯量(moment of inertia)是表征刚体转动特性的物理量,是刚体转动惯性的量度.刚体转动惯量取决于刚体总质量的大小、转轴的位置和质量对转轴的分布.早在 1673 年,惠更斯就引入了这个参量,而 1765 年欧拉在其书中引入了转动惯量这个名称.在设计研究物体的转动时,如机械的转动零部件,直升机的螺旋桨等的设计都要考虑转动惯量的影响.刚体转动的一个有趣的应用是储能——飞轮储能,此应用具有寿命长、无污染的优势.而飞轮储能功率大、响应快的特点使其广泛应用于轨道交通、电网调频、电磁炮等领域.例如,其瞬时大功率输出特性可以应用于航母战机弹射.其稳定低损耗特性也可以应用在绿色能源建设和发展中,如可将其应用于风能和太阳能发电,高峰时蓄能,低谷时释放能量.同时,飞轮储能在节能环保领域也有很好应用,如我国湖南湘电集团将飞轮储能应用在青岛地铁 3 号线列车上,刹车时储能,启动时释能系统,每天节约用电 3 000~5 000 kW·h.

【实验目的】

1. 学习用三线摆测定刚体的转动惯量、并验证平行轴定理.
2. 学习并掌握基本测量仪器的正确使用方法.
3. 学习实验测量中的参量转换思想.

【预习问题】

1. 什么是转动惯量? 它跟哪些因素有关,服从哪些规律?
2. 物理的转动惯量能否像质量一样直接测量? 如果不能直接测量,该怎么办?
3. 利用三线摆测量转动惯量,仪器需要满足哪些要求?

【实验原理】

1. 基本理论概念

(1)定轴转动定律:刚体绕定轴转动时,有

$$M = J\alpha \tag{5-2-1}$$

其中 M 是刚体所受的合外力矩,α 是角加速度,J 是相对于转轴的转动惯量.

(2)相加性:若一刚体绕一特定轴的转动惯量为 J_1,另一刚体绕该轴的转动惯量为 J_2,当它们同轴叠加在一起时的总的转动惯量为

$$J = J_1 + J_2 \tag{5-2-2}$$

(3)平行轴定理:质量为 m 的刚体绕通过质心的轴的转动惯量为 J_C,则该刚体绕与前轴平行、相距为 x 的另一轴的转动惯量为

$$J_x = J_C + mx^2 \tag{5-2-3}$$

2. 实验的设计思想

对于形状规则、质量分布均匀的刚体,其绕特定转轴的转动惯量,可用数学方法计算.但对于形状复杂、质量分布不均匀的刚体,就必须用实验的方法进行测定.

物体惯性大小的量度——质量,可以直接用天平称量.而转动惯量不能直接测量,必须进行参量转换,即设计一种装置,使被测物体以一定的形式运动,其运动规律必须满足两点要求:① 与转动惯量有联系;② 运动关系式中的其他各物理量均可直接或以一定方法测定,只含一个未知量——转动惯量.

对于不同形状的刚体,可以设计不同的测量方法和仪器,如:三线摆(three-wire pendulum)、扭摆(torsional pendulum)、复摆(compound pendulum)以及各种特制的转动惯量测定仪等,都可以很方便地测定刚体的转动惯量.

3. 用三线摆测定刚体转动惯量

三线摆结构如图 5-2-1 所示,M、N 为两个均匀的大、小圆盘,小圆盘固定在支架上,并可以绕自身的垂直轴转动,大圆盘用等长的三条线对称地悬挂在小圆盘下面,当两圆盘保持水平,轻轻转动小圆盘 N,由于悬线的张力作用,大圆盘 M 将绕两

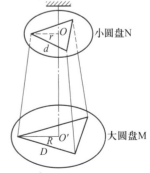

图 5-2-1　三线摆

圆盘中心轴连线 OO' 作周期性扭转运动.可以证明,当转角很小($\theta < 5°$)、悬线长度远远大于大圆盘 M 扭转时其质心沿 OO' 轴线上升的高度时,大圆盘 M 的运动是简谐振动.从相关理论知识可得知,大圆盘 M 绕 OO' 轴线作周期性扭转运动的周期与大圆盘 M 对该轴的转动惯量 J_0 有关,且

$$J_0 = \frac{m_0 g R r}{4\pi^2 H} T_0^2 \tag{5-2-4}$$

式中,m_0 为大圆盘质量;H 为 OO' 的长度;T_0 为大圆盘的振动周期;r 为小圆盘悬点外接圆半径.R 为大圆盘悬点外接圆半径.设 D 为大圆盘相邻两悬线点的距离,d 为小圆盘相邻两悬线点的距离,则有

$$R = \frac{\sqrt{3}}{3} D, \quad r = \frac{\sqrt{3}}{3} d$$

这样式(5-2-4)可改写为

$$J_0 = \frac{m_0 g D d}{12\pi^2 H} T_0^2 \tag{5-2-5}$$

由式(5-2-5)可以看出,如果保持 D、d、H 不变,即保持整个系统的几何关系不变,而只改变悬挂物的质量 m,则转动惯量不同,相应的简谐振动周期也将发生变化.这样我们可以先按式(5-2-5)测出大圆盘绕其轴线 OO' 的转动惯量 J_0,然后将被测物体置于大圆盘 M 上,并使被测物体转动惯量对应的转轴与 OO' 重合,则有

$$J_1 = \frac{(m_0 + m_1) g D d}{12\pi^2 H} T_1^2 \tag{5-2-6}$$

式中,m_1 为被测物体的质量;T_1 为此时的振动周期;J_1 为大圆盘 M 与被测物体绕 OO'' 轴的总转动惯量.根据转动惯量的叠加原理,被测物体绕 OO' 轴的转动惯量 J 为

$$J = J_1 - J_0 \tag{5-2-7}$$

4. 验证平行轴定理

物体的转动惯量随着转轴的不同而不同,转轴可以在物体内部,也可以在物体外部.若质量为 m 的刚体绕通过质心的轴的转动惯量为 J_C,则该刚体绕与质心轴平行、相距为 a 的另一轴的转动惯量为

$$J_a = J_C + ma^2 \tag{5-2-8}$$

关于这一定理可用实验的方法进行验证.将两个形状完全相同、质量均为 m 的小圆柱体相对于转轴 OO' 对称放置在大圆盘上.小圆柱中心离转轴的距离为 a.按上述方法可测得两圆柱体绕圆盘中心轴的转动惯量 $2J_a$ 为

$$2J_a = \frac{(m_0 + 2m) g D d}{12\pi^2 H} T_a^2 - J_0 \tag{5-2-9}$$

将由式(5-2-9)得到的 J_a 与理论上按平行轴定理计算所得的 J_a'

$$J_a' = J_C + ma^2 = \frac{1}{8} m d_x^2 + ma^2 \tag{5-2-10}$$

进行比较,以此验证平行轴定理.上式中,$J_C = \frac{1}{8} m d_x^2$ 为小圆柱体绕通过圆心且垂直圆平面的中心轴的转动惯量,d_x 为圆柱体的直径.

【实验仪器】

三线摆及附件,水平仪,电子秒表,游标卡尺,米尺.

1. 水平仪使用见第二章第五节,水平调节见第三章第二节.

2. 游标卡尺使用和注意事项请参考第二章第二节.

3. 电子秒表

实验仪器 5-2

本实验所提供的电子秒表精度为 0.01 s,不需也无法进行估读.考虑到按表误差,使用时产生的误差限取 0.2 s.

【实验内容与步骤】

1. 调整仪器

一台处于工作状态下的三线摆应满足:大、小圆盘平行且水平.为此按如下步骤进行调节:

(1) 将水平仪放在小圆盘上,调节支架的底脚螺钉,使水平泡处于水平仪中心,说明小圆盘水平.

(2) 将水平仪放在大圆盘中心,调节小圆盘上的三个旋钮,改变悬线的长度,使大圆盘水平,从而实现大小圆盘平行且水平.

2. 测定 D、d、H

(1) 将米尺紧贴小圆盘边缘垂直向下,使其 0 刻度端与大圆盘接触,多次测量 H.

(2) 用米尺依次测量大圆盘相邻两悬点之间的距离 D,相当于对 D 进行 3 次测量,取平均值.

(3) 用游标卡尺依次测量小圆盘相邻两悬点之间的距离 d,取平均值.

注意:在测量 D 和 H 时不要下压大圆盘,以免破坏已调好的水平状态.另,所用大圆盘以及各被测物体的质量均已给出(用钢印标示于物体表面).

3. 简谐振动周期 T 的测量

大圆盘 M 作简谐振动是通过轻轻扭动小圆盘 N(转角要控制在 5° 左右),带动大圆盘作简谐振动.考虑到简谐振动周期 T 的数值较小,而人的按表误差近似为 0.2 s,为了减小 T 的测量误差,可采用累积放大测量方法,测量 n 次振动的总时间 $t=nT$,这样对应的按表误差仍为 0.2 s,但由于累积,将 0.2 s 分配在了 n 个周期中,大大提高了测量精度.实验中 n 可取 30~50.

测量周期时,应在圆盘通过平衡位置时开始计时,可用摆架上的指针作为判断的标志,当振动稳定后开始计时.

(1) 不放被测物体,测量大圆盘振动 n 次的时间 nT_0,测量 3 次.

(2) 大圆盘上放置被测圆环,其圆心一定要和大圆盘圆心重合,测量整个系统摆动 n 次的时间 nT_1,测量 3 次.

4. 测量并计算被测圆环绕中心轴的转动惯量理论值

用米尺测量圆环内外径 D_1、D_2 各一次,由公式

$$J' = \frac{1}{8} m_1 (D_1^2 + D_2^2)$$

计算圆环绕中心轴的转动惯量的理论值 J'.

5. 验证平行轴定理

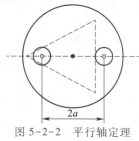

（1）如图 5-2-2 所示，将两个小圆柱体相对转轴对称放置于大圆盘上（大圆盘上设有对称的两组定位孔用于对称放置小圆柱体）.

（2）测量系统振动 n 次的时间.

（3）用游标卡尺一次测量小圆柱体直径，用米尺一次测出两圆柱中心距离 $2a$，并由式（5-2-10）计算 J_a' 理论值.

图 5-2-2　平行轴定理
验证示意图

【数据处理】

1. 列表记录所有原始测量数据.

2. 由式（5-2-5）、式（5-2-6）、式（5-2-7）计算圆环绕中心轴的 J，并与其理论值 J' 相比较，计算两者相对误差 E_J.

3. 由式（5-2-9）计算转动惯量 J_a，并与其理论值 J_a' 相比较，计算两者相对误差 E_{J_a}.

【思考提高】

1. 式（5-2-5）成立的条件是什么？实验中是如何达到的？

2. 在大圆盘 M 上放上重物后，若悬线会伸长，请分析对实验结果带来何种影响？

3. 提高与设计性内容

用复摆法测圆环的转动惯量. 如图 5-2-3 所示，刚体的质心为 C，可以绕悬挂点 O 摆动，理论证明，当摆角很小时，可近似为简谐振动. 设绕 O 的转动惯量为 J_0，振动周期为 T. 由于重力的作用点在 C，根据转动定律，可以得到

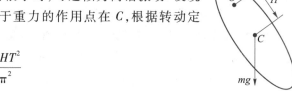

$$J_0 = \frac{mgHT^2}{4\pi^2}$$

根据平行轴定理，绕质心 C 的转动惯量为

$$J_C = J_0 - mH^2$$

图 5-2-3　复摆

将圆环悬挂在转轴上，使其作小角度的振动，测量振动 n 次的时间，求 J_C.

实验 5-2
拓展文献链接

【拓展文献】

［1］吴晓. 三线摆法测定转动惯量的计算原理分析［J］. 振动与冲击，2011，30（09）：155-156，201.

［2］盛忠志，易德文，杨恶恶. 三线摆法测刚体的转动惯量所用近似方法对测量结果的影响［J］. 大学物理，2004，23（02）：44-46.

［3］娄航宇，王威，孙维民. 三线摆测量转动惯量方法的改进及不确定度分析［J］. 大学物理实验，2015，28（06）：102-105.

［4］MARGOT J L，PEALE S J，SOLOMON S C，et al. Mercury's moment of inertia from spin and gravity data. Journal of Geophysical Research. 2012，117.

实验 5-2 拓展：用转动惯量仪测定转动惯量

【实验目的】

1. 了解转动惯量仪的设计思想.
2. 学习刚体质量相对转轴的分布对转动惯量的影响.
3. 测定不同形状刚体的转动惯量，并与理论值进行比较.

【预习问题】

1. 转动惯量仪的结构是怎样的?
2. 转动惯量仪将对转动惯量的测量转化成了对什么的测量? 如何实现这一转化的?
3. 匀角加速度转动中，如何得到角加速度? 实验中如何测量时间?

【实验原理】

1. 转动惯量实验仪的结构

JM-2 型转动惯量实验仪由十字形载物台、绕线塔轮、遮光棒、光电门、滑轮、砝码等组成，分别如图 5-2-4 及图 5-2-5 所示.

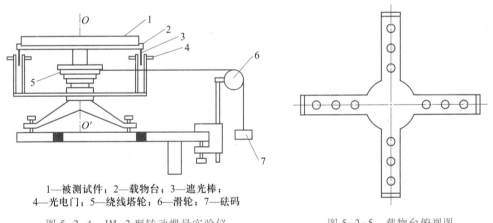

1—被测试件；2—载物台；3—遮光棒；
4—光电门；5—绕线塔轮；6—滑轮；7—砝码

图 5-2-4　JM-2 型转动惯量实验仪　　　　　图 5-2-5　载物台俯视图

遮光棒转动时依次通过光电门，每半圈（π rad）遮挡光电门一次，用以计数、计时. 塔轮上有五个不同半径的绕线轮，砝码钩上可以放置不同数量的砝码以改变外力矩的大小.

2. 测量原理

如图 5-2-6 所示，当重物 A 下降时，带动转轮 B 转动，若忽略细绳质量、导向滑轮 C 的质量及摩擦的影响，根据式（5-2-1）有

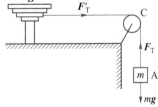

$$F_T r - L = J\alpha \qquad (5\text{-}2\text{-}11)$$

图 5-2-6　测量原理

其中 F_T 为绳子张力, r 为转轮半径, L 为转轮 B 绕其转轴的摩擦阻力矩, J 为转轮 B 的转动惯量, α 为角加速度. 由图 5-2-5 可知

$$mg-F_\mathrm{T}=ma$$

即

$$F_\mathrm{T}=mg-ma \tag{5-2-12}$$

将式(5-2-12)代入式(5-2-11)有

$$mgr-mar-L=J\alpha$$

又 $a=r\alpha$, 则有

$$mgr-mr^2\alpha-L=J\alpha \tag{5-2-13}$$

不加砝码时, 拨动转轮使其转动, 此时, 在摩擦力矩的作用下, 转动体系将作匀减速转动, 设其角加速度为 α_0, 转动惯量为 J_0, 则有

$$-L=J_0\alpha_0 \tag{5-2-14}$$

若加上质量为 m 的砝码, 在拉力作用下, 系统作加速转动, 设角加速度为 α_1, 转动惯量仍为 J_0, 则有

$$mgr-mr^2\alpha_1-L=J_0\alpha_1 \tag{5-2-15}$$

将式(5-2-14)代入式(5-2-15), 有 $mgr-mr^2\alpha_1+J_0\alpha_0=J_0\alpha_1$, 从而得

$$J_0=\frac{mgr-mr^2\alpha_1}{\alpha_1-\alpha_0} \tag{5-2-16}$$

若测出 α_0、α_1 则可算出未加试件时转轮的转动惯量 J_0.

同样, 加上被测试件后, 设试件及转轮总的转动惯量为 J_1, 此时未加砝码而用手拨动时, 其转动体系的角加速度为 α_2, 加砝码后角加速度为 α_3, 则有

$$J_1=\frac{mgr-mr^2\alpha_3}{\alpha_3-\alpha_2} \tag{5-2-17}$$

根据叠加性, 最后可得出试件的转动惯量为

$$J=J_1-J_0 \tag{5-2-18}$$

注意: α_0、α_2 是匀减速的角加速度, 其值实为负值, 所以式(5-2-16)及式(5-2-17)中分母应为相加. 另外 α_0、α_2 是未加砝码时的角加速度, α_1、α_3 是加砝码时的角加速度.

3. α 的测量

(1)手拨动转动体系时 α 的测量

由于体系是匀加速转动, 设 $t=0$ 时角速度为 ω_0, 角位移为 0. 经过时间 t 以后的角位移 θ 为

$$\theta=\omega_0 t+\frac{1}{2}\alpha t^2 \tag{5-2-19}$$

若测得与两个角位移 θ_1、θ_2 相对应的时间 t_1、t_2, 则有

$$\theta_1=\omega_0 t_1+\frac{1}{2}\alpha t_1^2$$

$$\theta_2=\omega_0 t_2+\frac{1}{2}\alpha t_2^2$$

故

$$\alpha = \frac{2(\theta_2 t_1 - \theta_1 t_2)}{t_2^2 t_1 - t_1^2 t_2} = \frac{2(\theta_2 t_1 - \theta_1 t_2)}{t_2 t_1 (t_2 - t_1)} \tag{5-2-20}$$

从 $t=0$ 计起，设计时次数为 n，若半圈计一次时间，则 $\theta = (n-1)\pi$，最后有

$$\alpha = \frac{2\pi \left[(n_2 - 1) t_1 - (n_1 - 1) t_2 \right]}{t_2^2 t_1 - t_1^2 t_2} \tag{5-2-21}$$

（2）加砝码且砝码从静止下落时体系 α 的测量

设 $t=0$ 时砝码从静止开始下落，经过时间 t 以后的角位移为 θ，设计时次数为 n，若半圈计一次时间，则 $\theta = n\pi$，且有

$$(n-1)\pi = \frac{1}{2}\alpha t^2$$

$$\alpha = \frac{2(n-1)\pi}{t^2}$$

4. 分析讨论

从前述可知，转动惯量实验仪在一质量为 m 的砝码作用下开始绕轴转动. 假设从 $\omega_0 = 0$ 时开始计时，如在实验过程中始终保持 $g \gg a = r\alpha$，则由式（5-2-13）、式（5-2-19）可知

$$mgr - L = \frac{2J\theta}{t^2} \tag{5-2-22}$$

（1）若式（5-2-22）两边除以 gr 得

$$m = \frac{2J\theta}{gr} \cdot \frac{1}{t^2} + \frac{L}{gr} \tag{5-2-23}$$

由此可见，如果保持塔轮半径 r 不变，其绕轴转动的角位移 $\theta = n\pi$ 也不变，测出不同砝码质量所对应的时间，则 $1/t^2$ 与 m 成线性关系. 这样，在一直角坐标纸上作 $m-1/t^2$ 关系图，如得到一直线，则表明式（5-2-1）成立，即转动定理成立，同时由直线斜率可求出整个转动系统的 J，由截距求得 L.

（2）若式（5-2-22）两边除以 mg 得

$$r = \frac{2J\theta}{mg} \cdot \frac{1}{t^2} + \frac{L}{mg} \tag{5-2-24}$$

由此可见，如果保持塔轮绕其转轴转动的角位移 θ 不变，砝码质量不变，测出不同塔轮半径对应的时间，则 $1/t^2$ 与 r 成线性关系. 在直角坐标纸上作 $r-1/t^2$ 关系图，由其斜率及截距分别求出系统的 J 和 L. 当然也可利用线性回归法进行数据处理.

【实验仪器】

转动惯量实验仪，HMS-2 通用电脑式毫秒计，被测试件（圆盘和圆环），砝码，天平，游标卡尺.

HMS-2 通用电脑式毫秒计介绍：

一、技术性能

本仪器由单片机芯片和固有程序等组成，具有记忆存储功能，最多可记 64 个脉冲输

实验仪器
5-2 拓展

入的(顺序的)时间,并可随意提取数据,还可以调整为脉冲的编组计时.有备用通道,即双通道"或"门输入.此仪器为可编程记忆式双路毫秒计.

1. 输入脉冲宽度不小于 10 μs.

2. 计时范围 0~999.999 s.

3. 计时误差≤0.000 5 s.

4. 计时数组 1~64 组.

5. 适用电源~220 V,50 Hz.

二、面板(见图 5-2-7)

1. 右部 6 位计时数码块;

2. 中部 2 位脉冲个数数码块;

3. 左边按键数码盘;

4. 中下复位键;

5. 左下为输入 I 输入插孔及通断开关;

6. 右下为输入 II 输入插孔及通断开关.

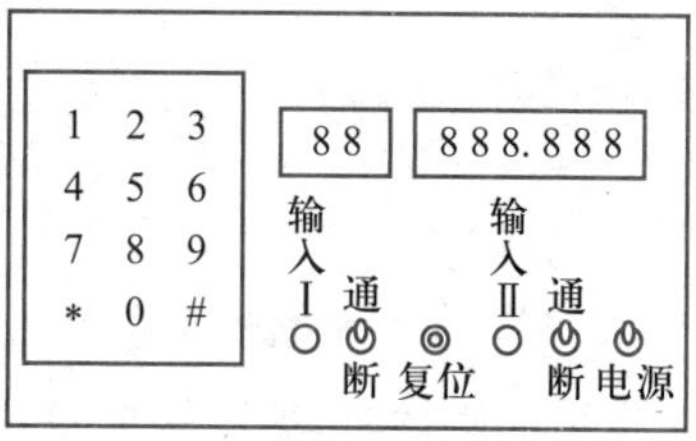

图 5-2-7   HMS-2 通用电脑式毫秒计面板

三、使用方法

1. 将电缆连接光电门的发光管和输入脉冲,只接通一路(另一路备用).

2. 若用输入 I 插孔输入,请将该输入通断开关接通,输入 II 通断开关断开(**切记**).反之亦然.若从两输入插孔同时输入信号,请将两通断开关都接通.

3. 接通电源,仪器进入自检状态.面板显示"88   888888"四次后,显示为 P 01 64,它表明制式(P)为每输入 1 个(光电)脉冲,记一次时间,连续记录 64 个时间数据.

4. 按一次"＊"或"#"键,面板显示"00   000000",此时仪器处于待计时状态.输入第 1 个脉冲则开始计时.

5. 记录 64 个脉冲输入后自动停止(中间可手动停止).取出数据的方法为:按"0""9"两个数码键,则显示"＊＊＊．＊＊＊",精确到毫秒的第一个脉冲到第九个脉冲之间的时间,以此类推.按"0""1"键,则显示"000.000",表示计时开始的时间.按"#"键一次,则脉冲计时的个数递增 1(按"＊"键则递减),因此可方便地依次提取数据.

按"9"键两次,仪器又处于新的待计时状态,并把前次数据清除.

按复位键则仪器为接通电源后的重新启动.

四、调整制式的方法

当启动按"＊"或"#"键后显示 P 01 64;若欲将每个(01)脉冲输入记录一次时间,记(64)个数据,改为 12 个脉冲计时一次,记 34 个数据,则在 P 01 64 制式下,按 1,2,3,4 键,则面板即显示 P 12 34.在这种制式下,每输入 12 个编组的脉冲就记一次从实验开始后的时间数据.自动记完 34 个数据以后就自动停止.提取数据的办法同前.

注意事项:

1. 注意光敏管的正负极性.

2. 光敏管电阻小于 3 kΩ 才能正常工作.

3. 如果用一路输入插孔输入信号,另一路通断开关必须断开.

【实验内容与步骤】

1. 仔细阅读讲义,了解转动惯量仪与电脑式毫秒计的调节和使用方法.

2. 调节转动惯量仪.

(1) 借助水平仪,调节底座螺钉,使仪器转轴竖直(即载物台水平).

(2) 导向滑轮应转动自如,减小摩擦,并与所选塔轮高度一致(即水平拉线与转轴垂直).沿拉线方向观察,滑轮平面与塔轮边沿相切.

(3) 使拉线在同一张力下密绕在塔轮上,不能线上绕线(保持力臂 r 不变).

3. 测定转动体系绕其中心轴的转动惯量.

打开电脑式毫秒计(以下简称毫秒计),按数字"9"两次(或按复位),再按"#"键,使毫秒计清零.

(1) 用手轻轻拨动载物台,此时,转动系统在摩擦力的作用下作匀减速转动,对应有一个负的角加速度 α_0.转动后毫秒计就自动记下与 n 值相应的时间 t.按"01""02"…或按"#"(增加)、" * "(减少)提取连续记录的一系列数据,将数据按顺序记入数据表中.从数据表中任取稳定运动所对应的 n_2、t_2、n_1、t_1,将其代入式(5-2-21)计算 α_0.

(2) 毫秒计清零.将拉线打结的一端沿塔轮上开的缝塞入,把一质量为 50 g 的砝码置于挂钩上,转动塔轮使线密绕,将一挡光柱与光电门重合,用手捏住,等砝码稳定后放手,使转动系统在外力及摩擦力的作用下作匀加速转动,对应有一个正的角加速度 α_1.转动后毫秒计就自动记下与 n 值相应的时间 t.按"01""02"…或按"#"(增加)、" * "(减少)提取连续记录的一系列数据,将数据按顺序记入数据表中.从数据表中任取稳定运动所对应的 n_2、t_2、n_1、t_1,将其代入式(5-2-21)计算 α_1.

(3) 将 α_0、α_1 及相关数据代入式(5-2-16)中,计算转动体系绕其中心轴的转动惯量 J_0.

4. 图解法测定圆盘绕转动体系中心轴转动惯量 J_1.

(1) 载物台上放置被测圆盘,如上法在挂钩处悬挂质量为 m 的砝码.放手后整个系统在砝码的拉力及摩擦力作用下加速转动,用毫秒计测量稳定运动下塔轮绕其转轴转动角位移 θ 时相对应的时间 t.

(2) 保持塔轮半径、被测圆盘位置及系统绕其转轴转动的角位移 θ 不变,改变砝码质量五次以上,重复上述测量,记录各质量 m 所对应时间 t.

(3) 以 $1/t^2$ 为横坐标、m 为纵坐标,在直角坐标纸上作 $1/t^2 \text{-} m$ 关系图,如得到一直线,则表明式(5-2-1)成立,即转动定理成立,同时由式(5-2-23)及直线斜率可求出 J,由截距可求得 L.

(4) 将上述计算的 J 与 J_0 代入式(5-2-18)中计算出 J_1,并将其与理论值相比较,计算其与理论值的相对误差.

质量分布均匀的圆盘,若总质量为 $m_{盘}$,直径为 D,则其对中心轴的转动惯量计算公式为 $J_1' = \dfrac{1}{8} m_{盘} D^2$.

5. 线性回归法测定圆环绕转动体系中心轴转动惯量.

（1）载物台上放置被测圆环，依上法在挂钩处悬挂质量为 m 的砝码.放手后转动系统在砝码的拉力及摩擦力作用下加速转动，用毫秒计测量稳定运动下塔轮绕其转轴转动角位移 θ 时相对应的时间 t.

（2）保持所加砝码质量、被测圆环位置及塔轮绕其转轴转动的角位移 θ 不变，改变塔轮半径五次以上，重复上述测量，记录不同塔轮半径 r 所对应的时间 t.

注意：每次改变塔轮半径时注意升降导向轮的高度.

（3）以 $1/t^2$ 为自变量、r 为因变量，利用线性回归法处理数据，求出系统的 J 与 L，并利用线性相关系数 γ 值的大小判断所作的线性回归是否合理.

（4）将上述计算的 J 与 J_0 代入式（5-2-18）中计算出 J_2，并将其与理论值相比较，计算其与理论值的相对误差.

质量分布均匀的圆环，若总质量为 $m_环$，外直径为 D_1，内直径为 D_2，则其对中心轴的转动惯量计算公式为 $J'_2 = \dfrac{1}{8} m_环 (D_1^2 + D_2^2)$.

【数据处理】

用作图法和线性回归法分别求出圆盘和圆环的转动惯量，并与理论值进行比较.

【思考提高】

1. 用你的测量数据说明 $a = r\alpha \ll g$ 是否成立.作这一近似后，转动惯量的测量值比实际值大还是小？

2. 转动惯量还有其他测量方法，查阅相关文献进行了解，比较各方法的特点和优缺点.

【拓展文献】

实验 5-2 拓展
拓展文献链接

孙天龙，李鸿基，汪睿，等. 基于单目视觉和扭摆法原理的刚体转动惯量测量技术研究［J］. 计算机测量与控制，2022，30（07）：49-55.

实验 5-3　液体黏度的测定

当液体内各部分之间有相对运动时，接触面之间存在内摩擦力，阻碍液体的相对运动，这称为液体的黏性.液体的内摩擦力称为黏性力，它表征液体反抗形变的能力，只有在液体内存在相对运动时才表现出来，其大小与接触面面积以及接触面处的速度梯度成正比，比例系数 η 称为黏度，也称为黏滞系数.黏度的大小取决于液体的性质与温度，温度升高，黏度将迅速减小.测量液体黏度可用落球法、毛细管法、转筒法、振动法、平板法、流出杯法等，其中落球法适用于测量黏度较高的液体.

对液体黏性的研究在流体力学、化学化工、医疗、水利等领域都有着广泛的应用.例如，在设计输送液体管道的口径时，所输送液体的黏度就是一个非常重要的参考参量.

【实验目的】

1. 了解液体黏度的定义
2. 掌握落球法测量液体黏度的物理原理.
3. 学会用落球法测量蓖麻油的黏度.

【预习问题】

1. 什么是黏度?
2. 测量公式(5-3-3)成立的条件是什么? 实验中条件不满足时如何进行修正?

【实验原理】

落球法测定液体的黏度

一个在静止液体中下落的小球受到重力 G、浮力 $F_浮$ 和黏性阻力 F 三个力的作用,如果小球下落的速度 v 很小,且液体可以看成在各方向上都是无限广阔的,则从流体力学的基本方程可以导出表示黏性阻力的斯托克斯公式:

$$F = 3\pi\eta v d \tag{5-3-1}$$

其中,d 为小球直径,η 即为该液体的黏度.由于黏性阻力 F 与小球下落速度 v 成正比,小球在下落很短一段距离后,所受三力达到平衡,小球将以 v_0 匀速下落,此时有(参见附录的推导)

$$\frac{1}{6}\pi d^3(\rho - \rho_0)g = 3\pi\eta v_0 d \tag{5-3-2}$$

其中,ρ 为小球密度,ρ_0 为液体密度.由式(5-3-2)可解出黏度 η 的表达式:

$$\eta = \frac{(\rho - \rho_0)gd^2}{18v_0} \tag{5-3-3}$$

式(5-3-3)适用于液体在各方向上都是无限广阔的理想条件,本实验中小球是在直径为 D、高为 h 的玻璃管中下落,理想条件不满足,此时黏性阻力的表达式修正为

$$F = 3\pi\eta v_0 d\left(1 + 2.4\frac{d}{D}\right)\left(1 + 1.65\frac{d}{h}\right)\left(1 + \frac{3}{16}Re + \frac{19}{1\,080}Re^2 + \cdots\right) \tag{5-3-4}$$

其中 Re 为雷诺数,是用来表征液体运动状态的量纲为 1 的参量.当雷诺数较小时,黏性阻力对流场的影响大于惯性,流场中流速的扰动会因黏性阻力而衰减,流体流动稳定,为层流;反之,当雷诺数较大时,惯性对流场的影响大于黏性阻力,流体流动较不稳定,流速的微小变化容易发展、增强,形成紊乱、不规则的紊流流场.本实验为雷诺数 $Re < 0.1$ 的低速情况,可只取雷诺修正项中的零级修正,即式(5-3-3)可修正为

$$\eta = \frac{(\rho - \rho_0)gd^2}{18v_0\left(1 + 2.4\dfrac{d}{D}\right)\left(1 + 1.65\dfrac{d}{h}\right)} \tag{5-3-5}$$

实验时,由于 $d \ll h$,式(5-3-5)分母中的最后一项趋近于 1,有

$$\eta = \frac{(\rho - \rho_0)gd^2}{18v_0\left(1 + 2.4\dfrac{d}{D}\right)} \tag{5-3-6}$$

在国际单位制中，η 的单位是 Pa·s（帕斯卡·秒），在厘米-克-秒单位制中，η 的单位是 P（泊）或 cP（厘泊），现已不推荐使用，它们之间的换算关系为

$$1\ \text{Pa·s} = 10\ \text{P} = 1\ 000\ \text{cP}$$

实验仪器 5-3

【实验仪器】

落球法黏度测量仪（含磁铁、挖勺和漏斗）、待测液体（蓖麻油）、电子秒表、小球（钢球）、镊子、温度计、螺旋测微器、水平仪、细铁丝.

落球法黏度测量仪

落球法黏度测量仪的外形如图 5-3-1 所示.被测液体装在细长的样品管中.样品管壁上有刻度线，便于测量小球下落的距离.底座下有调节螺钉，用于调节样品管的竖直.

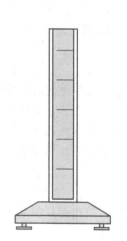

【实验内容与步骤】

1. 第一次测量需将蓖麻油倒入样品管中，静置 10 分钟，观察蓖麻油中是否有气泡，若有气泡，则用细铁丝将气泡引到表面并戳破，直到蓖麻油内部均匀无气泡.

2. 将水平仪放置在落球法黏度测量仪底座上，观察水平仪气泡，调节底座四个调节螺钉直至底座水平，此时测量仪的样品管竖直.

图 5-3-1　实验装置示意图

3. 用螺旋测微器多次测定小球的直径 d.

4. 用温度计测量油温，当 5 次下落时间测量结束后再测一次油温，取其平均值作为实际油温.

5. 用挖勺盛住小球沿样品管中心轻轻放入，观察小球是否一直沿中心下落，若样品管倾斜，应调节其竖直.用秒表测量小球下落一段距离的时间 t，并计算小球速度 v_0，用式（5-3-6）计算黏度 η（小球密度 $\rho = 7.8 \times 10^3\ \text{kg/m}^3$，液体密度 $\rho_0 = 0.95 \times 10^3\ \text{kg/m}^3$，玻璃管直径 $D = 2.0 \times 10^{-2}\ \text{m}$，下落距离 $L = 10.0 \times 10^{-2}\ \text{m}$）.

注意： 测量过程中，尽量避免对液体的扰动，并等待小球落下一段距离速度稳定时开始计时.

6. 实验全部完成后，用磁铁将小球吸引移动至样品管口，用挖勺转移入样品管旁边的保存盒中保存，以备下次实验使用.

【数据处理】

计算蓖麻油黏度的测量值 η，并与实验温度下黏度的公认值 η' 比较，计算相对误差.

【思考提高】

1. 本实验的误差来源有哪些？它们如何影响测量结果？

2. 本实验是基于何种条件将式（5-3-3）修正为式（5-3-6）的？

【附：小球到达匀速状态所需路程 L 的推导】

由牛顿运动定律及黏性阻力的表达式，可列出小球在达到平衡速度之前的运动方程

$$\frac{1}{6}\pi d^3\rho\,\frac{\mathrm{d}v}{\mathrm{d}t}=\frac{1}{6}\pi d^3(\rho-\rho_0)g-3\pi\eta dv \tag{5-3-7}$$

该方程为一阶线性微分方程，有

$$\frac{\mathrm{d}v}{\mathrm{d}t}+\frac{18\eta}{d^2\rho}v=\left(1-\frac{\rho_0}{\rho}\right)g \tag{5-3-8}$$

其通解为

$$v=\left(1-\frac{\rho_0}{\rho}\right)g\cdot\frac{d^2\rho}{18\eta}+C\mathrm{e}^{-\frac{18\eta}{d^2\rho}t} \tag{5-3-9}$$

设小球以零初速放入液体中，代入初始条件 $(t=0,v=0)$，定出常量 C 代入上式得

$$v=\frac{d^2g}{18\eta}(\rho-\rho_0)\cdot(1-\mathrm{e}^{-\frac{18\eta}{d^2\rho}t}) \tag{5-3-10}$$

随着时间增加，式(5-3-10)中的负指数项迅速趋近于 0，由此得平衡速度

$$v_0=\frac{d^2g}{18\eta}(\rho-\rho_0) \tag{5-3-11}$$

式(5-3-11)与正文中的式(5-3-3)等价，平衡速度与黏度成反比.设速度从 0 达到平衡速度的 99.9% 这段时间为平衡时间 t_0，即

$$\mathrm{e}^{-\frac{18\eta}{d^2\rho}t_0}=0.001 \tag{5-3-12}$$

本实验中，小球直径约为 10^{-3} m，代入小球的密度 ρ、蓖麻油的密度 ρ_0 及 40 ℃时蓖麻油的黏度 $\eta=0.231$ Pa·s，可得此时的平衡速度约为 $v_0=0.016$ m/s，平衡时间约为 $t_0=0.013$ s.平衡距离 L 小于平衡速度与平衡时间的乘积，即 0.016 m/s×0.013 s≈0.2 mm，故小球几乎一进入液体后就达到了平衡速度.

【拓展文献】

［1］黄秋萍.落球法液体黏滞系数实验的改进［J］.大学物理实验，2015，28（03）：38-41.

［2］沈光先.用落球法测定液体黏滞系数的实验条件选择及结果修正［J］.贵州师范大学学报（自然科学版），2002（03）：75-77，105.

［3］ZHANG T，FANG D Y. Compressible flows with a density-dependent viscosity coefficient. SIAM journal on mathematical analysis，2010，41（6）：2453-2488.

实验 5-3
拓展文献链接

第六章

热学实验

热现象是自然界普遍存在的现象. 本章主要学习以下几方面内容:温度和热量等基本热学量的测量方法;各种基本测温仪器的工作原理和操作方法. 此外,由于传热过程的普遍性,各种传热都会对实验产生重要影响,因此在本章中尤其要注意在各实验中采取各项措施来消除这类影响,包括对实验仪器的设计和实验数据的修正及处理等. 另外,本章实验 6-1 也将学习计算机进行数据采集和处理在物理实验中的应用.

实验 6-1　用混合法测定良导体比热容

物体在某一热学过程中,每升高(或降低)单位温度时从外界吸收(或放出)的热量称为物体的热容. 单位质量物体的热容称为比热容,其单位为 J/(kg·K). 比热容同物质的性质、所处的状态及传递热量的过程有关,是物质重要的热学性质. 在实际问题中经常用到的是等压过程和等容过程的比热容,两者并不一致. 对于固体和液体,通常情况下两者差距较小,可以统称为比热容. 在能源环境、冶炼化工等工程领域,物质的比热容都是非常重要的参量. 本实验通过测量金属的比热容,让大家对热学测量实验有基本的了解.

【实验目的】

1. 进行热学实验的基本训练.
2. 掌握用混合量热法测定金属的比热容,学会如何用实验的方法进行散热修正.
3. 了解计算机在数据采集、数据处理和实验结果分析中的作用.

【预习问题】

1. 本实验的最基本测量原理是什么? 该原理要求系统满足什么条件?
2. 量热器有哪些部分? 在其设计上如何减小对环境的散热?
3. 实验中 A、B 系统各包含哪些物体?
4. 实验中如何对环境散热进行修正?

【实验原理】

混合量热法的基本思想是把温度为 T_a 的被测系统 A 和一个温度为 T_b 的已知热容的系统 B 混合起来,并设法使它们形成一个与外界没有能量交换的孤立系统(isolated system)S(S=A+B). 当混合系统达到平衡(温度为 T)时,A(或 B)所放出的热量等于 B

（或 A）所吸收的热量，即

$$Q_{放} = Q_{吸} \qquad (6-1-1)$$

这样，A、B 两系统在实验过程中所交换的热量，可由已知热容的 B 系统的温度改变 $\Delta T = T_b - T$ 和热容 C_b 按 $Q = C_b \cdot \Delta T$ 计算出来. 考虑到混合速度的影响，混合法主要是用于导热系数比较大的良导体如金属的比热容的测定.

实验采用图 6-1-1 所示量热器（calorimeter）. 在内筒中放低温水、被测金属、测温探头、搅拌器等，组成平衡温度为 T_a 的 A 系统. 以质量为 m_4、温度为 $T_b(T_b > T_a)$ 的水组成 B 系统. 在 t 时刻将 A、B 系统混合，即将高温的水倒入量热器内筒. 若混合后系统（A+B）的平衡温度为 T. 被测金属质量为 m_0、比热容（specific heat capacity）为 c_0；量热器内筒、搅拌器的质量分别为 m_1、m_2，比热容为 c_1、c_2；设低温水的比热容为 c_3，低温水质量为 m_3. 高温水的比热容为

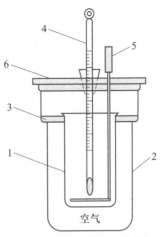

1—内筒；2—外筒；3—绝热架；
4—温度计；5—搅拌器；6—绝热盖
图 6-1-1　量热器

c_4，则根据热平衡方程式（6-1-1）有

$$m_4 c_4(T_b - T) = (c_0 m_0 + c_1 m_1 + c_2 m_2 + c_3 m_3 + C_m)(T - T_a) \qquad (6-1-2)$$

上式中 m_0、m_1、m_2、m_3、m_4 均可用天平称量；c_1、c_2、c_3 为已知；C_m 为测温探头浸入水中部分的热容，由于 C_m 参与热交换的热量与其他量相比极其微小，可忽略，则被测金属的比热容为

$$c_0 = \frac{m_4 c_4(T_b - T) - (c_1 m_1 + c_2 m_2 + c_3 m_3)(T - T_a)}{m_0(T - T_a)} \qquad (6-1-3)$$

用混合法测金属比热容，必须保证实验系统是一个孤立系统，即系统与环境没有任何形式的能量交换. 实际上，在混合过程中系统 A、B 要与外界交换热量，使混合时刻的系统温度 T_a、T_b 无法确定，再加上量热器不可能与外界完全没有热交换，所以混合后的系统也不是一个理想的孤立系统. 这就使式（6-1-2）只能近似成立，为了尽量减小影响，实验时可以采取以下措施：

（1）适当选择各参量使 A、B 系统的初温分居环境温度两侧，而混合后的平衡系统（A+B）的温度比环境温度略高，以期部分抵消系统与环境之间的热交换.

（2）所选用的 A、B 系统的温度尽量接近室温，这时系统向环境的散热和吸热都很慢，在有限的时间内所散发的热量和吸收的热量可以忽略.

（3）用作图外推法对散热作修正，即通过作图用外推方法得到混合时刻 A 系统和 B 系统的温度 T_a、T_b，及假定热平衡进行得无限快情况下的混合后新的实验系统（A+B 系统）的热平衡温度 T. 图 6-1-2 是各系统温度随时间的变化曲线，图中 AB、HJ 分别表示 A 系统、B 系统在混合前温度随时间的变化曲线，CD 表示混合后的（A+B）系统达到热平衡后的温度随时间的变化.

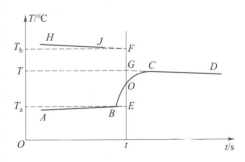

图 6-1-2　混合前后温度随时间的变化

如果把图中曲线上升部分 AB 向后延长,下降部分 CD 向前延长,然后垂直于时间坐标 t 作一条直线 EF,使它与曲线所围成的面积 BOE 和面积 GOC 大小相等,这样 E 点、F 点和 G 点对应的温度就相当于热交换进行得无限快(此时也就没有热量损失)时,A 系统、B 系统在混合时刻的温度以及(A+B)系统平衡后的温度,亦即式(6-1-3)中的 T_a、T_b、T. 从而在一定程度上修正和减小了系统和环境进行热交换所产生的误差.

本实验中温度的测量是由计算机数据采集与处理系统完成的,该系统由电子测温仪、微机和配套软件等几部分组成. 在实验过程中,电子测温仪将两个探头所感受到的温度变化实时地转换成电信号,并通过 A/D 转换将模拟信号转换成数字信号传入计算机,由计算机进行实时采集,最后通过系统软件对数据进行分析与处理.

实验仪器 6-1

【实验仪器】

量热器,电子测温仪,电子天平,微机,量杯,被测金属等.

1. 量热器

反映物质热学性质的物理量,如本实验要测量的比热容,往往是利用被测系统与已知系统的热量与温度之间的关系来测量的. 为了测量实验系统内部的热交换,总是不希望实验系统与环境之间有热交换,所以,要求实验系统为"孤立系统",即与环境没有热交换. 本实验所用的量热器(图6-1-1)就是一种最简单的"孤立系统". 它是由热的良导体做成的内筒 1 放在一个较大的外筒 2 中组成的,两者之间由绝热架 3 连接. 通常在内筒中放置温度计 4、搅拌器 5 和水. 这些东西(内筒、温度计、搅拌器、水)与放进去的被测物体一起构成了实验系统. 由于内筒置于绝热架上,并在外筒上加一绝热盖 6,因此,系统与外界的空气对流很小. 内外筒之间有一空气层隔开,空气是热的不良导体,以此减小内外筒之间的热传导. 量热器可使实验系统粗略地看成一个孤立的热学系统(量热器装置实物见二维码).

2. 电子天平

本实验采用的是 JY 系列电子天平,其传感器为应变式传感器,其称量为 1 000 g,分度值是 0.1 g,鉴定分度值为 1 g. 关于电子天平的使用和注意事项请参考第二章第四节.

注意:实验中严禁将水洒在天平上.

【实验内容与步骤】

1. 首先打开电子测温仪电源,然后启动计算机,进入"比热容实验程序". 点击"通信连接",实现电子测温仪与计算机的数据连接.

2. 采集参数设置(推荐值):

采样速率 = 1 Hz;　　　　采样通道 = 探头 1,探头 2;

采样点数 = 1 000 点;　　Y 轴起点 = 0;Y 轴范围 = 100

3. 点击"预览",计算机将采集的温度以数值和曲线形式显示出来,但所采集数据不记入内存. 其目的是观察各参数选择是否合适以及测量系统的状态是否良好.

4. 调节电子天平使其达到使用状态,分别称量量热器内筒、搅拌器、被测铝块的质量.

5. 在量热器内筒中放入被测铝块后倒入冷水(冷水的量以刚好没过被测物体为宜),称出它们的总质量,从而得出量热器内筒中的冷水质量.

6. 盖好量热器的绝热盖,并将测温探头通过量热器的绝热盖上的中心孔插入量热器中被测铝块的中心孔内.

7. 用量杯接约 1/2 杯的热水,热水的温度约高出室温 50 ℃,并将电子测温仪另一探头放在该热水杯中.

本实验规定:由量热器所组成的系统称为 A 系统,由量杯所组成的系统称为 B 系统.

8. 当 A、B 系统各自的温度已达到线性变化时(通过屏幕的温度曲线判断),先点击"停止"键,退出预览状态,再点击"采集"键,计算机进行实时数据采集,并将数据记入内存.

9. 当采集了接近 1/3 总采样点数时,将 B 系统的热水通过量绝热盖上的漏斗孔倒入内筒(加到水位距内筒口 5 mm 左右为宜),并轻轻上下搅动搅拌器.计算机则自动进行温度采集,达到设定采样点数后自动结束.

10. 将量热器内筒从量热器中缓缓取出,用电子天平称出它们的总质量,从而得出实验中倒入内筒的热水质量.

11. 利用计算机辅助进行外推散热修正,确定 T_a、T_b、T 等温度.

(1) 点击屏幕左上部的 [▨] 钮(select).

(2) 通过屏幕右侧中部的对话框确认 A、B 系统分别所对应电子测温仪探头的编号.

(3) 点击"A 系统混合前温度拟合"选项,用鼠标在 A 系统温度曲线上点击选择拟合区间,计算机则根据所选区域的数据完成 A 系统混合前温度的线性拟合.

(4) 点击"A 系统混合后温度拟合"选项,用鼠标在 A 系统温度曲线上通过两次点击选择拟合区间,计算机则根据所选区域的数据完成 A 系统混合后温度的线性拟合.

(5) 点击"B 系统混合前温度拟合"选项,用鼠标在 B 系统温度曲线上通过两次点击选择拟合区间,计算机则根据所选区域的数据完成 B 系统混合前温度的线性拟合.

(6) 点击"热交换无限快点选择"选项,在 A 系统温度曲线上,用鼠标在混合时段温度变化较快区域(图 6-1-3 中 O 点)点击一下,通过调节"热交换无限快点微调"中的"左移""右移"键,找到面积差相对最小点,即为热交换无限快点,对应的 T_a、T_b、T 等温度显示在屏幕右下角.

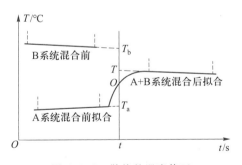

图 6-1-3　散热的温度修正

12. 点击"开始数据处理",系统会弹出一个数据表格,将所测数据对应填入表中(表格中没用到的项目填"0"),实验中量热器内筒、搅拌器的材质均为黄铜,比热容可在附录中查得.

13. 在"适用公式选择"中选择公式 1,点击"计算",即可算出结果.

【数据处理】

使用计算机对数据进行分析处理,并将实验结果与公认值比较,求出相对误差.

【注意事项】

1. 实验过程中不得对计算机的各种参数做任何修改.
2. 烧开水的热水器要及时加水(值日同学负责),防止干烧.
3. 实验结束后请将量热器中的水倒掉、擦干,以便下组同学实验.

【思考提高】

1. 为了减少热量散失,实验中采取了哪几种措施?
2. 如何判断混合(A+B)系统达到了热平衡?
3. 在本实验中,A、B 系统的组成另外还有哪几种? 测量公式分别是什么? 分析它们各自的优缺点.

【拓展文献】

实验 6-1
拓展文献链接

[1] 牛法富,孟军华,张亚萍.液体比热容测量散热修正新方法研究[J].大学物理实验,2011,24(03):54-56.

[2] 刘竹琴.测量金属比热容的新方法[J].实验技术与管理,2018,35(03):32-34.

实验 6-2　不良导体导热系数的测定

　　热传导是热交换三种基本形式(热传导、对流和辐射)之一,是工程热物理、材料科学、固体物理、能源及环保等各个研究领域中重要的概念. 导热系数是反映材料热传导性能的物理量. 在航空航天、防热隔热、极低温防寒方面我们需要导热系数极小的材料,而在需要高速热响应或急速散热的地方我们又需要导热系数极大的材料. 材料的热传导机理在很大程度上取决于它的微观结构,热量的传递依靠原子、分子围绕平衡位置的振动以及自由电子的迁移,在金属中电子流起支配作用,在绝缘体和大部分半导体中则以晶格振动起主导作用. 因此,材料的导热系数不仅与构成材料的物质种类密切相关,而且与它的微观结构、温度、压力及杂质含量相联系.

　　1882 年法国科学家 J·傅里叶奠定了热传导理论,目前各种测量导热系数的方法都是建立在傅里叶热传导定律基础之上的,从测量方法来说,可分为两大类:稳态法和动态法,本实验采用的是稳态平板法测量材料的导热系数.

【实验目的】

1. 学习用稳态法测定不良导体导热系数的原理和方法.

2. 学习用作图法求冷却速率.

3. 测定不同材料的导热系数.

【预习问题】

1. 什么是导热系数?

2. 公式(6-2-5)成立的条件是什么? 实验中是如何满足的?

【实验原理】

温度不均匀时,热量会从温度高的地方向温度低的地方转移,这种现象叫做热传导(heat conduction). 热传导是热量传递的方式之一,是由物体内部或直接接触而产生的,不论固体、液体还是气体,都能以热传导的方式传递热量. 法国数学家、物理学家傅里叶(Fourier)对热传导现象做了深入的研究,得到了描述热传导的基本方程式:

$$\frac{\Delta Q}{\Delta t} = -\lambda \frac{\Delta T}{\Delta x} S \qquad (6-2-1)$$

式中,ΔQ 是在 Δt 时间内通过面积 S 传导的热量,$\Delta T/\Delta x$ 是温度梯度,λ 是导热系数[又称热导率(thermal conductivity)],负号表示热量向温度降低的方向传播. 材料的导热系数是表征材料传导热量能力的物理量,其数值等于在两相距单位长度的平行平面上,温度相差一个单位时,在单位时间内,通过单位面积所流过的热量. 导热系数与材料的成分、温度、压力、湿度、密度、结构变化、杂质多寡、传导方向等因素有关,导热系数的 SI 单位是 W/(m·K). 导热系数大的物体具有较好的导热性能,称为良导体;导热系数小的物体,其导热性能较差,称为不良导体. 一般来说,在纯金属中掺入少量杂质会使导热性能明显降低,因此,各类合金的导热系数都比纯金属低. 通常,金属的导热系数比非金属的大;固体的导热系数比液体的大;液体的导热系数在 1.4~10 W/(m·K)之间,气体的导热系数最小,在 0.083~0.333 W/(m·K)之间.

测定固体材料导热系数的方法通常分为两大类,一类是稳态法,一类是动态法. 稳态法适宜测定低热导率的物质,而动态法由于测试时间较短、热损的影响较小,在常温尤其高温测量中更为方便.

由式(6-2-1)可知,测量材料导热系数的关键是测定材料单位时间内通过的热量 $\Delta Q/\Delta t$ 及温度梯度 $\Delta T/\Delta X$. 本实验采用稳态法测定材料的导热系数.

如图 6-2-1 所示,设有一截面积为 S 且材料均匀的圆盘,其厚度 h 远远小于直径 D,若忽略其侧面散热,将其一端加热到某一稳定的温度 T_1,另一端维持在另一较低的稳定温度 T_2,则沿 x 轴方向上,各个截面的温度是线性下降的. 此时,Δt 时间内沿 x 轴方向传递的热量为

$$\frac{\Delta Q}{\Delta t} = \lambda \frac{T_1 - T_2}{h} S \qquad (6-2-2)$$

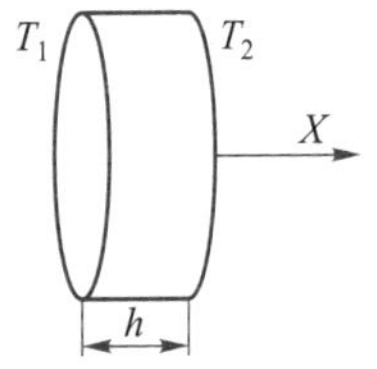

图 6-2-1　传热原理

其中 λ 就是圆盘材料的导热系数,因此通过实验测出 $\Delta Q/\Delta t$ 及 S、h、T_1、T_2 等,就可由式(6-2-2)计算出 λ. 导热系数测定仪就是根据此原理而制成的.

如图 6-2-2 所示,导热系数测定仪主要由三部分组成:

(1)热源,包括发热体和发热盘.

(2)样品架及散热部分,包括样品支架(由三个螺旋测微头组成),被测样品,散热盘,小电扇.

(3)控温与测温部分,包括测温探头,导热系数测定仪.

固定于底座上的三个螺旋测微头 7 支撑着一铜散热盘 8,在散热盘上安放一被测样品 2,样品上再安放一铜质发热盘 3,样品上方为发热体 1.实验时一方面发热体通过发热盘将热量通过样品的上表面传入样品,另一方面散热盘稳定地向周围环境散热,使传入样品的热量不断由样品下表面散出.当传入的热量等于散出的热量时,样品处于稳定导热状态,这时发热盘与散热盘的温度为一稳定的数值.

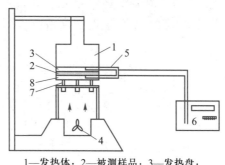

1—发热体;2—被测样品;3—发热盘;
4—小电扇;5—测温探头;6—导热系数测定仪;
7—螺旋测微头;8—散热盘

图 6-2-2   实验系统示意图

实验时,当传热达到稳态时,T_1 和 T_2 的值将稳定不变,这时可以认为发热盘通过样品上表面传入热量的速率与散热盘从下表面及侧面在温度为 T_2 时向周围环境散热的速率相等.因此可通过散热盘在稳定温度 T_2 时的散热速率求出单位时间通过样品的热量 $\Delta Q/\Delta t$.具体方法如下:当传热达到稳态并测出相应的 T_1、T_2 后,将样品盘取下,让发热盘的底面与散热盘直接接触,使散热盘的温度高于稳态时的 T_2 十几度.再将发热盘移开,让散热盘自然冷却.每隔一时间 t 读出散热盘的温度示值 T,直到 T 下降到 T_2 以下 10 ℃ 左右为止.作 t-T 曲线,在曲线上可求出散热盘的冷却速率,则

$$\frac{\Delta Q}{\Delta t}=mc\left.\frac{\Delta T}{\Delta t}\right|_{T=T_2} \tag{6-2-3}$$

式中,m 为散热盘的质量,c 为散热盘的比热容.

应该注意的是,这样得出的 $\Delta T/\Delta t$,是散热盘全部表面暴露于空气中时的冷却速率,其散热面积为 $2\pi R_P^2+2\pi R_P h_P$(其中 R_P 和 h_P 分别是散热盘的半径和厚度),然而在实验中稳态传热时,散热盘的上表面(面积为 πR_P^2)是样品覆盖的,由于物体的散热速率与它们的面积成正比,所以稳态时,散热盘散热速率的表达式应修正为

$$\frac{\Delta Q}{\Delta t}=-mc\frac{\Delta T}{\Delta t}\cdot\frac{\pi R_P^2+2\pi R_P h_P}{2\pi R_P^2+2\pi R_P h_P} \tag{6-2-4}$$

根据前面的分析,这个量就是样品的传热速率.

将式(6-2-4)代入式(6-2-2)热传导定律表达式,并考虑到 $S = \pi R^2$,可以得到导热系数为

$$\lambda = -mc \frac{2h_P + R_P}{2h_P + 2R_P} \cdot \frac{1}{\pi R^2} \cdot \frac{h}{T_1 - T_2} \cdot \frac{\Delta T}{\Delta t} \bigg|_{T = T_2} \quad (6-2-5)$$

式中 R 为样品的半径,h 为样品的高度,m 为散热盘的质量,c 为散热盘的比热容,R_P 和 h_P 分别是散热盘的半径和厚度.该式即为不良导体导热系数的测量公式.

【实验仪器】

实验仪器 6-2

YBF-5 导热系数测定仪测试架、YBF-5 导热系数测定仪、专用测温 PT100 两根、测试连接线、塞尺、游标卡尺、电子天平、被测样品(硅橡胶、胶木板)、导热硅脂.

1. YBF-5 导热系数测定仪测试架

本实验所用测量系统的 YBF-5 导热系数测定仪测试架如图 6-2-3 所示,其各部分功能见实验原理介绍部分.

2. YBF-5 导热系数测定仪温度测量与控制系统

本实验所用 YBF-5 导热系数测定仪温度测量与控制系统操作面板如图 6-2-4 所示,仪器的线路连接后面板如图 6-2-5 所示.本系统主要作用是同时探测和显示发热盘、散热盘的温度、计时和控温等.

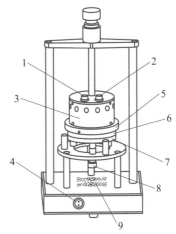

1—控温传感器插座；2—加热电流(大四芯)；
3—防护罩；4—风扇电源(大两芯)；5—发热盘；
6—被测样品；7—散热盘；8—调节螺钉；9—风扇

图 6-2-3　YBF-5 导热系数测定仪
测试架示意图

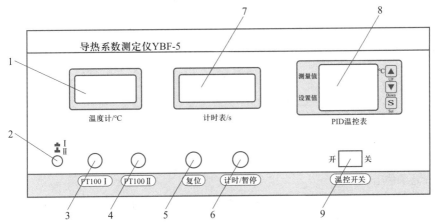

1—温度计显示窗；2—切换开关(选择显示PT100Ⅰ和PT100Ⅱ测试的温度值)；
3，4—两路PT100传感器输入接口；5—计时表复位开关；6—计时启动或暂停开关；
7—计时表显示窗；8—温度控制器；9—温控开关(开关开启才可以控温)

图 6-2-4　YBF-5 导热系数测定仪前面板示意图

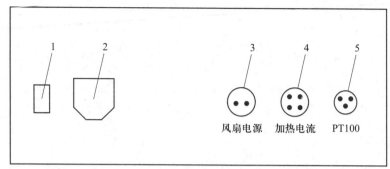

1—电源开关；2—电源线插座；3—风扇电源缆线插座；4—加热电流缆线插座；5—PT100控温插座

图 6-2-5   YBF-5 导热系数测定仪后面板示意图

【实验内容与步骤】

1. 用游标卡尺分别多次测量散热盘(以下简称下铜盘)和被测样品的厚度、直径. 用电子天平测量散热盘的质量.

2. 在发热盘(以下简称上铜盘)和下铜盘中放入被测样品硅橡胶,调节支撑下铜盘的 3 个固定调节螺钉,使上铜盘、被测样品和下铜盘相互接触良好,注意不要过紧或过松(配合塞尺调节).

注意:使用前将发热盘、散热盘面及被测样品两端面擦净,也可涂上少量导热硅脂,以保证接触良好.

3. 把测量上铜盘温度的 PT100 的信号端与仪器面板的 PT100 Ⅰ插座相连,探测头抹上适量导热硅脂,插入上铜盘的小孔中;把测量下铜盘温度的 PT100 的信号端与仪器面板的 PT100 Ⅱ插座相连,探测头同样抹上适量导热硅脂,插入下铜盘的小孔中.

注意:探测头要插到洞孔底部,使 PT100 测温端与铜盘接触良好,且实验中尽量不要触碰 PT100 的测量线,以免影响温度测量值.

4. 导热系数测定仪的温度设定在 100 ℃(或其他合适的温度值),使其自动控温.

注意:在测试过程中,由于被测样品和测试架温度均较高,因此不得用手触碰,以免烫伤. 被测样品不可连续测量,特别是硅橡胶,必须降至室温半小时以上才能进行下一次实验.

5. 20~40 分钟后(时间长短随被测材料、测量温度及环境温度的不同而不同),待上铜盘温度读数 T_1 稳定后(5 分钟内波动小于 0.1 ℃),每隔 2 分钟读取温度示值,直到下铜盘温度读数 T_2 也相对稳定(10 分钟内波动小于 0.1 ℃,即最后五个温度值波动小于 0.1 ℃),记录稳态值 T_2.

6. 测量下铜盘在稳态值 T_2 附近的散热速率. 移去被测样品,调节上铜盘的位置,与下铜盘对齐,并保证接触良好,通过上铜盘继续对下铜盘加热. 当下铜盘温度比 T_2 高出 10 ℃左右时,向上移开上铜盘(使其尽可能远离下铜盘),让下铜盘所有表面均暴露于空气中,使下铜盘自然冷却. 每隔 30 s 读一次下铜盘的温度示值并记录,直至温度下降到 T_2 以下 10 ℃左右时为止.

7. 打开风扇开关让测试系统降温,更换被测样品,重复 2—6 步.

注意:应小心保管被测样品,不要划伤被测样品两端,从而影响实验的精度.仪器长时间不使用时,请套上塑料袋,防止潮湿空气长期与仪器接触,房间内空气湿度应小于 80%.

【数据处理】

作出下铜盘的 $T-t$ 冷却速率曲线,取稳态值 T_2 对应的点,求出该点的冷却速率 $\dfrac{\Delta T}{\Delta t}\Big|_{T=T_2}$,根据公式(6-2-5)分别计算 2 种被测样品的导热系数 λ.

实验 6-2
拓展文献链接

【思考提高】

1. 利用本实验装置能否测量良导体的导热系数?为什么?
2. 试分析整个实验过程中做了哪些近似,这些近似使 λ 值比真值小还是大?

【拓展文献】

[1] 李丽新,刘秋菊,刘圣春,等.利用瞬态热线法测量固体导热系数[J].计量学报,2006(01):39-42.

[2] 许雯,黄荣进,李来风.固体材料低温热导率测试系统[J].低温工程,2008(02):32-36.

[3] ATTAF N, AIDA M S, HADJERIS L. Thermal conductivity of hydrogenated amorphous silicon. Solid State Communications. 2001,120(12):525-530.

[4] 丁树业,邓艳秋,王海涛,等.固体绝缘材料导热系数的热流法实验探究[J].哈尔滨理工大学学报,2014,19(04):17-21.

实验 6-3　气体比热容比的测定

气体比热容比 γ 是气体比定压热容 c_p 与比定容热容 c_V 的比值,又称为气体的绝热系数,在热学过程特别是绝热过程中是一个很重要的参量.在描述理想气体的绝热过程时,γ 是联系各物态参量(p、V 和 T)的关键参量.气体的比热容比除了在理想气体的绝热过程中起重要作用之外,它在热力学理论及工程技术的实际应用中也有着重要的作用,例如,热机的效率、声波在气体中的传播特性都与之相关.

气体比热容比的传统测量方法是热力学方法(绝热膨胀法),其优点是原理简单,而且有助于加深对热力学过程中状态变化的了解,但是此方法导致实验误差的因素较多,操作难度大,对实验者的经验和操作技术水平要求很高.本实验采用振动法来测量,振动法测量具有实验数据一致性好、波动范围小等优点.

【实验目的】

1. 了解振动法测量气体比热容比的原理.
2. 掌握智能计数计时器的使用方法.

3. 计算气体的比热容比及其不确定度.

【预习问题】

1. 什么是气体比热容比?
2. 本实验采用振动法测量时,小球的运动应满足什么条件?

【实验原理】

实验基本装置如图 6-3-1 所示,以二口烧瓶内的气体作为研究的热力学系统,在二口烧瓶正上方连接直玻管,并且其内有一颗自由上下活动的小球,由于制造精度的限制,小球和直玻管之间有 0.01 mm 到 0.02 mm 的间隙. 为了补偿从这个小间隙泄漏的气体的影响,需持续地从二口烧瓶的另一连接口注入气体,以维持瓶内压强. 在直玻管上开有一小孔,可使直玻管内外气体联通. 适当调节注入的气体流量,可以使小球在直玻管内沿竖直方向来回振动:当小球在小孔下方并向下运动时,二口烧瓶中的气体被压缩,压强增加;而当小球经过小孔向上运动时,气体由小孔膨胀排出,压强减小,小球又落下,之后便再上升再落下,循环往复. 只要适当控制所注入气体的流量,小球就能在直玻管的小孔上下作简谐振动,振动周期可利用光电计时装置来测得.

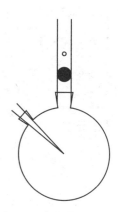

图 6-3-1　气体比热容比
测量装置示意图

小球质量为 m,半径为 r,当瓶内压力 p 满足下列条件时小球处于力平衡状态:

$$p = p_b + \frac{mg}{\pi r^2} \tag{6-3-1}$$

式中 p_b 为大气压强. 若小球偏离平衡位置一个较小距离 x,容器内的压力变化 Δp,则小球的运动方程为

$$m\frac{d^2 x}{dt^2} = \pi r^2 \Delta p \tag{6-3-2}$$

因为小球振动过程相当快,所以可以看作绝热过程,绝热方程为

$$pV^\gamma = C \tag{6-3-3}$$

其中,C 为常量. V 为气体体积. 将式(6-3-3)求导可得

$$\Delta p = -\frac{p\gamma \Delta V}{V} \tag{6-3-4}$$

其中 $\Delta V = \pi r^2 \Delta x$,$\Delta x$ 为任意位置与平衡位置的距离,记平衡位置为坐标原点,则

$$\Delta V = \pi r^2 x \tag{6-3-5}$$

将式(6-3-4)、式(6-3-5)代入式(6-3-2)得

$$\frac{d^2 x}{dt^2} + \frac{\pi^2 r^4 p\gamma}{mV}x = 0 \tag{6-3-6}$$

此式为大家熟知的简谐振动方程,求解该方程,得其振动频率(或周期)为

$$\omega = \sqrt{\frac{\pi^2 r^4 p \gamma}{mV}} = \frac{2\pi}{T} \tag{6-3-7}$$

变换式(6-3-7)有

$$\gamma = \frac{4mV}{T^2 p r^4} = \frac{64mV}{T^2 p d^4} \tag{6-3-8}$$

式中 p 为平衡时瓶内的压强,m 为小球质量,r 为小球半径,d 为小球直径,V 为瓶内体积,T 为小球振动周期.

对于该实验装置,压强 p 与大气压强 p_b 的差异很小,本实验将 p 用 p_b 代替.

【实验仪器】

ZKY-BRRB 气体比热容比测定仪、螺旋测微器、电子天平、温度计、大气压强计.

实验仪器 6-3

1. ZKY-BRRB 气体比热容比测定仪

ZKY-BRRB 气体比热容比测定仪示意图如图 6-3-2 所示.

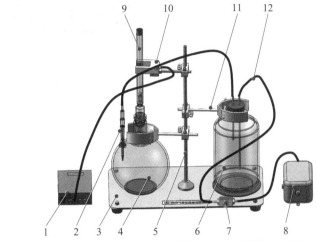

1—智能计数计时器;2—滴管;3—仪器底板;4—二口烧瓶;5—立柱;6—储气瓶;
7—节流阀;8—气泵;9—直玻管;10—光电门;11—夹持爪;12—气管

图 6-3-2　气体比热容比测定仪示意图

智能计数计时器配合光电门部件测量小球的振动时间和次数;滴管用于向二口烧瓶注入气体;二口烧瓶用于容纳被测气体;立柱部件与底板座配合使用,形成支架主体;储气瓶起缓冲减压作用,消除气源不均匀带来的误差;节流阀组件与气泵配合使用,用于精密调节气体流量;直玻管限制小球作一维上下振动,其内壁与小球之间的间隙在 0.01 ～ 0.02 mm,直玻管下部有一弹簧,阻挡小球继续下落,并起到一定的缓冲作用,直玻管以小孔为中心贴有对称透明标尺,直玻管顶端有防止小球冲出或滑出直玻管的管帽;夹持爪用于固定玻璃件;气管将气泵输出的气体经储气瓶导入二口烧瓶.

2. 智能计数计时器

智能计数计时器的面板如图 6-3-3 所示.智能计数计时器配备一个 12 V 稳压直流电源,显示屏为 122×32 点阵图形 LCD,包含"模式选择/查询下翻""项目选择/查询上翻""确定/暂停"三个操作按钮,有四个信号源输入端,分 A、B 两个通道,每个通道有 3

芯和 4 芯输入接口各一个,同一通道不同接口的关系是互斥的,禁止同时接插同一通道的不同输入接口,以免互相干扰.

智能计数计时器开机后,自检延时一段时间后显示操作界面.上一行显示测试项目序号和名称,例:"1-1 单电门",用"项目选择/查询上翻"按钮切换测试项目;下一行显示测试模式序号和名称,例:"1 计时"用"模式选择/查询下翻"按钮切换测试模式.

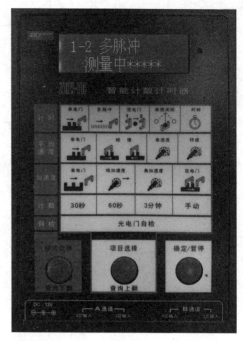

图 6-3-3　智能计数计时器面板

选择好测试项目和模式后按"确定"键,LCD 将显示"选 A 通道测量",然后通过按"模式选择/查询下翻"按钮和"项目选择/查询上翻"按钮切换 A、B 通道,选择好通道后再次按下"确定"键即可开始测量.测量过程中将显示"测量中＊＊＊＊＊",测量完成后自动显示测量值,若该项目有几组数据,可按"查询下翻"按钮或"查询上翻"按钮进行查询,再次按下"确定"键退回到项目选择界面.如未完成测量就按下"确定"键,则测量停止,将根据已测量到的内容进行显示,再次按下"确定"键将退回到测量项目和模式选择界面.

【实验内容与步骤】

1. 用电子天平称量备用小球的质量 m(或直接读直玻管标签上的参考值).记录气体体积 V(见瓶口标签).用螺旋测微器多次测量备用小球的直径 d.

2. 按图 6-3-2 所示连接好仪器,调节光电门高度,使其与直玻管上的小孔等高.调节实验架,使直玻管沿竖直方向.确保气管、缓冲瓶、二口烧瓶无漏气.

3. 将气泵气量先调至最小,节流阀组件旋钮调至最小,给智能计数计时器和气泵上电预热 10 分钟,逐渐增大气泵气量直至最大,旋转节流阀组件旋钮由小到大调节气量,直到观察到小球以小孔为中心作等幅振动,这时观察到光电门上的指示灯随着每次振动有规律地闪烁.

4. 将智能计数计时器设置为"多脉冲 计时"模式,待准备好后,按"确定"键,选定相应通道后,开始测量.

5. 待测量完成,按"查询下翻"键查看挡光脉冲的总时间 t(N = 99 次),按"确定/暂停"键返回,重复 4、5 步多次测量.

注意:小球振荡周期 $T = 2t/N$.

6. 用大气压强计测量大气压强.

7. 实验完成后将气泵气量调至最小,节流阀组件旋钮调至最小,关闭电源,实验结束.

【数据处理】

1. 利用测量值计算空气的比热容比,与理论值 $\gamma_0 = 1.400$ 进行比较,计算相对误差.

2. 计算空气比热容比的不确定度,并完整表示结果,其中计时器的误差限 $\Delta t = 0.001\ 0\ \text{s}$,空气体积误差限 $\Delta V = 10\ \text{mL}$.

【思考提高】

1. 环境中哪些因素会影响空气的比热容比? 如何影响?

2. 测量单一气体时,有哪些方法可以计算单一气体的比热容比理论值?

【拓展文献】

实验 6-3
拓展文献链接

[1] 张彩霞. 对空气比热容比测定实验的研究[J]. 太原师范学院学报(自然科学版). 2005(01):56-59.

[2] ZHANG P,XIAO J,LIANG J J,et al. Estimation of the specific heat capacity ratio of gasoline vapor based on the relationship between the maximum pressure rise rate and initial pressure of gas explosion. IOP Conference Series:Earth and Environmental Science, 2021, 770. 1:012065(5pp).

[3] 常相辉,冯先富,张永文,等. 不同温度下空气比热容比测量装置的研究[J]. 物理实验,2011,31(04):21-23.

第七章

声学实验

声波是机械振动的传播. 本章通过声学实验主要学习以下几方面内容: 频率、波长、波速等基本波动物理量的测量方法; 声波产生、发射和观测等基本装置的工作原理和操作方法; 各类电声传感器的原理和作用. 此外, 进一步学习列表法、逐差法等数据处理方法, 并掌握误差和不确定度的计算方法.

实验 7-1　空气中声速的测定

声音可以在各种介质中传播, 声音的传播速度与介质的力学性质, 特别是其弹性力学性质有关. 当声波在介质中传播时, 会引起介质质元的压缩或伸长, 压缩或伸长都会使物质中某个分子偏离其原来的平衡位置, 其周围的分子就要通过它们之间的弹性作用把它挤回到平衡位置上, 这种弹性力越大, 声音传播得就越快. 水等液体分子之间的弹性相互作用要比空气分子之间的弹性相互作用大, 而金属又比液体的大. 相应地, 水的声速约为空气中的 5 倍; 而钢铁中声速能达到空气中的 20 倍左右.

历史上, 牛顿曾基于理论计算得出空气中的声速, 但是因为他错误地将声波传递的过程看作是等温过程, 从而计算出的声速比实际值要低, 为 298 m/s. 后来拉普拉斯修正了牛顿的错误, 给出了正确的结果.

【实验目的】

1. 学习利用波的叠加原理测量声波波长和声速的方法.
2. 了解发射和接收超声波的原理和方法.
3. 了解示波器的使用方法.

【预习问题】

1. 实验中测量波长采用哪些方法?
2. 实验系统由哪几部分组成?
3. 换能器处于谐振状态的判断依据是什么?

【实验原理】

在弹性介质中, 由机械振动所激起的波称为声波 (sound wave). 人耳能听到的声波的频率在 20~20 000 Hz 之间. 频率超过 20 000 Hz 的声波称超声波 (supersonic wave), 低于

20 Hz 的声波称次声波(infrasonic wave).声波在空气中的传播速度为

$$v = \sqrt{\frac{\gamma k T}{m}} \tag{7-1-1}$$

其中,γ 为空气比定压热容和比定容热容之比$\left(\gamma = \frac{c_p}{c_V}\right)$,$k$ 为玻耳兹曼常量(Boltzmann constant),m 为气体分子的平均质量,T 为热力学温度.在压力为 0.1 MPa,温度为 0 ℃时声速(sound velocity)$v_0 = 331.4$ m/s,则在温度为 t 时声速为

$$v_t = v_0 \sqrt{\frac{T}{273.15}} = v_0 \sqrt{1 + \frac{t\ ℃}{273.15}} \tag{7-1-2}$$

本实验利用声速、波长和频率之间的关系:

$$v = \lambda f \tag{7-1-3}$$

来测量空气中的声速.式中,λ 为波长,f 为声源的振动频率.在本实验中信号发生器(signal generator)发出的频率 f 可直接由仪器显示,所以只要测出声波在介质中的波长 λ 即可确定声速.在一定的温度下,对给定的介质,声速是恒定的,声源的频率越高,波长越短.本实验使用超声(36 kHz 左右)波源,可避免换能器发出噪声形成环境干扰.

声波的声压可以通过换能器转换成电信号,然后显示在示波器荧光屏上进行观察和测量,本实验利用示波器分别用驻波法、相位法和双踪显示法测量声波在空气中的波长 λ.

1. 驻波法

由于声源发出的声波经前方平面反射后,入射波和反射波叠加,当两平面平行时,在它们之间形成驻波(standing wave).

设两列波频率、振动方向和振幅相同,在 x 轴上传播方向相反,其波动方程为

$$\left. \begin{array}{ll} 入射波 & y_1 = A\cos\left(\omega t - \frac{2\pi}{\lambda}x\right) \\ 反射波 & y_2 = A\cos\left(\omega t + \frac{2\pi}{\lambda}x\right) \end{array} \right\} \tag{7-1-4}$$

叠加后合成波为

$$y = y_1 + y_2 = A\cos\left(\omega t - \frac{2\pi}{\lambda}x\right) + A\cos\left(\omega t + \frac{2\pi}{\lambda}x\right)$$
$$= 2A\cos\left(\frac{2\pi}{\lambda}x\right)\cos\omega t \tag{7-1-5}$$

上式表明,两波合成后介质各点都在作同频率的简谐振动,而各点的振幅 $2A\cos\frac{2\pi}{\lambda}x$ 是位置 x 的余弦函数,对应于 $\left|\cos\frac{2\pi}{\lambda}x\right| = 1$ 的各点振幅最大;对应于 $\left|\cos\frac{2\pi}{\lambda}x\right| = 0$ 的点静止不动,振幅最小.根据余弦函数的特性,由以上条件可知,当相位

$$\frac{2\pi}{\lambda}x = \pm n\pi(n = 0, 1, 2, \cdots)$$

即 $x = \pm n\frac{\lambda}{2}$ 处为振幅极大位置;当

$$\frac{2\pi}{\lambda}x = \pm(2n+1)\frac{\pi}{2}\,(n=0,1,2,\cdots)$$

即 $x = \pm(2n+1)\dfrac{\lambda}{4}$ 处为振幅极小位置.可见相邻两振幅极大(或振幅极小)间的距离为 $\lambda/2$.只要测得相邻两振幅极大(或振幅极小)的位置 x_1、x_2 就可算出波长 λ.

实验装置如图 7-1-1 所示,S_1、S_2 是两个压电陶瓷(piezoelectric ceramic)超声换能器.S_1 为发射换能器,它通过逆压电效应把电信号转换成机械振动以产生超声波;S_2 为接收换能器,它通过正压电效应把声信号转换为电信号以接收超声波.当信号发生器的电信号加到 S_1 上时,S_1 即能发出一束超声波.当发射换能器平面与接收换能器平面平行时,超声波经 S_2 反射,入射波和反射波进行叠加.当 S_1、S_2 之间距离满足一定关系时,在它们之间形成驻波.S_2 在反射声波的同时还将端面所在处叠加声场的声压变为电信号,通过示波器(oscilloscope)显示出来.移动接收换能器,S_1 和 S_2 之间的距离随之改变,此时,可以看到示波器显示信号的幅度发生周期变化,即幅度由一个极大,变到极小,再变到极大.而幅度每一个周期的变化,就相当于 S_1 和 S_2 之间的距离改变了 $\lambda/2$,S_1、S_2 之间距离的改变可由螺旋测微装置测得.

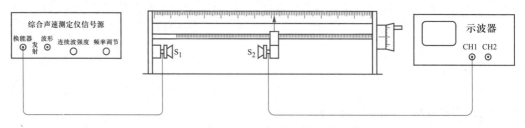

图 7-1-1   驻波法测量声速实验装置示意图

2. 相位法

声源发声后,在其周围形成声场.声场介质中任一点的振动相位是随时间而变化的,但它与声源振动的相位差 $\Delta\varphi$ 不随时间变化.设声源位于 x_1 处,接收器位于 x_2 处.声源处的振动方程为

$$y_1 = A\cos\left(\omega t - \frac{2\pi}{\lambda}x_1\right)$$

位于 x_2 处接收面的振动方程为

$$y_2 = A\cos\left(\omega t - \frac{2\pi}{\lambda}x_2\right)$$

它们是两个同频率的正弦波,两处振动相位差为

$$\Delta\varphi = \frac{2\pi}{\lambda}(x_2 - x_1)$$

声源位置 x_1 固定,另一位置点 x_2 的振动与声源的相位差随 x_2 的改变呈周期性变化.当 $x_2 - x_1$ 改变一个波长时,相位差正好改变 2π.

实验装置如图 7-1-2 所示,将发射换能器 S_1 的电信号和接收换能器 S_2 的电信号(同频率、正弦波)分别输入到示波器的两个通道作垂直叠加,即一信号使示波器光点在水平方向振动,另一路信号使其在垂直方向振动,合成后示波器显示如图 7-1-3 所示的李萨如图形. 从图 7-1-2 中可见, S_1 上的信号直接输入示波器 CH2 端, 而 S_2 接收到的信号是由空气传播过来的, 所以 S_2 输入到 CH1 端的信号总比 CH2 的要晚, 它们之间存在一个相位差, 当接收换能器 S_2 移动时, 随超声波传播距离的变化, 两波之间的相位差发生改变, CH1 和 CH2 接收到的信号叠加而产生的李萨如图形随相位差的改变而变化.

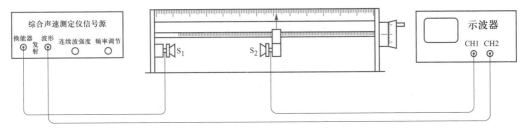

图 7-1-2 相位法测量声速实验装置示意图

图 7-1-3 为相位差变化半个周期(π)的过程中图形的变化情况, 半个周期的变化对应 S_2 的移动距离为 $\lambda/2$. 通过准确测量相位变化 2π 时接收换能器移动的距离, 即可得出对应的波长.

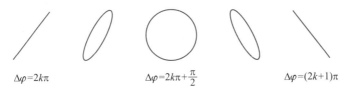

$\Delta\varphi = 2k\pi$ $\qquad\qquad$ $\Delta\varphi = 2k\pi + \dfrac{\pi}{2}$ $\qquad\qquad$ $\Delta\varphi = (2k+1)\pi$

图 7-1-3 同频率正弦振动垂直合成的李萨如图形

【实验仪器】

SV-DH-3 声速测定仪, 综合声速测定仪信号源, TDS1001B 数字存储示波器.

实验仪器 7-1

1. SV-DH-3 声速测定仪

本仪器由支架、两只超声压电换能器及螺旋测微装置组成. 两只超声压电换能器, 一只作发射声波用(电声转换), 以产生超声声波, 另一只作接收声波用(声电转换), 其端面也是声波的反射界面, 它们的结构完全相同, 有共同的谐振频率, 只有当输入信号的频率等于其谐振频率时, 才能产生最佳的机械振动. 发射换能器固定于仪器左端, 接收换能器与螺旋测微装置的丝杆上的滑动块相对固定, 所以两只超声压电换能器的距离变化量可由螺旋测微装置直接读出. 接收换能器移动的距离为 300 mm, 精度为 0.01 mm(读数方法与螺旋测微器相同).

支架的结构采取了减振措施, 能有效地隔离两换能器间通过支架产生的机械振动耦合, 从而避免了由于声波在支架中传播而引起的干扰.

实物图参见二维码.

2. 综合声速测定仪信号源

本仪器是一种具有正弦波和对称可调脉冲波的台式功率信号发生器, 其振荡频率在 $20 \sim 45$ kHz 范围内连续可调, 输出最大功率为 10 W, 输出电压 $\geqslant 45 V_{\text{P-P}}$. 它的面板上有连续波(正弦)/脉冲波选择键、功率输出(换能器)和电压输出(波形)端口、连续波强度调节旋钮、频率调节旋钮以及数字式频率计(显示输出信号的频率).

3. TDS1001B 数字存储示波器

示波器是一种能把物理量随时间变化的过程用图像显示出来的电子仪器.用它来观察电压(或转换成电压的电流)的波形,并测量电压的幅度、频率和相位等.因此,示波器被广泛地应用于电子测量中.示波器的使用和注意事项请参考第二章第十二节.

【实验内容与步骤】

1. 用驻波法测量空气中声波波长和声速

(1)按图 7-1-1 所示检查连线,确定信号发生器"发射端-换能器"输出接至发射换能器,"发射端-波形"输出接至示波器 CH2 端.接收换能器连接示波器 CH1 输入端,若错误则重连.转动声速测定仪的读数鼓轮,使接收换能器靠近发射换能器(距离约为 2 cm).

(2)打开信号发生器的电源开关,选择连续波(即正弦波),"连续波强度"旋钮顺时针调至最大,调节"频率调节"旋钮使输出频率为 36 kHz 左右.

(3)调节示波器:按下数字存储示波器电源开关,启动示波器,约 2 分钟后,启动完成.按"AUTOSET"键,示波器波形显示区通常出现来自 CH1 通道和 CH2 通道的信号波形——正弦波,若换能器此时没有处于谐振状态,则示波器显示区只有 CH2 通道的波形,这时可通过 CH1 通道的菜单按钮将 CH1 波形调出.

(4)调节超声换能器的谐振频率 f_0.本实验所用压电陶瓷换能器的谐振频率 f_0 在 35~39 kHz 之间,只有信号发生器输出的频率刚好等于 f_0 时,其振动最强,超声波输出最大.旋动信号发生器的"频率调节"旋钮,观察波形幅度变化,示波器上显示出最大幅值时,信号源输出频率即为超声换能器的谐振频率 f_0.

注意:不能启动示波器的"自动量程"功能,若出现波形幅度超出屏幕的情况,可调节 CH1 通道的 y 轴灵敏度(V/DIV),减小波形幅度.

(5)旋转声速测定仪的读数手轮,使接收换能器逐渐远离发射换能器,示波器显示的波形幅度随之周期性变化,当显示波形幅度最大时,读取相应接收换能器的位置并记录(读数方法同螺旋测微器).继续单方向移动接收换能器,读取 10 个连续的波形幅度最大时的接收换能器位置值,填入数据记录表.

(6)记录室温及信号发生器的频率.信号发生器的频率显示有时发生漂移,最好测量之前和测量完毕后各读一次频率,取其平均值.

2. 相位法测波长

(1)按图 7-1-2 所示接线,增加接线,即将信号发生器的"发射端-波形"输出接至示波器的 CH2 输入端,仍保持发射换能器处于谐振状态.

(2)按示波器的"显示"(DISPLAY)键,在屏幕状态显示区改变"格式"项,即按屏幕右边框与"格式"对应的方形按钮,"格式"项即由"Y-T"改为"X-Y".示波器上显示李萨如图形.

(3)为了准确判断相位关系,将接收换能器移动到示波器屏上出现直线的位置,读取接收换能器位置读数,此时,对应的相位差 $\Delta\varphi = 2k\pi$ 或 $\Delta\varphi = (2k+1)\pi$.移动接收换能器,使图形变化一个周期,则移动的距离就是声波的波长.

(4)连续移动接收换能器,读取 10 组数据.记录信号发生器频率及室温.

3. 利用示波器的双踪显示功能测量波长

信号线连接方式不变.按示波器的"显示"(DISPLAY)键,更改"格式"项为"Y-T",则示波器处于两个通道信号的双踪显示状态. 调节 CH1、CH2 两通道的"位置"旋钮可同时在示波器显示屏上看到两个波形，移动接收换能器，两个波形在水平方向发生相对移动，当两个波形的峰和峰对齐时，说明相位差是 2π 的整数倍，继续移动接收换能器，当再一次峰和峰对齐时，则相位变化了 2π，接收换能器移动了一个波长的距离. 连续移动接收换能器，记录峰与峰对齐时的 10 组数据. 并记录频率.

注意：在移动接收换能器的同时，适当调节"CH1"或"CH2"的垂直位置，以便准确判断峰与峰是否对齐.

【数据处理】

对驻波法、相位法和双踪显示法三种方法的测量数据进行处理：

1. 用逐差法计算声波波长 λ，并求出声速及其不确定度，写出声速的完整表示.
2. 分别将实验值与理论值［由室温根据式（7-1-2）计算］进行比较.

【注意事项】

1. 本实验的所有测量，均需在谐振频率下进行. 因此必须将信号源的频率调节到换能器的谐振频率后，再进行测量.
2. 测量过程中，只可单向转动鼓轮移动接收换能器以避免回程误差，具体可参考第三章第三节内容.
3. 实验前、实验中和实验结束后，均务必不要拔掉各仪器间的传输线.

【思考提高】

1. 若用晶体管毫伏表（测交流信号电压）代替示波器，能否用驻波法测波长？
2. 若实验中频率偏离了谐振频率，李萨如图形会出现怎样的图像？
3. 利用驻波法测量时，随着接收器与发射器间距离的增大，接收器振幅极大值如何变化？为什么会如此变化？

【拓展文献】

1. 韩也. 对空气声速测定实验的研究［J］. 大学物理实验，1999（04）：22-24，77.
2. VALIÈRE J C，HERZOG P，VALEAU V，et al. Acoustic velocity measurement in the air using LDV：dynamic and frequency limitations，signal processing improvements. Journal of Sound & Vibration，2000，229（3）：607-626.
3. 杨睿智，李熹辰，蔡昊君，等. 声速测定实验中超声换能器的非线性行为［J］. 物理实验，2017，37（04）：6-10，15.

实验 7-1
拓展文献链接

实验 7-1 拓展 1：固体中声速的测定

声波在固体介质中传播时，声速、声衰减和声阻抗都和介质的特性有关，也与介质内部的缺陷密切相关，通过测量这些声学量就可探知介质的特性和状态的变化，而这正是超声无损检测的基础.

【实验目的】

1. 掌握时差法测量声速的原理.
2. 学会用时差法测量固体中的声速.

【预习问题】

1. 什么是时差法?
2. 实验时需要将换能器调至谐振状态吗?

【实验原理】

1. 时差法测量声速

时差法测量声速的基本原理是基于 $v = L/t$, 通过测量声波在已知距离 L 内传播所用的时间 t, 计算出声波的传播速度 v. 在一定的距离 L 内, 通过控制电路由发射换能器定时发出一个声脉冲波, 经过一段距离的传播后到达接收换能器, 如图 7-1-4 所示.

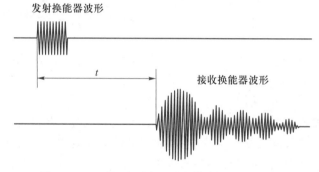

图 7-1-4   时差法测声速的发射波与接收波波形

2. 时差法测量固体中的声速

测量固体中的声速时, 如图 7-1-5 所示, 将固体声速测定支架上的发射换能器(S_1)的引线与信号源发射端中的换能器接口相连, 将固体声速测定支架上的接收换能器(S_2)的引线与信号源接收端中的换能器接口相连, 将示波器的两个通道分别连接到信号源发射端的波形端和信号源接收端的波形端. 接收到的信号经放大、滤波后, 由高精度计时电路测出声波从发出到接收在介质中传播经过的时间 t, 从而计算出声波在某一介质中的传播速度.

将接收增益调到适当位置(一般为最大位置), 以显示值不跳字为好. 将发射换能器发射端面朝上竖立放置于托盘上, 在换能器端面和固体棒的端面涂上适量耦合剂, 再把固体棒放在发射面上, 调整使其紧密接触并对齐, 然后将接收换能器接收端面放置于固体棒的上端面并对齐, 利用接收换能器的自重, 并调整使其与固体棒端面紧密接触且对齐. 记此时信号源显示值读数为 t_i, 固体棒长度为 L_i. 移开接收换能器, 将另一根同种材料固体棒端面上涂上适量的耦合剂, 置于下面一根固体棒之上, 并保持良好接触, 再放上接收换能器, 记此时信号源显示值的读数为 t_{i+1}, 固体棒总长度为 L_{i+1}, 则声速为

$$v_i = \frac{L_{i+1} - L_i}{t_{i+1} - t_i} \tag{7-1-6}$$

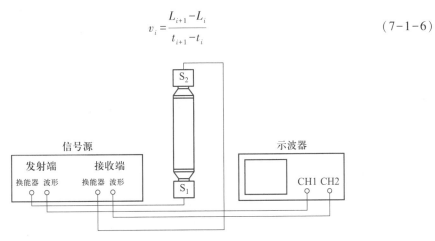

图 7-1-5　时差法测量固体中声速的接线图

测量超声波在其他不同固体介质中传播的速度时,只要将前述被测固体棒替换为该介质制成的固体棒即可.

【实验仪器】

综合声速测定仪信号源、固体声速测量装置、被测铝棒、被测有机玻璃棒、温度计.

1. 综合声速测定仪信号源

声速测定信号源面板如图 7-1-6 所示(频率范围 25~45 kHz,带时差法测量脉冲信号源).其中,"发射端换能器"为换能器驱动信号输出端,用于连接声速测试架发射换能器;"发射端波形"用于连接示波器,观察换能器发射信号波形;"接收端波形"用于连接示波器,观察换能器接收信号波形;"接收端换能器"为换能器接收信号输入端,用于连接声速测试架接收换能器;"连续波强度"用于调节输出信号电功率(输出电压),仅连续波有效;"接收增益"用于调节仪器内部的接收增益;"频率调节"用于调节输出信号的频率.

实验仪器
7-1 拓展 1

图 7-1-6　综合声速测定仪信号源面板

2. 固体声速测量装置

本装置用三根立柱将发射换能器、被测固体棒和接收换能器保持在竖直方向依次紧密接触(图 7-1-7).

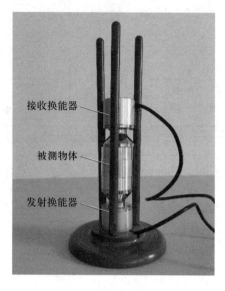

图 7-1-7   固体声速测量装置架

【实验内容与步骤】

1. 测量固体介质声速,按图 7-1-5 所示连接线路,先测铝棒中的声速,将第一根被测铝棒两个端面均匀涂抹固体声速测量耦合专用油,放置于两个换能器中,稍稍施压使三个元件紧密贴合并对齐.

2. 打开信号发生器的电源开关,测试方法选择"连续波",调节"频率调节"旋钮,使通道 2 显示的波形离开最大波峰位置,即将连续波频率调至换能器的非谐振频率.

3. 测试方法选择"脉冲波",脉冲波强度选择"中",调节示波器的纵向电压显示分度值,观察示波器,使其显示如图 7-1-4 所示的两个通道波形.

4. 调节"接收增益"旋钮,在增益足够大并使信号源计时器示值稳定不跳字情况下,记录第一个位置 $L_1 = 50$ mm(每个被测物体的长度为 50 mm),在信号源计时器上读取第一个时间值 t_1.

5. 将第二根被测铝棒两个端面均匀涂抹固体声速测量耦合专用油,加入两个换能器中,稍稍施压使四个元件紧密贴合并对齐,若信号源计时器稳定,则记录第二个位置 $L_2 = 100$ mm,在信号源显示屏上读取第二个时间值 t_2,实验完成.

6. 重复第 4 和第 5 步,共读取两组位置和时间值.

7. 以有机玻璃棒替代铝棒为被测物体,重复 1—6 步.

注意:若实验中信号源计时器跳字,则需微调"接收增益"旋钮直至计时器稳定不跳字,然后重新进行测量.

【数据处理】

计算实验测量声速,将实验值与附录中公认值进行比较,计算两者相对误差.

说明:由于介质的成分和温度的不同,实际声速范围可能会较大,数据仅供参考.

【思考提高】

请设计一种超声测厚装置,并说明其工作原理.

【拓展文献】

[1] 张毅,蔡灵仓,毕延.固体超声声速的脉冲反射法测量[J].无损检测,2010,32(06):412-415,433.

[2] 张远武,闫向宏,刘钰姣,等.超声脉冲法测量固体材料声速实验的扩展与升级[J].物理实验,2021,41(04):39-44.

[3] 周红仙,王毅.用脉冲光声法测量固体介质中声速[J].大学物理,2011,30(01):45-47.

[4] ZAHRA M S,BEGUM H,SCHOENWALD S,et al. A review on silica aerogel-based materials for acoustic applications. Journal of Non-Crystalline Solids,2021,562:120770.

实验 7-1 拓展 1
拓展文献链接

实验 7-1 拓展 2：用超声波测距

超声波具有指向性好、穿透力强、能量耗散慢、在介质中传播距离较远等特性,非常适合用于测量距离.超声波测距在日常生活中有着广泛的应用.例如:汽车倒车雷达、机器人自动避障行走、液位探测、水下地貌或活动体探测等.

【实验目的】

学习用超声反射法测量距离.

【预习问题】

1. 超声测距的原理是什么?
2. 实验中声波的传播时间是如何测量的?

【实验原理】

反射法超声波测距原理如图 7-1-8 所示,它是利用超声波在空气中的传播速度已知,测量声波在发射后遇到被测物(图中挡板)反射回来的时间,计算出发射点到被测物的实际距离,即

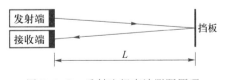

图 7-1-8　反射法超声波测距原理

$$L = \frac{vt}{2}$$

(7-1-7)

实验仪器
7-1 拓展 2

式中 L 为被测距离, v 为超声波在空气中传播的速度, t 为超声波从发射到被反射返回并接收的时间,实验中由实验仪通过时差法测出(时差法原理详见拓展实验 3).

【实验仪器】

声速测量及超声波测距综合实验仪、超声实验测量架、示波器.

实验仪和测量架

实验仪装置如图 7-1-9 所示.

实验仪既产生电信号传输到超声换能器上发射超声波,也采集接收换能器将超声信号转换的电信号,然后比较两个信号之间的时间差,利用公认的空气中声速值计算出声波传播的距离.测量架由三个超声换能器和可滑动的数显游标卡尺组成,本实验仪使用其中测量架左侧的两个固定换能器,通常上面一个用作超声发射换能器,下面一个则用作反射声波的超声接收换能器.可滑动游标尺下悬挂的超声换能器前端面吸附的一个反射挡板作为可移动反射面.

【实验内容与步骤】

1. 利用磁钢将挡板吸附在移动接收换能器 A 前端面,用信号连接线将信号源的发射信号与发射换能器相连,然后将固定接收换能器 B(安装在发射换能器同侧)的输出端口与主机上的接收信号输入端口相连.

2. 实验主机进入"超声波测距"模式,移动挡板,同时记录挡板的位置 L 与液晶屏上显示的距离 L.

注意:

1. 游标卡尺请缓慢平稳操作,不可迅速移动,防止磨损过快.

2. 搬动仪器时,不能将数显游标卡尺当手柄使用.应两手拿底板进行搬动.

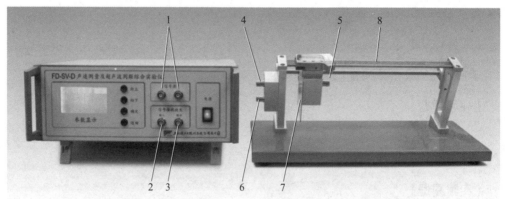

1—发射信号输出端口;2—接收信号输入端口;3—接收信号放大输出端口;
4—发射换能器信号输入端口(发射换能器);5—接收换能器信号输出端口(接收换能器A);
6—反射换能器信号输出端口(固定接收换能器B);7—挡板;8—数显游标卡尺

图 7-1-9　声速测量及超声波测距综合实验仪装置

【数据处理】

比较实验仪液晶显示值与数显游标卡尺读值两者的数值,并从温度、距离等相关因素讨论误差产生的原因.

【思考提高】

通过该装置进行超声测距得到的数据可以看出,在超声收发端离被测挡板距离较近时相对误差较大,距离较远时相对误差较小,试分析其原因,并说明应如何进行修正.

实验 7-2　多普勒效应与应用

当波源和接收器之间有相对运动时,接收器接收到的波的频率与波源发出的频率不同的现象称为多普勒效应.多普勒效应在科学研究、工程技术、交通管理、医疗诊断等各方面都有着十分广泛的应用.例如:原子、分子和离子由于热运动使其发射和吸收的光谱线变宽,称为多普勒增宽,在天体物理和受控热核聚变实验装置中,光谱线的多普勒增宽已成为一种分析恒星大气及等离子体物理状态的重要测量和诊断手段.基于多普勒效应原理的雷达系统已广泛应用于对导弹、卫星、车辆等运动目标速度的监测.在医学上,利用超声波的多普勒效应来检查人体内脏的活动情况、血液的流速等.电磁波(光波)与声波(超声波)的多普勒效应原理是一致的.

【实验目的】

1. 了解多普勒效应.
2. 掌握利用多普勒效应测量空气中声速和运动物体运动速度的原理与方法.
3. 学习利用多普勒效应测速,研究自由落体运动并求重力加速度的原理与方法.

【预习问题】

1. 如何利用多普勒效应测量空气中声速?
2. 如何利用多普勒效应测量物体的速度或加速度?
3. 测量装置由哪几部分组成?

【实验原理】

根据声波的多普勒效应公式,当声源与接收器之间有相对运动时,接收器接收到的频率 f 为

$$f = f_0 \left(\frac{v_0 + v_1 \cos \alpha_1}{v_0 - v_2 \cos \alpha_2} \right) \tag{7-2-1}$$

式中 f_0 为声源发射频率,v_0 为声速,v_1 为接收器运动速率,α_1 为声源和接收器连线和接收器运动方向之间的夹角,v_2 为声源运动速率,α_2 为声源与接收器连线和声源运动方向之间的夹角,如图 7-2-1 所示.

图 7-2-1　声波的多普勒效应示意图

若声源保持不动,运动物体上的接收器沿声源与接收器连线方向以速度 v 运动,则式

(7-2-1)简化为

$$f = f_0 \left(1 + \frac{v}{v_0} \right) \tag{7-2-2}$$

当接收器向着声源运动时,v 取正值,反之取负值.

若 f_0 保持不变,以光电门测量物体的运动速度,并由仪器对接收器接收到的频率进行测量,根据式(7-2-2),作 $f-v$ 关系图可直观验证多普勒效应,且由实验点作直线,其斜率应为 $k = f_0 / v_0$,由此可计算出声速 $v_0 = f_0 / k$.

由式(7-2-2)可得速度测量公式:

$$v = v_0 \left(\frac{f}{f_0} - 1 \right) \tag{7-2-3}$$

若已知声速 v_0 及声源频率 f_0,通过仪器测出对应时刻的频率 f,则得到相应的速度 v,若将仪器接收器用作速度传感器,就可用多普勒效应来研究物体的运动状态.

【实验仪器】

多普勒效应综合实验仪如图 7-2-2 所示.由超声发射/接收器,红外发射/接收器,导轨,运动小车,支架,光电门,电磁铁,弹簧,滑轮,砝码及电机控制器等组成.

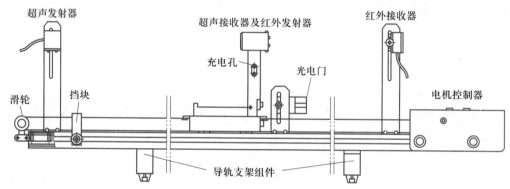

图 7-2-2　多普勒效应综合实验仪示意图

实验仪器 7-2

实验仪采用菜单式操作,显示屏显示菜单及操作提示,由"▲▼◀▶"键选择菜单或修改参数,按"确认"键后仪器执行.可在"查询"页面,查询到在实验时已保存的实验数据.操作者只需按每个实验的提示操作,即可完成实验.

实验仪面板如图 7-2-3 所示.

实验仪面板上两个指示灯状态介绍

1. 失锁警告指示灯:亮,表示频率失锁.即接收信号较弱,此时不能进行实验,须对超声接收器充电,使该指示灯熄灭;

　　　　　　灭,表示频率锁定.即接收信号能够满足实验要求,可以进行实验.

2. 充电指示灯:灭,表示正在快速充电;

　　　　　亮(绿色),表示正在涓流充电;

　　　　　亮(黄色),表示已经充满;

　　　　　亮(红色),表示已经充满或充电针未接触.

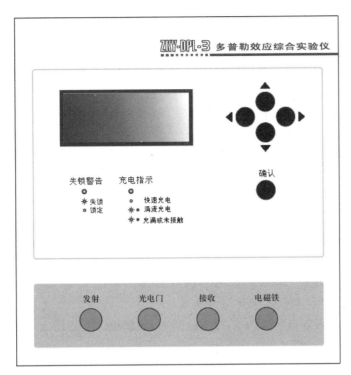

图 7-2-3 实验仪面板示意图

【实验内容与步骤】

1. 验证多普勒效应并由测量数据计算声速

让小车以不同速度通过光电门,仪器自动记录小车通过光电门时的平均运动速度及与之对应的平均接收频率.

(1) 实验仪开机后,首先要求输入室温.利用"◄►"键将室温 t_c 值调到实际值,按"确认"键.然后仪器将自动检测调谐频率 f_0,约几秒钟后将自动得到调谐频率,将此频率 f_0 记录下来,再按"确认"键进行后面实验;

(2) 在液晶显示屏上,选中"多普勒效应验证实验",并按"确认"键;

(3) 利用"◄►"键修改测试总次数(选择范围 5~10,因为有 5 种可变速度,一般选 5 次),按"▼"键,选中"开始测试",但不要按"确认"键;

(4) 用电机控制器上的"变速"键按钮选定一个速度.准备好后,按"确认"键,再按电机控制器上的"启动"键,测试开始,仪器自动记录小车通过光电门时的平均运动速度及与之对应的平均接收频率;

(5) 每一次测试完成,都有"存入"或"重测"的提示,可根据实际情况选择,"确认"后回到测试状态,并显示测试总次数及已完成的测试次数;

(6) 按电机控制器上的"变速"按钮,重新选择速度,重复步骤(3)、(4);

(7) 完成设定的测量次数后,仪器自动存储数据,并显示 f-v 关系图及测量数据.

2. 研究自由落体运动,求自由落体加速度

让带有超声接收器的接收组件自由下落,利用多普勒效应测量物体运动过程中多个

时间点的速度,绘制 $v-t$ 关系曲线,得到物体在运动过程中的速度变化情况,进而计算自由落体的加速度.

(1)在液晶显示屏上,用"▼"键选中"变速运动测量实验",并按"确认"键;

(2)利用"►"键修改测量点总数,选择范围 8~150;用"▼"键选择采样步距,"◄►"键修改采样步距,选择范围 10~100 ms,选中"开始测试";

(3)检查是否"失锁","锁定"后按"确认"按钮,电磁铁断电,接收器组件自由下落;测量完成后,显示屏上显示 $v-t$ 图,用"v"键选择"数据",阅读并记录测量结果;

(4)在结果显示界面用"►"键选择"返回","确认"后重新回到测量设置界面;可按以上程序进行新的测量.

【数据处理】

用线性回归法计算 $f-v$ 关系的斜率 k. 计算声速,并与声速的理论值进行比较,声速理论值由下式计算:

$$v_0 = 331(1+t_c/273)^{1/2}$$

式中 t_c 表示室温(单位℃),v_0 的单位为 m/s.

用线性回归处理数据,计算 $v-t$ 关系的斜率,求出重力加速度 g,并将测量值与理论值比较,计算其相对误差.

【思考提高】

1. 为什么在使用多普勒效应综合实验仪时,首先要求输入室温?如果输入的室温不准确,会影响哪些实验结果?如何影响?

2. 在研究自由落体运动的实验中,接收组件下落时,若其运动方向不是严格的在声源与接收器的连线方向上,会造成怎样的结果?

3. 利用多普勒效应设计一个车速检测系统.

实验 7-2
拓展文献链接

【拓展文献】

[1]刘战存.多普勒和多普勒效应的起源[J].物理,2003(07):488-491.

[2]李正正,蔡虹,洪小刚,等.双光束激光多普勒测速系统[J].物理实验,2005(03):44-47.

[3]汉泽西,徐岳,甘志强.利用多普勒效应测定重力加速度[J].计量与测试技术,2009,86(8):32-34.

[4]TAN C,MURAI Y,LIU W L,et al. Ultrasonic Doppler technique for application to multiphase flows:A review. International Journal of Multiphase Flow,2021 144:103811.

第八章

电学实验

电磁学在人类社会经济发展中起着重要的作用,极大地推动了人类文明的发展.其相关的实验测量技术发展到了较高的水平.本章主要学习以下几方面内容:电流、电压、电阻、电容、电动势等各种基本电磁学量的测量方法;各类基本的电学仪表和装置的工作原理和操作方法,相关内容请阅读第二章第六节至第十三节;电学实验的基本要求、电路的接线方法,故障发现及分析、排除方法(第三章第六、第七节内容);电桥、分压电路、限流电路、微小电压获取等常用电路的原理.此外,本章还将学习比较法、放大法等基本的物理实验方法及作图法、线性回归法等数据处理方法.

实验 8-1 非线性伏安特性研究

伏安法是电学实验的基本研究方法之一,它通过测量电学元件两端的电压和通过电学元件的电流,来研究元件的导电特性,分析电子电路参数等.电压和电流之间的关系称为元器件的伏安特性.很多物理现象和规律的发现和研究、电路元器件的研究都需要通过伏安法来测量伏安特性,例如光电效应的规律、半导体导电性质的研究等.

【实验目的】

1. 了解并掌握基本电学仪器的使用方法及仪器误差的估算.
2. 学习电学实验规程,掌握回路接线法则.
3. 学习测量条件的选择及系统误差的修正.
4. 测量并作出非线性电阻的伏安特性曲线.

【预习问题】

1. 伏安法测电阻电路有哪两种接法? 两种接法的测量结果与实际值的关系如何?
2. 非线性电阻的含义是什么?
3. 本实验中的系统误差来源是什么? 如何消除系统误差?
4. 电表使用时应该注意哪些事项?

【实验原理】

用伏安法(voltmeter-ammeter method)研究电学器件的伏安特性,是电学实验中的基础实验.它能帮助学生学习正确使用电学基本仪器,正确连接线路,并能在电路的分析和电学仪器的选择方面让学生受到有效的训练.

　　1. 伏安法测电阻(resistance)

　　用伏安法测电阻时,根据欧姆定律(Ohm law)

$$R = \frac{U}{I} \tag{8-1-1}$$

只要用电压表测出电阻 R 两端的电压 U,同时用电流表测出流过电阻 R 的电流 I,由式 (8-1-1)就可以求出 R. 通常采用如图 8-1-1 所示的两种线路,图 8-1-1(a)为电流表的内接法,图 8-1-1(b)为电流表的外接法.

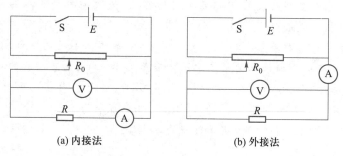

(a) 内接法　　　　　　　　　　(b) 外接法

图 8-1-1　伏安法测量线路

　　由于电表的内阻,无论采用内接法还是外接法,均会给测量带来系统误差. 在图 8-1-1(a)中,所测电流 I 是流过被测电阻 R 的电流,但所测电压 U 是电阻 R 和电流表上电压的总和. 设电流表的内阻为 R_A,根据欧姆定律可知

$$\frac{U}{I} = R + R_A$$

则有

$$R = \frac{U}{I} - R_A \tag{8-1-2}$$

如果用 $R_{测} = \dfrac{U}{I}$,其结果必然比电阻 R 的实际值偏大,两者之差为

$$\Delta R = R_{测} - R = R_A \tag{8-1-3}$$

显然,只有当电流表内阻 R_A 远小于被测电阻 R 时,用内接法测电阻才不会带来明显的系统误差. 如果电流表内阻 R_A 已知,则可从测量结果中减去 R_A 得到实际值.

　　同样,在图 8-1-1(b)中,所测电压 U 是电阻 R 两端电压,所测电流 I 是电阻 R 和电压表上流过的电流的总和. 设电压表的内阻为 R_V,根据欧姆定律,$\dfrac{U}{I}$ 应是 R 和 R_V 的并联电阻值,即

$$\frac{U}{I} = \frac{R_V R}{R_V + R}$$

则有

$$R = \frac{U R_V}{I R_V - U} = \frac{R_{测} R_V}{R_V - R_{测}} \tag{8-1-4}$$

式中 $R_{测} = \dfrac{U}{I}$,其与被测电阻 R 之差为

$$\Delta R = R_{测} - R = -\frac{R_{测}^2}{R_V - R_{测}} = -\frac{R^2}{R + R_V} \tag{8-1-5}$$

可见测得值偏小,只有电压表内阻 R_V 远大于被测电阻 R 时,用外接法测电阻才不会带来明显的系统误差.如果电压表内阻 R_V 已知,则可用式(8-1-4)对测量结果进行修正.

由上面的分析可知,在使用内接法时,电表对电阻测量带来的相对误差为 $\Delta R/R = R_A/R$;使用外接法时其相对误差为 $\Delta R/R = R/(R+R_V) \approx R/R_V$.因此,在不确切知道电表内阻而不能使用式(8-1-2)还是式(8-1-4)进行系统误差修正时,应根据常用电表内阻范围(如第二章表 2-6-1 所示)和被测电阻的粗测值(介于内接法测量值和外接法测量值之间)进行判断,当 $R_A \ll R$ 时选择内接,当 $R_V \gg R$ 时选择外接法.

2. 电阻的伏安特性曲线

当在一电阻元件两端加上电压时,元件两端的电压与流经此元件的电流之间存在着一一对应关系.以电压和电流分别为横坐标和纵坐标作出曲线,称为该元件的伏安特性(voltage-current characteristic)曲线.若所得结果是一直线,则这个元件为线性元件,如金属膜电阻;若所得结果为一曲线,则元件为非线性元件,如半导体二极管、灯丝等.

伏安法测电阻的优点:一是测量范围宽,二是适用性广,既可测线性电阻,也可测非线性电阻.本实验用伏安法测白炽灯泡灯丝的伏安特性曲线.

白炽灯泡灯丝的伏安特性是非线性的,如图 8-1-2 所示.由曲线可以看出,灯丝的电阻值随 U、I 的变化而变化.在电压、电流较小时,阻值较小;但随着电压、电流的增大,灯丝温度升高,阻值也在增大.在用伏安法测非线性电阻的伏安特性曲线时,必须考虑电表内阻的影响,且有必要对所测数据进行系统误差修正.本实验选用内接法测量灯丝的伏安特性曲线,并用作图法对系统误差作出修正,其线路如图 8-1-3 所示.

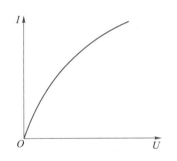

图 8-1-2　白炽灯泡灯丝伏安特性曲线

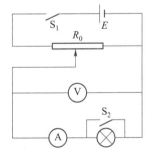

图 8-1-3　测量线路

从图 8-1-3 可知,当并联在白炽灯泡两端的单刀开关 S_2 断开时,电压表的读数是电流表与被测白炽灯泡上的电压之和,而当单刀开关 S_2 合上时,电压表的读数是电流表两端的电压.因此只要测出同一电流 I,在 S_2 断开、S_2 合上两种情况下所对应的电压表的读数为 U_1、U_A,则 U_1 与 U_A 的差值为 ΔU,即为相应电流值所对应白炽灯泡两端的电压.以 ΔU 为横坐标,I 为纵坐标作 I-ΔU 曲线,即为消除电流表内接所产生的系统误差后灯丝的伏安特性曲线.

【实验仪器】

直流电源,滑动变阻器,电压表,电流表,单刀单掷开关,被测白炽灯泡等.

电表、滑动变阻器、直流电源等的学习请阅读第二章第六、第九、第十一节内容.

【实验内容与步骤】

1. 实验前,认真阅读第三章第七、八节内容,学习电学实验的基本规程,电路连接方法和故障的分析排除等.

2. 按实验线路图合理布局各种仪器并连接线路,对多量程电表应先接大量程,进行通电预览,并根据实际情况选择合适量程,通电前滑动变阻器必须置于安全位置.

注意: 为防止滑动变阻器滑到极限位置时烧坏白炽灯泡或电压表,稳压电源输出的电压 E 不能超过白炽灯泡的额定电压和电压表的量程.

3. 打开 S_2,白炽灯泡与电流表串联,缓慢使滑动变阻器从安全位置滑动,连续测量并记录 U_1、I 数据,测量数据不少于 8 组.为了测量和数据处理的方便,U_1(或 I)的值可取整数,测完后将滑动变阻器调回至安全位置.

注意: 对于非线性关系曲线,测量时自变量一般不作等间距变化,而是在斜率大的区域间距小一些,斜率小的区域则间距大一些,使得测量点大致在曲线上等距分布.另外,如果曲线中有突变区,则测量点可以更密集一些,从而避免测量点过少导致失真.

4. 闭合 S_2,此时白炽灯泡短路,缓慢使滑动变阻器从安全位置滑出并改变负载电压输出,测量不同电流 I 下电压表读数 U_A.

注意: 由于电流表的内阻很小,电压 U_A 也较小,为了使电压测量较准确,应注意电压表、电流表的量程相匹配.(所谓电压表、电流表量程相匹配,意指当电压表的读数从零开始变化到满量程时,相应的电流表读数也从零开始变化到满量程或接近满量程.)

5. 在同一张直角坐标纸上,作出 I-U_1、I-U_A 曲线以及同一电流值 I 所对应的 U_1-U_A=ΔU 关系曲线,则 I-ΔU 图线即为消除了电流表内接引入的系统误差后的白炽灯泡灯丝的伏安特性曲线.

【数据处理】

严格按照作图法,画出白炽灯泡灯丝的伏安特性曲线.

【思考提高】

1. 电表的仪器误差限怎样估算?其指示值的有效数字位数如何确定?

2. 参考图 8-1-1,再提供一个单刀双掷开关,问如何接线可以用单刀双掷开关方便地实现电流表的内、外接法转换?画出电路图.

3. 利用本实验仪器,用外接法测量给定白炽灯泡灯丝电阻的伏安特性曲线,并通过作图对电压表的分流进行修正.

4. 再提供一个电阻箱和单刀双掷开关,用替代法测绘白炽灯泡灯丝伏安特性曲线.

5. 研究滑动变阻器在不同负载电阻下的分压输出特性,测绘分压电阻与其输出电压的关系曲线.

6. 白炽灯泡两端的电压 U 和通过的电流 I 之间的函数关系 $I=kU^n$,式中 k、n 为待定常数.用实验得到 ΔU、I 值,并用线性回归法求 k、n.

【拓展文献】

[1] 陈启平.用伏安法测电阻的讨论[J].大学物理实验,2002,15(2):4.

[2] POGORELOV S N,SEMENYAK G S,KOLMOGOROVA A O. Method of determining electrotechnical characteristics of concrete. IOP Conference Series:Materials Science and Engineering,2019.687(2).

实验 8-1
拓展文献链接

实验 8-2　惠斯通电桥的应用

电桥测量是一种用比较法进行测量的电学测量方法,它在电测技术中有极为广泛的应用,不仅能测量多种电学量,如电阻、电感、电容、互感、频率等;配合适当的传感器,还能用来测量一些非电学量,如温度、湿度、压强、微小形变等.由于电桥测量具有很高的测量灵敏度和准确度,因而在测量领域获得广泛应用.

【实验目的】

1. 掌握惠斯通电桥测电阻的原理和方法.
2. 理解电桥灵敏度的概念,学会选取合适的电桥灵敏度.
3. 进一步培养接线能力,掌握电阻箱、检流计和箱式电桥的使用方法.
4. 学习用交换法消除系统误差.

【预习问题】

1. 惠斯通电桥的结构是怎样的?
2. 什么是惠斯通电桥的平衡,利用电桥平衡测量电阻的原理是什么?
3. 什么是电桥的灵敏度? 与哪些因素有关?
4. 电桥测量中会产生哪些误差? 如何消除?

【实验原理】

通常,电桥分直流电桥和交流电桥两大类.本实验所用的自搭式单臂电桥称为惠斯通电桥(Wheatstone bridge),主要用于测量 $1\sim10^6$ Ω 范围内的中值电阻.和伏安法测电阻相比较,避免了电表内阻等因素造成的误差,因此成为准确测量电阻的常用方法之一.

1. 电桥测量电阻原理

惠斯通电桥由电源、桥臂、桥路三部分组成,其原理如图 8-2-1 所示,未知电阻 R_x 与另外三个已知电阻 R_1、R_2、R_3 构成了电桥的四个桥臂,电桥的一条对角线 AC 上接直流电

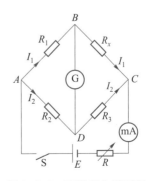

图 8-2-1　惠斯通电桥原理

源 E,而另一对角线 BD 即桥路接检流计 G.改变 R_1、R_2、R_3 的阻值,可以改变 B、D 两点之间的电势差,当 R_1、R_2、R_3 的阻值被调节成某一组合时,可以使 B、D 之间的电势差为零,此时检流计的指针就准确地指在零位,电桥处于平衡状态,此时有

$$U_{AB} = U_{AD}, \quad U_{BC} = U_{DC}$$

即有

$$R_1 I_1 = R_2 I_2, \quad R_x I_1 = R_3 I_2$$

将两式相比,得到

$$\frac{R_1}{R_x} = \frac{R_2}{R_3} \tag{8-2-1}$$

即

$$R_1 R_3 = R_2 R_x \tag{8-2-2}$$

式(8-2-1)或式(8-2-2)称为电桥平衡条件.

由电桥平衡条件可得

$$R_x = \frac{R_1}{R_2} R_3 \tag{8-2-3}$$

综上所述,利用电桥测量电阻的过程,就是调节 R_1、R_2、R_3 使电桥达到平衡的过程,而平衡与否由检流计来判断.一旦电桥平衡,就可以根据式(8-2-3),求出被测电阻 R_x.

在直流电桥中,R_3 是标准电阻箱,此臂称为比较臂,而电阻 R_1、R_2 的比值可按 10 的整数次方变化,通常称为电桥的比率臂.

2. 电桥灵敏度和电桥级别

(1) 电桥灵敏度(sensitivity)

式(8-2-1)只有在电桥平衡时才成立,而电桥是否达到平衡是依据检流计 G 的指针有无偏转来判断的.由于检流计的灵敏度有限,当比较电阻 R 改变了 ΔR 时,电桥虽已失去平衡,但如果流经检流计的电流太小或检流计灵敏度不高,以至于其指针几乎不动,这时难于察觉,会认为电桥仍是平衡的,从而带来测量误差.对此,引入电桥灵敏度的概念,它定义为

$$S = \frac{\Delta d}{\Delta R} \tag{8-2-4}$$

即当电桥平衡后,将比较臂电阻 R 改变 ΔR,桥路平衡遭到破坏,引起检流计偏转 Δd 格.实验中可以据此测出所用电桥的灵敏度.从式(8-2-4)可知,电桥灵敏度 S 的单位是"格/欧姆".S 越大,在 R 基础上增减 ΔR 引起的检流计偏转格数越多,电桥越灵敏,测量误差越小.将式(8-2-4)分子、分母同乘以电流变化值 ΔI,则有

$$S = \frac{\Delta d}{\Delta R} \frac{\Delta I}{\Delta I} = \frac{\Delta I}{\Delta R} \frac{\Delta d}{\Delta I} = S_I S_c \tag{8-2-5}$$

其中 $S_I = (\Delta d / \Delta I)$ 称为检流计灵敏度,表示桥路上单位电流变化引起检流计偏转的格数.$S_c = \Delta I / \Delta R$ 称为电桥的线路灵敏度,它表示在平衡条件下,ΔR 所引起的桥路上电流的变化大小.所引起的 ΔI 越大,线路灵敏度越高.它与电源电压、桥臂电阻及电阻位置有关.电源电压越高,电桥灵敏度越高;桥臂电阻越大,电桥灵敏度越低.电桥的相对灵敏度定义为

$$S_r = \frac{\Delta d}{\Delta R / R}$$

在电桥偏离平衡时,应用基尔霍夫定律,可以推导出电桥灵敏度为

$$S = \frac{S_I E_{AC}}{(R_1+R_2+R_c+R_3)+\left(2+\dfrac{R_3}{R_2}+\dfrac{R_1}{R_x}\right)R_g} \qquad (8\text{-}2\text{-}6)$$

其中,E_{AC} 为电桥 A、C 两点间电压,R_g 为检流计内阻. 由此可知:(1) 适当提高电源电压 E;(2) 选择灵敏度高、内阻低的检流计(灵敏电流计);(3) 适当减小桥臂电阻,尽量把桥臂配置成均匀状态,即四臂电压相等,对提高灵敏度都有作用. 在实验测量中,应根据实际情况灵活运用.

通常,在具体的电桥线路中,为保证测量有足够的灵敏度,往往根据比较臂电阻的最小单位步进值来选择合适的电桥灵敏度. 所谓合适的电桥灵敏度就是当电桥平衡后,将比较臂电阻改变最小单位步进值时,检流计指针有明显的"动静". 这里所谓"动静",是指检流计指针偏转小于等于半格.

(2) 电桥级别及误差

箱式电桥的准确度分为 0.01、0.02、0.05、0.1、0.2、0.5、1.0、2.0 共八个等级,它代表比较臂相对不确定度和比较臂相对不确定度的平方和的开方,亦即电桥准确度等级 a 的百分数为

$$a\% = \sqrt{\left(\frac{\Delta R_1}{R_1}\right)^2+\left(\frac{\Delta R_2}{R_2}\right)^2+\left(\frac{\Delta R_3}{R_3}\right)^2} \qquad (8\text{-}2\text{-}7)$$

各种准确度级别的电桥允许的误差限为

$$\Delta R_x = \pm R_x\left(a\% + \frac{b\Delta R}{R}\right) \qquad (8\text{-}2\text{-}8)$$

上式中,ΔR 为比较臂电阻的最小单位步进值(单位为 Ω);R 为比较臂电阻示值(单位为 Ω);b 为系数,对 0.05 级以上,$b = 0.1$;对 0.1 级以下,$b = 0.3$;a 为电桥准确度等级.

3. 平衡电桥的基本性质

(1) 由平衡条件可知,电桥的平衡仅仅由各桥臂阻值之间的关系确定,而与电源及检流计内阻无关. 这个性质表明了电桥法测电阻的一个优点:可以降低对电源稳定性的要求,这是补偿线路所不能比拟的.

(2) 由于电桥的对角连接特点,电桥平衡后,如将电源和检流计的位置互换,检流计两端电势仍然保持相等,即平衡条件与电源和检流计位置互换无关.

(3) 从平衡条件的对称性可得,电桥相对臂的桥臂电阻位置互换,平衡条件不变.

(4) 平衡条件下,改变任一桥臂电阻,电桥的相对灵敏度相等. 所以,在检测电桥线路的相对灵敏度时,可选择任一臂为比较臂.

4. 电桥法测电阻的误差及减小方法

平衡电桥法测量电阻的误差,来源于电桥的灵敏度和各桥臂电阻自身的误差. 实验过程中,在电桥各元件允许的额定电流内,根据比较电阻的最小单位步进值选择合适的电桥灵敏度,这样,测量的误差主要来源于比较电阻的准确性. 通常,电阻是可以做得相当准确的. 但在实验测量中,由于各种原因,如线路通电时间过长导致桥臂电阻温度升高、阻值发生变化,或电桥线路中产生接触电势、热电势,等等. 另外,电桥线路本身存在这样或那样的系统误差,使得测量结果多少会存在误差,下面分别论述其产生的原因及

消除办法.

（1）交换法消除或减小自搭电桥的误差

考虑到比率臂电阻自身存在误差以及接线不对称等因素,为消除误差影响,可采用类似天平复称法的称量方法,即交换比率臂电阻位置进行测量.对图 8-2-1 而言,R_1、R_2 为比率臂电阻,R_3 为比较臂电阻,当调节 R_3 使桥路平衡时,有

$$R_x = \frac{R_1}{R_2} R_3$$

然后使 R_1、R_2 保持阻值不变,但位置互换,调节 R_3,当电桥再一次达到平衡时,有

$$R_x = \frac{R_2}{R_1} R_3'$$

将上两式相乘知

$$R_x = \sqrt{R_3 R_3'} \tag{8-2-9}$$

这样就消除了比率臂的系统误差,这种方法即为交换法.采用交换法,测量结果的误差就仅仅与作为比较电阻所选用的、具有一定精度的标准可调电阻箱有关.

（2）电桥灵敏度的误差

从电桥灵敏度的计算公式(8-2-6)可知,当桥臂电阻相等时,可使 $\left(2 + \dfrac{R_3}{R_2} + \dfrac{R_1}{R_x}\right)$ 最小,达到提高电桥灵敏度,减小测量误差的目的.这样,测量时在考虑各电阻箱额定电流的前提下,应尽量使桥臂电阻值近似相等,可使实验的相对误差较小.

电桥的平衡与否是由人判断的,正常情况下,人眼可分辨的灵敏度为 0.2 mm.所以,关于电桥灵敏度的误差,在具体实验中可以这样确定:当电桥平衡且改变比较臂电阻 R 的变化量为某一 ΔR^* 值时,检流计偏离平衡位置一格,电桥灵敏度引入的误差 ΔR 可用下式计算:

$$\Delta R = 0.2 \Delta R^* \tag{8-2-10}$$

（3）热电势和不同金属连接时接触电势引起的系统误差

为提高电桥灵敏度,实验中常采用增加电源电压的方法,这时各桥臂上消耗的功率也将增加,使其温度升高,有明显热电势产生.由于热电势和接触电势的符号仅和构成电路的金属种类,及其在电路中的位置和温度差等因素有关,并且是恒定的,因而这些电势在电桥中引起电流的方向也是恒定的.这样,若工作电流为某一方向时,与它相加,对测量结果产生正的误差;当工作电流反向时,与它相减,产生负的误差.为消除热电势和接触电势所引起的误差,可利用换向开关改变总支路电流流向,进行两次测量,取其平均值作为最后的测量结果.

【实验仪器】

直流电源,电流表,直流电阻箱,滑动变阻器,指针式检流计,保护电阻开关,QJ24 型箱式电桥(扫码查看实物面板),单刀开关,被测电阻.

直流电源、直流电阻箱、电流表、指针式检流计等使用方法见第二章.

QJ24 型箱式电桥

箱式电桥是把电阻箱、检流计、电池、开关及全部线路装在一个箱子里,便于携带.

实验仪器 8-2

QJ24 型箱式电桥的原理和面板如图 8-2-2、图 8-2-3 所示.

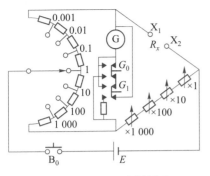

图 8-2-2   QJ24 电桥原理

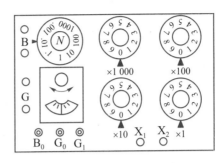

图 8-2-3   QJ24 电桥面板

（1）主要规格

保证准确测量范围：   20~99 990 Ω.

准确度等级：   0.1 级.

比率臂可调范围：   0.001、0.01、0.1、1、10、100、1 000.

内附检流计：   电流常量<5×10^{-7} A/mm.

内附电源：   4.5 V.

（2）使用方法

在图 8-2-3 中，B_0 是电源开关，G_0 是细调开关，G_1 是粗调开关；接头 X_1、X_2 接被测电阻；B 是外接电源接线柱；G 是外接灵敏电流计接线柱.

实验测量之前，根据被测电阻的范围，按表 8-2-1 选择合适的比率臂示值 N，选择依据是保证比较臂的读数为 4 位有效数字.调整检流计上的零位调节器使检流计示零（机械零点）.同时按下开关 B_0 和 G_1（粗）时，若检流计指针发生偏转，说明电桥不平衡，改变比较臂电阻 R 值，使检流计基本指零；最后按下 B_0、G_0（细）仔细调节 R，直到检流计指针不发生偏转为止，则被测电阻 $R_x = NR$.

表 8-2-1   不同被测阻值时的比率臂选择

被测电阻值/Ω	比率臂指示值	内附电源/V	外接电源	备注
9.999 以下	0.001	4.5	<9 V	根据测量精度需要，可分别或同时使用外接电源和外接高灵敏电流计
10~99.99	0.01	4.5		
100~999.99	0.1	4.5	<15 V	
1 000~9 999	1	4.5		
(1 000~9 999)×10	10	4.5		
(1 000~9 999)×10^2	100	4.5		
(1 000~9 999)×10^3	1 000	4.5		

注意：

（1）按电键时，应先按下开关 B_0，然后按下开关 G_0（G_1）；打开开关时，应先打开

$G_0(G_1)$,然后打开 B_0.

(2)为防止检流计状态改变、电桥线路温度升高,不要使电桥长时间通电.实验测量中,应采用跃按式操作.

(3)使用完毕,必须将开关 B_0 打开.

【实验内容与步骤】

1. 自搭惠斯通电桥测电阻

(1)测量线路如图 8-2-4 所示.合理放置仪器,正确连线.

(2)合理选定电源输出的电压;根据被测电阻 R_x 的估计值,使 $R_1 = R_2 \approx R_x$.

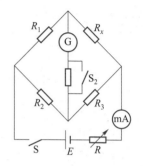

图 8-2-4　惠斯通电桥电路

(3)改变电源电压 E 或滑动变阻器阻值 R_0,选择并计算出合适的电桥灵敏度,将此作为实验条件记录.

(4)在上述实验条件下,多次重复测量 R_x.

(5)固定 $R_1 = R_2$ 不变,改变电流表读数 I 三次,并测量对应的灵敏度,定量讨论 I 与 S 的关系.

注意:

① 在测量过程中,要严格遵循先"粗调"后"细调"的原则,防止损坏检流计.

② 判断电桥是否平衡,可以跃按检流计的"电计"开关,观察检流计是否偏转.

2. 箱式电桥测电阻

(1)选择适当的比率臂,一次测量 R_{x1}、R_{x2}、$R_{x1}+R_{x2}$ 的阻值,并计算不确定度.

(2)测定箱式电桥测 R_{x1}、R_{x2} 时所对应的灵敏度.

3. 提高与设计性内容

(1)给定电源、滑动变阻器、电阻箱 1 个、检流计及其保护电阻等仪器,用电桥法测量一个被测电阻.试设计线路,简述原理和操作要点.

(2)给定电源 1 个、单刀开关 2 个、可调标准电阻箱 3 个,试用电桥法测量微安表内阻.设计线路,简述原理和操作要点.

(3)给定电源、滑动变阻器、电压表、电流表、电阻箱 1 个、单刀开关 2 个等仪器,用电桥法测二极管正向伏安特性曲线.试画出测试线路,说明实验原理.

提示:用电表读数变化来判断电桥是否平衡.

【数据处理】

用自搭惠斯通电桥多次重复测量 R_x,并作 A 类评定的不确定度分析,完整表示其结果;对于其他测量结果,只做定量或定性的分析讨论.

【思考提高】

1. 若电桥灵敏度太低,原则上可采取哪些措施,这些措施又受什么限制?

2. 在调节比较臂电阻 R 使电桥平衡的过程中,若检流计相邻两次偏转方向相同或相反,各说明什么问题?下一步应该怎样调节 R,才能尽快使电桥平衡?

3. 在用电桥法测电阻时,发现检流计总是偏向一边,试分析其原因.

4. 下列因素对测量结果有何影响?

(1) 电源电压不稳;

(2) 导线电阻不能完全忽略;

(3) 检流计没有调好零点;

(4) 检流计灵敏度不高.

【拓展文献】

[1] 廖晓纬,马利祥,李爱兰. 两种不同激励电源的惠斯通电桥灵敏度研究[J]. 中国仪器仪表,2019(12):48-50.

[2] TAN X,LV Y J,ZHOU X Y,et al. High performance AlGaN/GaN pressure sensor with a Wheatstone bridge circuit. Microelectronic Engineering,2020,219:111143.

实验 8-2
拓展文献链接

实验 8-3　用开尔文电桥测量低值电阻

开尔文是英国著名物理学家. 他在电磁学、热力学、弹性理论等很多方面有重大贡献. 开尔文电桥属于直流双臂电桥,是一种测量低值电阻的常用仪器,测量准确度较高.

【实验目的】

1. 了解直流双臂电桥的工作原理.

2. 掌握用开尔文电桥测量低值电阻的方法.

3. 测定金属材料的电阻率.

【预习问题】

1. 利用惠斯通电桥测量低值电阻存在什么问题?

2. 开尔文电桥测量低值电阻的原理是什么?

【实验原理】

电阻按阻值的大小大致可分为三类:$1\ \Omega$ 以下的为低值电阻;$1\ \Omega$ 到 $100\ \text{k}\Omega$ 之间的为中值电阻;$100\ \text{k}\Omega$ 以上的为高值电阻. 对不同阻值的电阻,其测量方法不尽相同. 例如,惠斯通电桥通常用于测量中值电阻,冲击电流计放电法可用于测量高值电阻. 而在电气工程中,常需要测量低值电阻. 例如,测量金属的电阻率、分流器的电阻、电机和变压器绕组的电阻,以及其他低值电阻等. 测量这些低阻值电阻时,由于接线电阻和接触电阻(数量级为 $10^{-3} \sim 10^{-2}\ \Omega$)的存在,将给测量结果带来较大误差. 因此,在测量低值电阻时,必须设法降低这些电阻对测量结果的影响.

根据欧姆定律 $R = U/I$,用毫伏表和电流表测量金属棒 AD 的电阻 R,一般的接线方法如图 8-3-1 所示. 考虑到导线电阻和接触电阻,通过电流表的电流 I 在接头 A 处分为 I_1 和 I_2 两支. I_1 流经电流表和金属棒间的接触电阻 r_1 再流入 R,I_2 流经毫伏表和电流表接头处的接触电阻 r_3 后再流入毫伏表. 同时,当 I_1 和 I_2 在 D 处汇合时,I_1 先通过金属棒和变阻器间的接触电阻 r_2,I_2 先经过毫伏表和变阻器间的接触电阻 r_4 才能汇合.因此,r_1、r_2 应算作与 R 串联;r_3、r_4 应算作与毫伏表串联,故得出等效电路如图 8-3-2 所示.这样毫伏表指示的电压值应包括 r_1、r_2 和 R 两端的电压降.由于 r_1、r_2 的阻值和 R 具有相同的数量级甚至有的比 R 还要大几个数量级,所以,用毫伏表的读数作为电阻 R 上的电压值来计算电阻,就不会得出准确的结果.

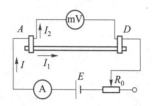

图 8-3-1 伏安法测电阻一般接线

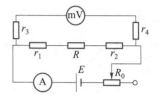

图 8-3-2 一般接线等效电路

如果把连接方式改为图 8-3-3 的样式,那么经过同样的分析可知,虽然接触电阻 r_1、r_2、r_3、r_4 仍然存在,但由于所处的位置不同,构成的等效电路就可改成图 8-3-4,由于毫伏表内阻远大于 r_3、r_4 和 R,所以毫伏表和电流表的读数可以相当准确地反映电阻 R 上的电压降和通过它的电流.这样,利用欧姆定律就可以算出 R 来.

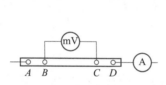

图 8-3-3 消除接触电阻的影响

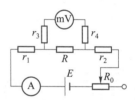

图 8-3-4 等效电路

由此可见,测量电阻时,将通过电流的接头(简称电流接头)A、D 和电压的接头(简称电压接头)B、C 分开,并且把电压接头放在里面(此接法称为四端钮接法),这样就可以大大减小接触电阻和接线电阻的影响.

把这个结论用到电桥电路,就形成双桥电路,如图 8-3-5 所示,R_x 和 R_s 分别是被测电阻和标准电阻.电流接头 T 和 S 用粗导线连接起来,电压接头 P 和 N 分别接上阻值为几百欧姆的电阻 R_3、R_4,再和灵敏电流计相接,经分析可知,Q、M 处的接触电阻及接线电阻 r_1、r_2 应算作与电阻 R_1、R_2(一般不小于 10 Ω)串联,而 r_1、r_2 比起 R_1 和 R_2 来是微不足道的.P、N 处的接触电阻和接线电阻 r_3、r_4 应算作与电阻 R_3、R_4 串联.这样,可得出等效电阻如图 8-3-6 所示,图中 r 为 T、S 间的接触电阻和接线电阻.

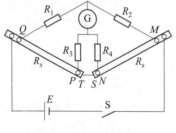

图 8-3-5 双桥电路

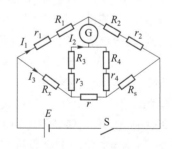

图 8-3-6 双桥等效电路

　　下面,我们来推导双桥电路的平衡条件.当电桥平衡时,灵敏电流计中无电流通过,即 $I_0 = 0$,则流过电阻 R_1 和 R_2 的电流相等,为 I_1,通过 R_x 和 R_s 中的电流也相等,为 I_3,通过电阻 R_3、R_4 中的电流为 I_2.电桥平衡时,灵敏电流计两端的电势相等,因此由电路可得下列方程组:

$$I_1(r_1+R_1) = R_x I_3 + (R_3+r_3) I_2$$
$$I_1(r_2+R_2) = R_s I_3 + (R_4+r_4) I_2$$
$$I_2(R_3+R_4+r_3+r_4) = r(I_3-I_2)$$

　　通常情况下,R_1、R_2、R_3、R_4 均取几十欧姆或几百欧姆,而接触电阻和接线电阻 r_1、r_2、r_3、r_4 均在 $10^{-1}\ \Omega$ 以下,且满足 $R_x I_3 \gg r_3 I_2$,$R_s I_3 \gg r_4 I_2$,故有

$$R_1 I_1 = R_x I_3 + R_3 I_2$$
$$R_2 I_1 = R_s I_3 + R_4 I_2$$
$$(R_3+R_4) I_2 = r(I_3-I_2)$$

解此方程组可以得到

$$R_x = \frac{R_1 R_s}{R_2} + \frac{r R_4 (R_1/R_2 - R_3/R_4)}{r+R_3+R_4}$$

若设置

$$R_1/R_2 = R_3/R_4$$

则有

$$\frac{r R_4 (R_1/R_2 - R_3/R_4)}{r+R_3+R_4} = 0$$

于是,被测电阻

$$R_x = \frac{R_1}{R_2} R_s \qquad\qquad (8-3-1)$$

　　因此,当电桥平衡时,式(8-3-1)成立的条件是 $R_1/R_2 = R_3/R_4$.为了保证此条件在电桥使用过程中始终成立,通常将电桥做成一种特殊的结构,即将两对比率臂(R_1/R_3 和 R_2/R_4)采用双十进电阻箱.在这种电阻箱里,两个相同十进电阻的转臂连接在同一转轴上做同步调节,因此在转臂的任一位置上都保证了 $R_1 = R_3$、$R_2 = R_4$.

　　采用双桥结构,即电流接头和电压接头分开的四端连线方式,可以把各部分的接线电阻和接触电阻分别引入灵敏电流计回路或电源回路中,使它们或者与电桥平衡无关,或者被引入大电阻支路中,以忽略其影响,这就是双桥电路避免或减小接线及接触电阻的设计思想.

　　本实验采用 QJ19 型单双臂电桥(以下简称 QJ19 型电桥)测量低值电阻,其双桥测量原理如图 8-3-7 所示.要说明的是,图 8-3-5 和图 8-3-6 中是为叙述方便设置的电阻编号,而实际仪器电路从使用角度考虑则有所区别,对应的测量线路如图 8-3-8 所示.图 8-3-7 和图 8-3-8 中,R_1、R_2 相当于图 8-3-6 中的 R_2、R_4,R 相当于 R_1、R_3,上下两个电阻箱作同轴同步调节(以保证图 8-3-6 中 $R_1 = R_3$),实验时取 $R_1 = R_2$(以保证图 8-3-6 中 $R_2 = R_4$).所以式(8-3-1)应写为

$$R_x = \frac{R_s}{R_1} R \qquad\qquad (8-3-2)$$

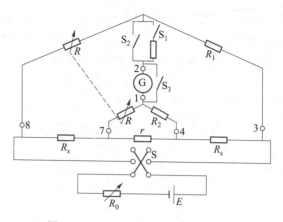

图 8-3-7   QJ19 型电桥双桥测量原理

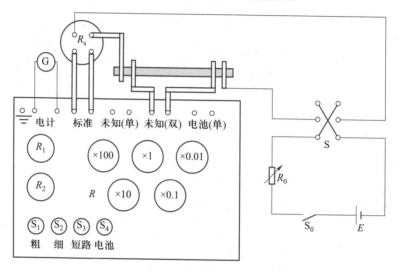

图 8-3-8   测量线路

　　用 QJ19 型电桥测量低值电阻时,标准电阻 R_s 和比率臂电阻 R_1 应根据被测电阻 R_x 的大小来选择,原则是 R 的五个旋钮都用上,即测量值有 5 位有效数字.它们的配置原则见表 8-3-1.

表 8-3-1 R_s 和比率臂电阻 R_1 的选择

R_x/Ω	R_s/Ω	$R_1(=R_2)/\Omega$
10 ~ 100	10	100
1 ~ 10	1	100
0.1 ~ 1	0.1	100
0.01 ~ 0.1	0.01	100
0.001 ~ 0.01	0.001	100
0.000 1 ~ 0.001	0.001	1 000
0.000 01 ~ 0.000 1	0.001	1 000

测量低值电阻时,必须注意到热电动势的影响.这是由于当电流通过线路时,各部分结构不均匀而引起温度也不均匀,从而产生附加的热电动势.热电动势只与焦耳热 I^2R 有关,和电流的方向无关.因此当流过电阻的电流方向改变时,电阻上原有的电压降方向就改变,但热电动势的方向不变.这样,热电动势产生的影响一次是相加,另一次是相减.故两次求得的电阻值将不同.因此,采用电流换向前后所得两个阻值的平均值即消除了热电动势的影响.为了尽可能地避免热电动势的影响,实验时操作要迅速,电流不宜过大.

【实验仪器】

QJ19 型电桥(实物面板扫码可查),复射式灵敏电流计(检流计),标准电阻,直流电源,滑线变阻器,游标卡尺,米尺,单刀单掷开关,双刀双掷开关.

实验仪器 8-3

标准电阻使用方法和注意事项请阅读第二章第七节.复射式灵敏电流计介绍请参考实验 8-4 内容.

【实验内容与步骤】

1. 线路连接

按图 8-3-8 所示接线,注意标准电阻、被测电阻的电流接头和电压接头的接法,且被测电阻表面要擦拭干净,接线柱要拧紧,所有接头必须接触良好.直流电源用恒流输出工作模式.

2. 选择合适的电桥灵敏度并测量铜管的电阻

灵敏电流计置"直接"挡,选定 $R_1 = R_2$ 对被测电阻进行初步测量,由式(8-3-2)计算出被测阻值,然后由表 8-3-1 选择合适的比率臂电阻,使得调节平衡时比较臂电阻 R 的五个旋钮均用上,然后改变点源的电流输出(电流大小参考电源上的电流表指示),细调时当 R 的 ×0.01 旋钮的步进值能较明显改变电桥平衡状态时,说明灵敏度合适.电流不可太大,绝不能超过标准电阻和滑动变阻器的额定值.

改变电流方向,多次重复测量.注意通电时间尽量短,且只在测量时通电,其余时间应断开双刀双掷开关 S.

3. 测定不锈钢管的电阻

去掉铜管,换上不锈钢管,重复步骤 2 进行测量.

4. 分别用米尺和游标卡尺多次测量被测电阻的长度 L(内接头之间的长度)和内、外径 d、D,分别计算铜管和不锈钢管的电阻率 ρ 及其 A 类评定的不确定度.

5. 提高与设计性内容

如何测定金属电阻的温度系数? 试设计测量原理、方法.

注意:导体的电阻随温度不同有所改变,金属电阻随温度的变化关系如下:

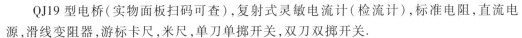

$$R = R_0(1 + \alpha t) \quad \text{或} \quad \rho = \rho_0(1 + \alpha t)$$

式中,R 和 R_0 分别表示温度为 t 和 0 ℃时的电阻,α 是待测材料的电阻温度系数,为常量.

【数据处理】

选定实验测量条件,多次测量被测电阻 R、长度 L 和内、外径 d、D,对由此计算而得的

电阻率 ρ 作 A 类评定的不确定度分析,并完整表示结果.

【思考提高】

双臂电桥与惠斯通电桥区别在何处?它采取了哪些措施并消除了哪些附加电阻的影响?

【拓展文献】

实验 8-3
拓展文献链接

[1] 郑庆华,童悦.双臂电桥测低电阻[J].物理与工程,2009,19(01):36-38.

[2] YANG T Z, LAI X L, LONG Q X. Development of Wheatstone bridge and Kelvin bridge Simulation Experiment System Based on LabVIEW. Journal of Physics: Conference Series, 2021 1792(1).

实验 8-4 灵敏电流计研究

灵敏电流计(galvanometer)是一种高灵敏度的磁电式仪表,可以测量 $10^{-12} \sim 10^{-7}$ A 的微小电流.在精密测量中,常用它来测量微小电流,如用于测量生物电信号,检测电缆缺陷等.灵敏电流计也可用作检流计,以检测电路中是否有微小电流通过,以判断平衡电桥的平衡状态或补偿电路的补偿状态等.

【实验目的】

1. 了解灵敏电流计的结构和工作原理,观察灵敏电流计的三种运动状态,学会正确使用灵敏电流计,学习物理学原理在仪器设计方面的应用.

2. 学习测定灵敏电流计的电流常量及内电阻的方法.

3. 学习一种获得微小电压的线路,并能正确分析和接线.

【预习问题】

1. 灵敏电流计由哪几部分组成?其如何实现微小电流的测量?

2. 灵敏电流计有哪几种运动状态?其运动状态与哪些因素有关?

3. 如何测定灵敏电流计的电流常量及内电阻?实验中的微小电流如何获得?

【实验原理】

1. 灵敏电流计的结构

灵敏电流计的结构见图 8-4-1,主要分为四部分:

(1)磁场部分:永久磁铁 N、S 产生磁场,圆柱形软铁芯 J 使磁场呈均匀辐射状.

(2)偏转部分:矩形线圈 C 可以在磁场内转动,上下

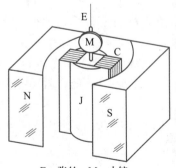

E—张丝;M—小镜;
J—圆柱形软铁芯;C—矩形线圈

图 8-4-1 灵敏电流计结构

两端用张丝 E(由金属丝制成)绷紧,张丝同时作为线圈两端的电流引线,由于用张丝代替了普通电表的转轴和轴承,无机械摩擦,大大提高了灵敏电流计的灵敏度.

(3)读数部分:小镜 M 固定在线圈上,它把光源射来的光反射至某一镜面,再经其他镜面多次反射,最后在标尺上形成一光标.当电流流过线圈时,线圈偏转带动小镜 M 转过 ϕ 角,线圈的转角 ϕ 正比于电流.采用多次反射的目的是增长光线的路程,使得同一偏角对应的弧长变大,提高灵敏电流计的灵敏度.

(4)分流器:一般复射式灵敏电流计都配有分流器,在使用中起到改变灵敏度和阻尼状态的作用.AC15/4 型复射式灵敏电流计的分流器在面板上的位置如图 8-4-2 所示,其各挡的内部结构如图 8-4-3 所示,通过三个电阻的串并联变化,改变灵敏度和阻尼状态.

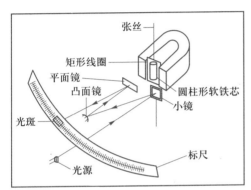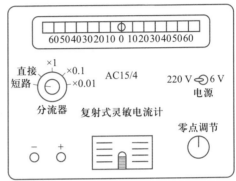

图 8-4-2　复射式灵敏电流计结构及面板示意图

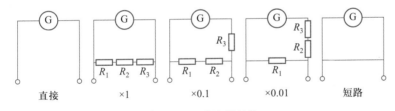

图 8-4-3　分流器结构

当分流器置"直接"位置,所接电流全部通过表头,灵敏度最高,阻尼状态决定于外电路的总阻值.当分流器置"×1"位置,三个电阻与灵敏电流计并联,因为 $R_1+R_2+R_3$ 远大于表头内阻 R_g,所以分流很小,灵敏度基本不变,但阻尼状态决定于外电路总电阻与 $R_1+R_2+R_3$ 的并联值;当分流器置"×0.1"或"×0.01"挡时,灵敏度为"×1 挡"的 0.1 倍或 0.01 倍,阻尼状态也发生了变化."短路"位置的作用是使灵敏电流计线圈短路,当灵敏电流计不用或被搬动时,一定要置"短路"位置,使其处于完全过阻尼保护状态.

2. 灵敏电流计的工作原理

当线圈通有电流时,线圈在磁场中将受到磁力矩($L_{磁}=NBSI_g$)的作用而发生偏转,同时张丝被扭转.由于弹性,张丝产生反方向的弹性扭力矩($L_{弹}=-D\phi$),当两个力矩平衡时,设此时转角为 ϕ_0,则有

$$I_g=\frac{D}{NBS}\phi_0 \tag{8-4-1}$$

式中,N 是线圈的匝数、S 是线圈的面积、B 是磁感应强度、I_g 是通过线圈的电流、D 是张丝的扭转常量,ϕ_0 是偏转角.一般 D、N、S、B 各量对特定灵敏电流计而言均是确定的常量.由式(8-4-1)可知,电流 I_g 与转角 ϕ_0 成正比,故通过转角 ϕ_0 就可测定电流 I_g.

当小镜偏转 ϕ_0 时,标尺上光标的偏转格数为

$$d_0 = 2\phi_0 L \tag{8-4-2}$$

式中 L 为光线从小镜到标度尺间的光路长度.

将式(8-4-2)代入式(8-4-1)得

$$I_g = \frac{D}{2NBSL} d_0 = C_1 d_0 \tag{8-4-3}$$

C_1 称为灵敏电流计的电流常量,它的意义是指光标每偏转一格(或 1 mm),灵敏电流计线圈中通过电流的大小,常用单位为"A/mm"或"安培/格".

电流常量 C_1 的倒数 S_1 称为灵敏电流计的电流灵敏度,有

$$S_1 = \frac{1}{C_1} = \frac{d_0}{I_g} \tag{8-4-4}$$

其意义是指灵敏电流计线圈中每通过单位电流时,光标偏转的格数.S_1 越大,说明该灵敏电流计越灵敏.

3. 灵敏电流计的三种运动状态

线圈在磁场内发生偏转的运动过程中,要受到电磁阻力矩($L_{阻}$)的作用(另外还有空气阻尼,因为很小可以忽略).根据楞次定律,线圈在磁场中运动时要产生感应电动势,而灵敏电流计工作时,内外电路总是构成闭合回路的,因而在线圈中就有感应电流通过.感应电流与磁场相互作用就产生了阻止线圈运动的电磁阻力矩,可以证明电磁阻力矩的大小与回路的总电阻成反比,即

$$L_{阻} \propto \frac{1}{R_g + R_{外}} \tag{8-4-5}$$

式中,R_g 是线圈的内阻;$R_{外}$ 是回路中除线圈内阻外的其他电阻.由上式可知,控制 $R_{外}$ 的大小就可控制电磁阻力矩 $L_{阻}$ 的大小,从而控制线圈的运动状态.

(1)当 $R_{外}$ 较大时,$L_{阻}$ 较小,线圈在平衡位置两侧作减幅振荡,经较长时间后才能静止在平衡位置上,$R_{外}$ 越大,$L_{阻}$ 越小,线圈振荡的时间越长,这种运动状态称为欠阻尼(underdamping)状态,如图 8-4-4 曲线 1 所示.

(2)当 $R_{外}$ 较小时,$L_{阻}$ 较大,线圈缓慢地趋于平衡位置,$R_{外}$ 越小,$L_{阻}$ 越大,到达平衡位置的时间越长,这种运动状态称为过阻尼(overdamping)状态,如图 8-4-4 曲线 2 所示.利用该特性,我们常在灵敏电流两端并联一个开关,如图 8-4-5 所示.当 S 合上时,$R_{外}=0$,电磁阻尼(electromagnetic damping)很大.若在光标返回平衡位置的瞬间合上 S,线圈就立即停止在平衡位置.S 称为阻尼开关.为保护灵敏电流计,在灵敏电流计不使用或搬动时,常使其处于电磁过阻尼保护状态.

(3)当 $R_{外}$ 大小适当时,线圈能很快地到达平衡位置且不发生振荡,这种状态称为临界阻尼(critical damping)状态,如图 8-4-4 曲线 3 所示.这时对应的外电阻称为临界外电阻 R_c.使用灵敏电流计时,应尽可能使其工作在或接近于临界阻尼状态.

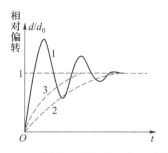

图 8-4-4　灵敏电流计的三种运动状态

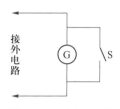

图 8-4-5　阻尼开关

4. 测量线路及公式

由于灵敏电流计只允许通过微小电流,在实验中为了保证灵敏电流计的安全使用,采用了图 8-4-6 所示的二级分压线路.线路中电源 E 为 2 V 的稳压电源.R_0 为一级分压滑线变阻器,R_1、R_2 为二级分压电路.R_1 为固定电阻,约为 20 kΩ;R_2 为 ZX90 型电阻箱,只使用 0~11.1 Ω 的阻值范围.$R_外$ 为多值电阻箱,微安表量程为 200 μA. 由于 $R_2 \ll R_1$,这样由 R_2 输出的电压 U_{R_2} 是微小电压;同时,$R_g + R_外 \gg R_2$,可近似认为微安表的电流即为 R_2 上的电流. $R_2 +$

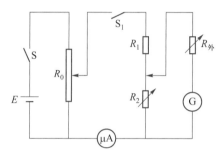

图 8-4-6　灵敏电流计参数测量线路

$R_外$ 为灵敏电流计的外接电阻,调节 $R_外$ 则灵敏电流计所在回路的总电阻改变,因而可以改变灵敏电流计的运动状态.

实验时,应首先根据灵敏电流计的参量估算 R_2 的阻值,使其输出电压 U_{R_2} 为适当值,以确保灵敏电流计在量程内偏转.若灵敏电流计灵敏度为 S_1,最大偏转格数为 d_{0max},则 $U_{R_2} \leqslant (R_外 + R_g)\dfrac{d_{0max}}{S_1}$,显然有 $R_2 \leqslant (R_外 + R_g)\dfrac{d_{0max}}{S_1 I}$,其中 I 为二级控制回路电流,由微安表指示.

设通过灵敏电流计的电流为 I_g,则有

$$U_{R_2} = I_g(R_g + R_外)$$

$$I_g = U_{R_2}/(R_g + R_外) \approx IR_2/(R_g + R_外)$$

故

$$R_外 = \frac{R_2}{I_g}I - R_g \qquad (8-4-6)$$

据上式改变 R_0,测量灵敏电流计在同一偏转 d_0(即 I_g 不变)时的一系列 $R_外$、I,就可用线性回归法或作图法得出 R_g 和 I_g,并据式(8-4-4)求出 S_1 和 C_1.

【实验仪器】

复射式灵敏电流计(实物扫码查看),滑动变阻器,固定电阻(R_1),ZX21 型电阻箱($R_外$),ZX90 型电阻箱(R_2),微安表,直流电源,单刀单掷开关等.

实验仪器 8-4

【实验内容与步骤】

1. 观察灵敏电流计的三种运动状态,并测量外临界电阻 R_c.

接线时注意,R_2 用 ZX90 型电阻箱的 0 ~ 11.1 Ω 挡,$R_外$ 用 ZX21 型电阻箱 0 ~ 99 999.9 Ω 挡,稳压电源输出 $E = 2$ V.

实验时,将灵敏电流计电源开关置于"220 V",将分流器旋钮从"短路"挡转到"× 0.01"挡,使用零点调节旋钮把光标调到"0"点,完成灵敏电流计的零点调节.

置灵敏电流计分流器于"直接"挡,根据灵敏电流计参数,取 $R_外 = 2R_c$,调节 R_0 和 R_2,使灵敏电流计光标有 30~50 mm 的偏转.将 S_1 断开,观察光标回到零位时的运动状态,判断属哪种运动.逐步减小 $R_外$,重复以上操作,当 $R_外$ 减小到某一值,断开 S_1 时,光标很快回到平衡位置但刚好不冲过零点,此时属于临界状态.

取 $R_外 = 4R_c$,$R_外 = R_c$,$R_外 = 0$,$R_外 = \frac{1}{4}R_c$,分别观察和判断灵敏电流计的运动状态,并与铭牌上标称的外临界电阻 R_c 比较.

2. 测量灵敏电流计的电流常量及内阻

置灵敏电流计分流器于"直接"挡,测量灵敏电流计的电流常量和内阻.

首先置 $R_外 \approx R_c$,R_0 置于中间位置,调节 R_2 使灵敏电流计约有 30 ~ 50 mm 的偏转.再固定 R_2,改变 R_0 和 $R_外$,使灵敏电流计在同一偏转 d_0 的条件下,测量 8 ~ 10 组 I 和 $R_外$ 的数据.以 I 为横坐标,$R_外$ 为纵坐标,作 I-$R_外$ 曲线如图 8-4-7 所示.由截距和斜率即可得出 R_g 和 I_g.最后由 d_0 求出 S_I 和 C_I.

由图 8-4-7 可看出

$$R_g = \overline{OA}$$

$$\frac{R_2}{I_g} = \frac{\Delta R_外}{\Delta I}$$

$$I_g = \frac{\Delta I}{\Delta R_外} R_2$$

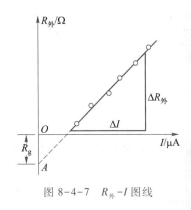

图 8-4-7 $R_外$-I 图线

则由式(8-4-4)得

$$S_I = \frac{\Delta R_外}{\Delta I} \cdot \frac{d_0}{R_2}, \quad C_I = \frac{\Delta I}{\Delta R_外} \cdot \frac{R_2}{d_0}$$

【数据处理】

要求用作图法或线性回归法求出 R_g、S_I 和 C_I,并与仪器铭牌上标称数值比较,计算相对误差.

【思考提高】

1. 灵敏电流计的三种运动状态有什么不同?如何控制?

2. 图 8-4-8 是用电压表取代电流表的测量线路图,其他条件不变,说明测量原理,并推导公式,如何进行数据处理?

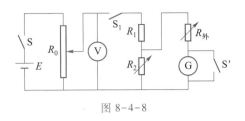

图 8-4-8

【拓展文献】

［1］董键.灵敏电流计实验中的温差电效应［J］.物理实验,2001(03):10-12.

［2］S L W,CHEN C W. Model-free repetitive control design and implementation for dynamical galvanometer-based raster scanning. Control engineering practice,2022,122.

［3］浦天舒,姜若诗,杨波,等.灵敏电流计线圈运动时电磁动量与机械动量的转化［J］.大学物理,2017,36(04):17-21.

实验 8-4
拓展文献链接

实验 8-5　用十一线电位差计测电动势

电位差计(potentiometer)是利用补偿原理和比较法精确测量直流电势差或电源电动势的常用仪器,它准确度高、使用方便,测量结果稳定可靠,因此还常被用来精确地间接测量电流、电阻和校正各种精密电表.在现代工程技术中电位差计还广泛用于各种自动检测和各种自动控制系统.十一线电位差计是一种传统的、教学型板式电位差计.尽管当今数字电压表和数字电位差计已经能够通过不同的原理对电动势进行高精度的测量.但是,通过对传统电位差计结构的学习,可以了解和掌握电位差计的基本工作原理、操作方法和相应的物理测量思想.

【实验目的】

1. 掌握补偿原理,用比较法测定电源电动势.
2. 熟悉电位差计的结构,学会电路估算、定标及测量的方法.
3. 学习用比较法间接测量电阻和电流.
4. 正确使用检流计、标准电阻、标准电池、电阻箱.

【预习问题】

1. 传统电压表测量电池电动势存在哪些问题? 电位差计是如何克服这些问题的?
2. 十一线电位差计中如何实现图 8-5-1 所示的连续可调电源 E_0?
3. 什么是电位差计的定标? 为什么要定标? 如何进行定标?

【实验原理】

用电压表测量电势差(电压)或电源电动势时,由于电压表必然要从被测电路或电源中取用电流,因此测得值小于实际的电势差或电源电动势.利用基于电压补偿原理工作的电位差计来测量电压或电源电动势,则可以解决这个矛盾.

电位差计是将被测电动势或电压与一已定标的可调标准电位差计同极相接,组成补偿回路,当两者大小相等而相互补偿时,回路达到平衡(回路中检流计指零),此时流经检流计的电流为零,这时就可得到被测电动势的大小.由于测量过程中没有电流通过被测电动势,测量准确度可以很高,这是用补偿原理测量电压或电动势的优点.

1. 补偿原理

将一个电动势可以连续调节的电源 E_0 和被测电源 E_x 按图 8-5-1 所示同极(即"正极对应正极、负极对应负极")相接在线路中,当调节 E_0 使检流计 G 指零时,说明此时 E_0 和 E_x 的电动势一定是大小相等且方向相反($E_0 = E_x$)的,电路达到补偿;反之,若两电动势或电势差相互补偿,则有 G 为零.若已知补偿状态下 E_0 的大小,就可以确定被测电源电动势 E_x,这种测定电源电动势的方法称为补偿法,其电路称为补偿电路,其测量原理称为补偿原理.电位差计正是利用这一原理设计的,其核心是应有一个既可调节、又能直接读数的 E_0.

电位差计基本电路如图 8-5-2 所示.由工作电源 E_1、可变电阻 R 和阻值均匀的电阻 R_{EF} 串联组成的回路称为工作回路(该回路中的电流 I 称为工作电流),而把被测电源 E_x、检流计 G 及 a、c 两滑动触点(其间的电势差相当于图 8-5-1 中的 E_0)之间的电阻 R_{ac} 组成的回路叫作补偿回路.当补偿回路中的电流为零时,a、c 两点之间的电势差 U_{ac} 满足

$$E_x = U_{ac} = R_{ac} \cdot I \tag{8-5-1}$$

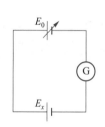

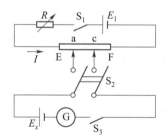

图 8-5-1　补偿原理　　　　　图 8-5-2　电位差计基本电路

2. 比较法测电动势

用标准电池(standard cell)E_s 代替图 8-5-2 中的 E_x,在保持工作电流 I 不变的条件下,改变 a、c 的位置为 a′、c′(其间的电阻为 $R_{a'c'}$)时,在达到新的补偿时满足

$$E_s = U_{a'c'} = R_{a'c'} \cdot I \tag{8-5-2}$$

将式(8-5-1)和式(8-5-2)相比,得到

$$E_x = E_s \frac{R_{ac}}{R_{a'c'}} \tag{8-5-3}$$

该式表明:被测电源电动势 E_x,可通过已知标准电池电动势 E_s 和两次补偿得到的 R_{ac} 及 $R_{a'c'}$ 的比值求得.由此可见,所谓比较法,就是将被测电源电动势通过工作回路与标准电池电动势相比较.应用比较法的前提条件是工作回路中的电流应保持不变,然后再通过补偿的方式完成测量.

3. 十一线电位差计

(1) 十一线电位差计的结构

十一线电位差计的结构及本实验线路如图 8-5-3 所示.仪器的主要部分是一根 11 m 长、粗细均匀的电阻丝(此电阻丝相当于图 8-5-2 中的 R_{EF}),来回绕在有接触插孔的接线柱上,共分 11 行,每行长 1 m.第一行的电阻丝紧张在米尺上,米尺上带有簧片触头的滑键(相当于图 8-5-2 中的滑动触点"a")可以在 1 m 范围内连续滑动,具有细调的功能.另一活动头是一个插头(相当于图 8-5-2 中的"c"),可以插入电阻丝所经过的 10 个接触插孔的任何一个,不同插孔使 a、c 间长度按 1 m 的整倍数变化,所以它具有粗调功能.改变 a、c 在电位差计上的位置,可以使 a、c 间的电阻丝长度在 0~11 m 间连续变化.

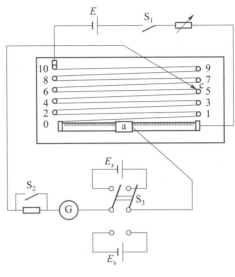

图 8-5-3 　 实验线路

(2) 十一线电位差计的比较测量原理

由于构成十一线电位差计的电阻丝粗细均匀,其长度和电阻成正比,这样式(8-5-3)变为

$$E_x = E_s \frac{L_{ac}}{L_{a'c'}} \qquad (8-5-4)$$

此式表明:在保持工作回路电流不变的情况下,被测电源电动势 E_x,可以通过已知标准电池电动势 E_s 和经过两次补偿平衡所测得的 L_{ac} 和 $L_{a'c'}$ 的比值来确定.

若假设比值 $U = \dfrac{E_s}{L_{a'c'}}$,其值为电阻丝单位长度的电压,则式(8-5-4)可变为

$$E_x = UL_{ac} \qquad (8-5-5)$$

从式(8-5-5)知,在具体测量中若 U 为一定值,则只要测出 L_{ac} 就可方便地测算出 E_x.为利于计算,通常 U 可以人为地选定一个简单的值,只要通过调节图 8-5-2 中的可变电阻 R 就可以达到这一目的.确定 U 的具体数值称作电位差计定标,或电位差计工作电流标准化.

4. 电位差计定标

所谓电位差计定标就是使电位差计工作回路的电流为其规定值或一选定值.这一工作可利用一已知的标准电池电动势 E_s 取代被测电动势来进行,如图 8-5-2 所示,固定 $IR_{a'c'} = E_s$,通过调节工作回路的可变电阻 R(通常称之为定标电阻)使补偿回路达到补偿.定标完成后,工作回路定标电阻 R 的值不能再改变,以保证电位差计在确定的工作电流下工作,这是使用电位差计的关键所在.下面以本实验所用的十一线电位差计为例来具体说明定标过程.

对十一线电位差计而言,使其工作回路的电流为一规定值,实质上就是使电阻丝单位长度的电压 U 为具体规定值.U 的数值取多少除了取决于被测电动势或被测电压的大

致数值范围外,还要考虑电阻丝所允许通过的额定电流.如果要测量一大约为 1.5 V 的被测电动势,所提供的标准电池电动势为 1.018 6 V.考虑到上面两因素,结合仪器结构,可选定 $U=0.200\ 0$ V/m,这样定标时应选取电阻丝长度

$$L_{a'c'} = \frac{E_s}{U} = \frac{1.018\ 6}{0.200\ 0} = 5.093\ 0\ \text{m}$$

再通过调节工作回路定标电阻 R,使补偿回路达到补偿,检流计示零,此时电位差计电阻丝上的电压即为所选取的 $U=0.200\ 0$ V/m.

5. 电位差计的系统误差

为了提高测量电源电动势和电压的准确度,应充分考虑电位差计的系统误差,如工作回路电源 E_1 的不稳定性,标准电池的温度修正,11 m 电阻丝带来的误差,判断补偿回路是否达到补偿所用的检流计是否具有足够灵敏,等等.针对这些系统误差产生的原因,应采取相应措施,减小它们的影响.

实验仪器 8-5

【实验仪器】

十一线电位差计,直流电源,标准电池与被测高电势,直流电阻箱,检流计,保护电阻开关,单刀开关,双刀双掷开关.

1. 十一线电位差计

本实验电位差计所用的电阻丝总电阻约为 82 Ω,电阻丝总长 11 m.

2. 标准电势与被测高电势

标准电池的使用方法与注意事项参阅第二章第七节.本实验中,标准电池和被测电动势集成在一个装置中,如图 8-5-4 所示.使用时,打开仪器背面开关.可通过面板上的旋钮选择被测电动势的大小.

图 8-5-4　标准电势和被测高电势

【实验内容与步骤】

实验线路如图 8-5-3 所示,其中 R 为可变电阻,目的是调节工作电流,以满足 U 有

一个特定值,故称之为定标电阻. S_2 是保护电阻开关,它是由一个电阻和单刀开关组成,作用是为了防止在补偿之前有较大的电流通过检流计和标准电池,同样也为防止在测量达到补偿之前有较大的电流通过检流计.因此,在接通补偿回路进行定标和测量之前,必须把单刀开关 S_2 打开,使保护电阻接入电路,当电路补偿接近平衡时,再将 S_2 闭合(保护电阻被短路)继续进行补偿调节以提高灵敏度.双刀双掷开关 S_3 在实验中起转换电路的作用.

1. 根据图 8-5-3 所示按电学实验规程正确连接线路

(1) 实验接线前熟知电学实验规程(见第三章第七节),弄懂双刀双掷开关、保护电阻及开关的作用和接法.

(2) 认真分析电位差计线路特点,合理布置仪器并按回路接线.接线过程中要注意各回路的极性,做到"正极对应正极、负极对应负极".

2. 电位差计定标(工作回路电流标准化)

(1) 定标电阻的估算:根据电源电压(如 3 V)、电阻丝每米的阻值及电阻丝每米的电压降要求(如 $U = 0.200\ 0$ V/m),由欧姆定律估算定标电阻 R 的数值.

(2) 根据 U 和标准电池电动势 $E_s = 1.018\ 6$ V 计算定标时电阻丝长度($L_{a'c'} = 5.093\ 0$ m),设置 ac 之间为该长度并预置定标电阻为估算值.

(3) 调节工作回路电源电压为步骤(1)中所取值,打开保护电阻开关,双刀双掷开关置于标准电池一侧.通过调节定标电阻 R 使检流计为零,合上保护电阻开关,细调使检流计准确示零,此时,该电位差计按要求完成定标.

3. 测量

由于电位差计测量用到了比较法,因此测量过程中绝不能改变工作电流(即不能再次调节改变定标电阻及电源电压输出).

调节被测电动势旋钮到某一挡位不变(如 1.5 V).

将双刀双掷开关置于被测电源电动势一侧,通过改变十一线电位差计的两个滑动触头 a、c 之间的位置,按先粗调、后细调这一基本步骤,使检流计指零.记下此时 L_{ac}.调节时,可以采用逐次逼近法进行调节.

重复上述步骤,对 L_{ac} 进行多次测量.

注意:测量每一个数据时,必须先检验定标后再测量,以确保在测量过程中所确定的 U 不发生变化.

4. 将上述多次测量的 L_{ac},取其平均值代入式(8-5-5),计算 E_x,并完整表示结果.

5. 选取 $U = 0.250\ 0$ V/m、$U = 0.300\ 0$ V/m,按上述方法、步骤,依次测量被测电源电动势.

【数据处理】

由于所用标准电池、电位差计、检流计等仪器对被测电动势的影响较复杂,所以在本实验中只对多次测量计算 A 类评定的不确定度,完整表示测量结果.

【思考提高】

1. 何谓补偿原理? 电位差计补偿的标志是什么?

2. 为什么要在定标前先估算定标电阻？如何估算？

3. 定标时，无论怎样调节定标电阻，检流计总是偏向一边，无法达到平衡，试分析产生的原因，如何排除？

4. 用十一线电位差计测量被测电源电动势时，需要改变 a、c 两滑动触头的位置，怎样才能较快地找到合适位置？

5. 提高与设计性实验

（1）用电位差计校正电压表

给定本实验所用仪器、滑线变阻器、待校电压表、供电压表用的电源.要求设计线路，拟定实验步骤，做出校正曲线，分析结果.

（2）用电位差计测量电池内阻

在本实验仪器的基础上，再增加开关 S_0 和直流电阻箱 R_0，按图 8-5-5 接线，则可以由全电路欧姆定律测量电池的内阻.说明测量原理，拟定操作步骤和数据处理方法.

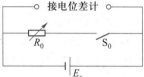

图 8-5-5　测量电池内阻

（3）电位差计测电阻

如图 8-5-6 所示，用电位差计测出电阻两端的电压，由于电位差计测量时不取用电流，所以电流表的示值是电阻上通过的准确电流，这样，即可由欧姆定律计算出电阻值.

但实际中，电位差计的测量精度比电流表的精度高很多，用上述方法测电阻存在电压和电流精度相差悬殊的情况.此时可以采用图 8-5-7 所示的方法测电阻，其中 R_s 是标准电阻.保持电路的状态稳定不变，分别用电位差计测量标准电阻和被测电阻两端的电压为 E_s 和 E_x，则被测电阻为

$$R_x = \frac{E_x}{E_s} R_s \qquad\qquad (8-5-6)$$

由于 R_s 是标准电阻，E_s 和 E_x 用同一个测量精度的电位差计测量，从而保证电阻有足够高的测量精度.测量时应注意，一般选择标准电阻时其阻值与被测电阻要接近.用电位差计分别测量 E_s 和 E_x 时要注意正负极性，并保持被测回路电流恒定不变.

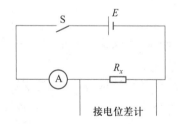

图 8-5-6　电位差计测电阻方法 1

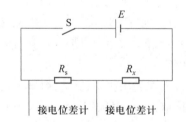

图 8-5-7　电位差计测电阻方法 2

实验 8-5
拓展文献链接

【拓展文献】

［1］.王开圣,刘小廷.十一线电位差计定标的可操作性［J］.大学物理实验,2003（02）:55-58.

［2］.张学华,徐思昀.用板式电位差计测电池的电动势和内阻的实验研究［J］.大学物理实验,2010,23（05）:65-66.

实验 8-6　电表的扩程与校准

电流表、电压表、欧姆表等仪表在电学测量中被广泛地应用,这些表都有一个共同的部件——表头.表头通常只允许微弱的电流通过.为了将表头用于各种不同类型和量程的测量,需要对表头进行改装,形成目标电表.为了评估改装后电表的测量精度,需要对其进行校准.

【实验目的】

1. 了解电表改装原理,掌握将微安表扩程为毫安表的方法.
2. 掌握 UJ33b 型电位差计的使用方法及校准电表的步骤.
3. 学习校准曲线的意义及其绘制方法.

【预习问题】

1. 如何将表头改装成一定量程的电压表或电流表?
2. 什么是电表的校准?
3. 实验中如何高精度测量电路中的电流,以实现校准?

【实验原理】

磁电系电表测量部件的可动线圈允许直接通过的电流很小,用这种测量部件直接构成的电表叫表头.表头只适用于测量微安级或毫安级的电流.常用的不同量程的电流表和电压表,均是将表头并联或串联适当阻值的电阻改装而成的.

1. 将表头改装成电压表

表头的满刻度电压一般为零点几伏,为了测量较大的电压,可在表头上串联一个阻值适当的分压电阻 R_s,使表头不能承受的那部分电压降落在 R_s 上.由表头和串联电阻 R_s 组成的整体,就是改装后的电压表.串联的分压电阻 R_s 称为扩程电阻.选用大小不同的 R_s,就可以得到不同量程的电压表.

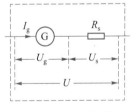

图 8-6-1　电压表扩程

电压表扩程如图 8-6-1 所示,若已知流经表头的电流 I_g、表头电阻 R_g,且若电压量程为 U 时应串联的扩程电阻为 R_s,则有

$$U_s = I_g R_s = U - U_g$$

$$R_s = \frac{U - U_g}{I_g} = \frac{U}{U_g} R_g - R_g$$

设电压表的扩程倍数为 $n = \dfrac{U}{U_g}$,则扩程电阻为

$$R_s = (n-1) R_g \tag{8-6-1}$$

2. 将表头改装成电流表

为了测量较大的电流,在表头两端并联一分流电阻 R_p,使超过表头量程的那部分电

流从分流电阻 R_p 流过. 由表头和分流电阻 R_p 组成的整体就是改装后的电流表.

电流表扩程如图 8-6-2 所示, 当表头满刻度时, 通过电流表的电流为 I, 通过表头的电流为 I_g, 则由欧姆定律可知

$$U_g = I_g R_g = (I - I_g) R_p$$

设其扩程倍数为 $n = \dfrac{I}{I_g}$, 则分流电阻为

$$R_p = \frac{I_g}{I - I_g} R_g = \frac{1}{n-1} R_g \tag{8-6-2}$$

3. 电表的标称误差与校准

标称误差指的是电表的读数与准确值的差异, 它包括了电表在构造上由各种不完善因素引入的误差. 为了确定标称误差, 用电表和一个标准电表同时测量一定的电流或电压, 从而得到一系列的对应值, 这一工作称为校准, 校准的结果得到电表各个刻度的绝对误差. 选取其中最大的绝对误差, 除以量程, 定义为该电表的标称误差, 即

$$标称误差 = \frac{最大绝对误差}{量程} \times 100\% \tag{8-6-3}$$

根据标称误差的大小, 电表分为不同等级, 称为电表的准确度等级. 国家标准规定, 电表的准确度等级分为 0.1、0.2、0.5、1.0、1.5、2.0、2.5、5.0、10、20 十级, 它表示电表的标称误差不大于该值的百分数, 如 0.2 级电表, 其标称误差不大于 0.2%. 如果电表经校准后, 求得的标称误差在上述两值之间时, 根据误差取大不取小的原则, 该表的级别应定为较低的一级. 如电表校准后求得的标称误差为 0.7%, 则该表应定为 1.0 级. 通常, 电表的准确度等级标示在电表盘面的右下方.

通过校准, 测量出电表各个指示值 I_x 和标准电表对应的指示值 I_s, 从而得到电表刻度的修正值 $\Delta I_x = I_s - I_x$. 以 I_x 为横坐标, ΔI_x 为纵坐标, 作出校准曲线 (calibration curve) $\Delta I_x - I_x$, 两个校准点之间用直线连接, 整个曲线如图 8-6-3 所示, 根据校准曲线可以修正电表的读数. 当电表长期使用后, 也需要对其进行校准, 在以后使用这个电表时, 利用校准曲线, 可以得到较为准确的结果.

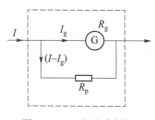

图 8-6-2   电流表扩程

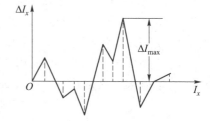

图 8-6-3   校准曲线

4. 用电位差计校准电流表

将表头扩程为所需量程的电表后, 必须对其进行校准, 以确定准确度等级. 一般实验室校准电流表常用直接比较法, 即将待校表与标准表串联, 以确定待校表与标准表读数之间的差别. 事实上, 绝对标准的电表是没有的, 一般取比待校表高两个准确度等级的电表作为标准表. 如待校表为 1.0 级, 则至少取 0.2 级的表作为标准表.

用电位差计校准电流表原理如图 8-6-4 所示. 其中, R 为分压电阻, R_0 为限流电阻, 虚线框内是待校的电流表, R_s 是标准电阻, R_s 上的电压降 U_s 由电位差计测量. 显然, 测得的电流标准值为 $I_s = U_s/R_s$, 从待校表读得的电流值为 I_x, 电流的修正值为 $\Delta I_x = I_s - I_x$.

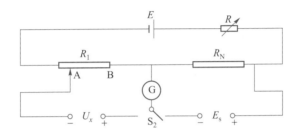

图 8-6-4　电位差计
校准电流表

实验仪器 8-6

【实验仪器】

UJ33b 型电位差计, 微安表, 标准电阻, 滑线变阻器, 电阻箱, 直流电源, 双刀双掷开关, 单刀开关.

1. UJ33b 型电位差计

UJ33b 型电位差计全称为 UJ33b 型携带式直流电位差计, 是利用补偿原理, 采用比较法测量电势差的一种仪器. 其工作原理线路图如图 8-6-5 所示.

图 8-6-5　UJ33b 型电位差计工作原理线路图

电路中由电池 E, 定标电阻 R, 测量电阻 R_1 和校准电阻 R_N 组成了电位差计的工作电流回路, 通过 A 滑动触头可改变 R_1 的部分电阻 R_{AB} 的大小. 图中的 E_s 为标准电动势, U_x 为被测电势. 更详细的构造可参考附后的 UJ33b 型电位差计内部电路图. UJ33b 型电位差计操作面板如图 8-6-6 所示.

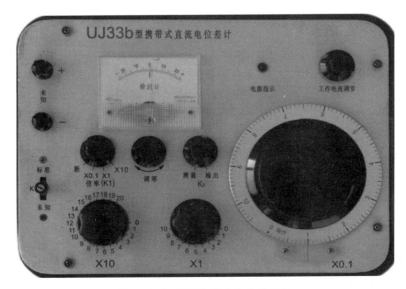

图 8-6-6　UJ33b 型电位差计面板

2. 标准电池

标准电池的使用方法与注意事项参阅第二章第七节.

3. 标准电阻

标准电阻的使用方法与注意事项参阅第二章第七节.

【实验内容与步骤】

1. 电表的扩程

将 100 μA 的微安表扩程 100 倍, 改装成 10 mA 的毫安表. 根据微安表的内阻 (由实验室给出) 按公式 (8-6-2) 算出分流电阻 R_p 值, 选用电阻箱作分流电阻 R_p 并联在表头上, 改装成 10 mA 的电流表.

2. 用电位差计校准电流表

(1) 线路连接

① 本实验用 UJ33b 型电位差计校准改装表, 按图 8-6-4 所示接线.

② 注意: 本实验选用 100 Ω 的标准电阻, 大接线柱是电流接线端, 连接扩程电表工作回路; **小接线柱是电压接线端, 连接电位差计"未知", 注意其高电势必须连接正极"+".**

③ 根据标准电阻阻值的大小以及待校表的量程合理选择电位差计量程.

(2) 电位差计的使用

电位差计面板图如图 8-6-6 所示, 仪器的操作步骤具体如下:

① 定标: 将倍率开关 S_1 由"断"旋到所需位置, S_3 旋至"测量", 旋动"调零"电位器, 使检流计指针指零. 将开关 S_2 拨向"标准", 旋动"工作电流调节"旋钮, 使检流计指针指零.

② 测量: 将被测电压按极性接在未知接线柱上, 将开关 S_2 拨向未知, 调节读数盘, 使指针返零, 则被测值为读数盘示值之和与倍率的乘积.

注意: 测量完毕, 将开关 S_2 拨到中间位置; 倍率开关 S_1 应旋到"断"位置, 避免无用放电.

(3) 校准改装电表

① 检查待校改装表的零点, 并注意在整个校准过程中正确读取示值, 避免视差.

② 校准量限, 修正 R_p 值, 使 $I_s = I_x = 10$ mA.

由于 R_p 由 R_g 值计算而来, 加之接线电阻的影响, 所计算出的 R_p 值不一定刚好能达到扩程 100 倍的要求, 必须对 R_p 值用实验的方法进行修正. 调节滑线变阻器 R 或限流电阻 R_0, 使待校表的示值准确满偏, 即 $I_x = 10$ mA, 测量 R_s 上的电压, 由所测电压值比 1.000 0 V 大还是小来确定并联电阻 R_p 值的调节方向, 然后微小改变电阻 R_p 值, 再调节滑线变阻器 R 或限流电阻 R_0 重新使 $I_x = 10$ mA 时, 所测 R_s 两端电压为 1.000 0 V, 则 R_p 值选择合适, 电表扩程完成.

③ 校准电表.

改变滑线变阻器阻值 R, 使电流从小到大在 0～10 mA 范围内选取 11 个点 (包括 0, 10 mA), 读取对应的 11 组数据 U_s、I_x.

在操作过程中应注意: 改变待校准表回路中电流之前, 必须把电位差计的 S_2 打开; 在校准过程中每校测一个点之前必须重新对电位差计定标, 使其工作电流恒定, 保证标准不变.

④ 以 I_x 为横坐标、$\Delta I_x = I_s - I_x$ 为纵坐标,作改装表的校准曲线 I_x-ΔI_x,并按式(8-6-3)给改装表定级.

【数据处理】

正确测量、准确读出每一校准点的示值,作出校准曲线,计算改装表的准确度等级.

【注意事项】

1. 标准电阻的电流接头和电压接头不可接错.
2. 电位差计的未知(被测电动势)接线柱的极性不可接反.
3. 测量完毕,电位差计开关 S_2 拨到中间位置;倍率开关 S_1 应旋到"断"位置,避免无用放电.

【思考提高】

1. 电位差计定标时,需先估算定标电阻阻值,并在具体操作中先粗调、后细调,为什么?
2. 校准电流表时,如果发现改装的读数相对于电位差计读得的值都偏高或偏低,即向一个方向偏,试问这是什么原因造成的? 欲使有正有负应采取什么措施?
3. 标准电阻设置四个接线柱的道理是什么?
4. 如何用电位差计校准扩程后的电压表?

【拓展文献】

[1] 姚久民,石凤良.改装电表最大引用误差估算方法的研究[J].实验科学与技术,2007(04):25-26.
[2] 付江楠,姬更新,赵新明,等.基于数字电压表的直流电位差计自动检定装置的讨论[J].中国计量,2018(09):111-112.
[3] WANG S Q,HOU X Z,LIU Y L,et al. Electronic Type Electric Energy Meter Calibrating Method Application Research. Applied Mechanics & Materials,2013,2218(278-280):994-997.

实验 8-6
拓展文献链接

【附:UJ33b 型电位差计工作原理】

图 8-6-7 为 UJ33b 型电位差计内部结构示意图.

该电位差计有三个量程,主干路的工作额定电流为 5.5 mA,R_B 和 R_D 同轴旋转,其电阻总和为 20 Ω.测量时倍率开关拨到"×1"挡,量程为 0~211.1 mV,这时 AB_3 支路电阻为 $r_1 + r_3 = (42.22 + 379.98)\ \Omega = 422.22\ \Omega$,通过的电流为 5 mA,$CB_3$ 支路的电阻为 $R_{CB_3} = R_A + R_B + R_D + R_C + r_4 = (400 + 20 + 2.2 + 3\ 799.8)\ \Omega = 4\ 222\ \Omega$,所通过的电流为 0.5 mA;倍率开关拨到"×0.1"挡时,整体电路状态不变,但测量支路 CD 通过的电流由原来的 0.5 mA 降为 0.05 mA,这时 CB_2 支路的电阻为

$$R_{CD} + r_4 + r_3 = (422.22 + 3\ 799.8 + 379.98)\ \Omega = 4\ 601.98\ \Omega$$

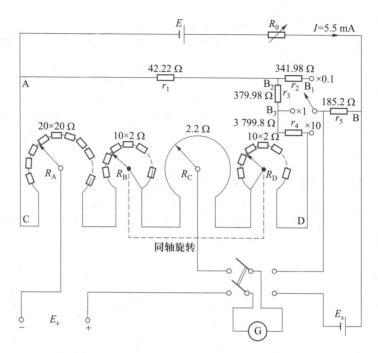

图 8-6-7　UJ33b 型电位差计内部结构示意图

这个电阻与 r_1 电阻并联后再与 r_2、r_5 串联，所以电压测量量程由 211.1 mV 降为 21.11 mV；倍率开关拨到"×10"挡时，所测量支路 CD 所通过的电流为 5 mA，电阻 $R_{CD}=422.22\ \Omega$，AD 支路电阻 $R_{AD}=r_1+r_3+r_4=(42.22+379.98+3\ 799.8)\ \Omega=4\ 222\ \Omega$，电压量程变为 2.111 V. 在使用时可根据实际情况来选择量程，但不管选择哪个量程 R_{AB} 的总电阻均为 569 Ω.

注意：

（1）连接电路时注意工作电源、标准电池、被测电源的极性要"正极对应正极、负极对应负极".

（2）实验操作中应注意先粗调（打开保护电阻开关）使检流计示零、后细调（合上保护电阻开关）使检流计精确示零.

实验 8-7　用放电法测量高值电阻

伏安法和电桥法测量线路中，如果被测电阻为高值电阻，会导致线路中的电流过小，难于测量. 因此对于高值电阻的测量，需要采取其他的方法. 本实验将基于 RC 放电电路特性，测量高值电阻.

【实验目的】

1. 了解 RC 电路的放电规律.

2. 学会用放电法测量高值电阻.

3. 学习用线性回归法处理数据.

【预习问题】

1. 伏安法和电桥测量高值电阻的困难是什么？
2. 放电法测量高值电阻的原理是什么？
3. 本实验多次测量的放电时间选择要求是什么？
4. 利用本实验测得的时间和剩余电荷量数据如何计算得到电阻？

【实验原理】

对于图 8-7-1 所示的 RC 电路(由电阻 R 和电容器 C 组成)，当单刀双掷开关 S 拨到位置"1"，电源对电容器充电；若 S 拨到位置"2"时，电容器开始通过电阻放电.放电时间 t 后电容器极板上剩余的电荷量为 Q，I 和 U 分别是该时刻流经电阻的电流及其两端的电压，它们之间满足如下关系式：

$$I = \frac{U}{R} \tag{8-7-1}$$

其中 $I = -\dfrac{\mathrm{d}Q}{\mathrm{d}t}$、$U = \dfrac{Q}{C}$，代入上式则有

$$\frac{\mathrm{d}Q}{\mathrm{d}t} = -\frac{Q}{RC} \tag{8-7-2}$$

积分式(8-7-2)可得

$$Q = Q_0 \mathrm{e}^{-\frac{t}{RC}} \tag{8-7-3}$$

式中 Q 为放电时间 t 后电容器极板上剩余的电荷量，Q_0 是 $t=0$ 时刻电容器极板上的电荷量(未放电时极板上的总电荷量).

式 8-7-3 表明：RC 电路放电过程中电容器极板上的电荷量 Q 随放电时间 t 增长按指数规律衰减，其中指数中的因子 $\tau = RC$ 为该放电电路的特征变量，称为时间常量或弛豫时间，它是指电容器极板上的电荷量 Q 为初始电荷量 Q_0 的 e 分之一(约等于初始电荷量的 36.8%)所需的放电时间.τ 越大，放电越慢，反之则越快.

式 8-7-3 的几何表示如图 8-7-2 所示，称为 RC 电路的放电曲线.特别值得强调的是，式 8-7-3 还从物理原理上提供了利用 RC 电路放电特性测量高值电阻的可行实验方法.由于被测电阻值很大，放电时间较长，便于对放电时间进行测量；而放电时间 t 后电容器上的剩余电荷量 Q 可用数字库仑表、冲击电流计(ballistic galvanometer)测量.

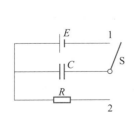

图 8-7-1　电容的充、放电

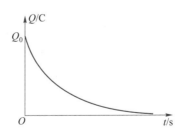

图 8-7-2　RC 电路放电曲线

将电容器上的剩余电荷量对数字库仑表放电，数字库仑表可测量出放电 t 时刻电容

器上剩余的电荷量 Q，依照公式（8-7-3），有

$$Q = Q_0 e^{-\frac{t}{RC}}$$

Q_0 是 $t=0$ 时刻电容器上的电荷量 Q，对上式两边取对数，即

$$\ln Q = -\frac{t}{RC} + \ln Q_0 \tag{8-7-4}$$

这说明 $\ln Q$ 与 t 成线性关系，斜率为 $k = -\dfrac{1}{RC}$，则有

$$R = -\frac{1}{kC} \tag{8-7-5}$$

因此，只要用数字库仑表测出与若干放电时间 t 对应的剩余电荷量 Q，利用线性回归或图解 $\ln Q$-t 直线斜率即可得到 R.

实验仪器 8-7

【实验仪器】

数字库仑表（DQ-4 冲击电流计）（图 8-7-3），直流稳压电源，可调电容箱，电压表，滑线变阻器，双刀双掷开关，秒表等.

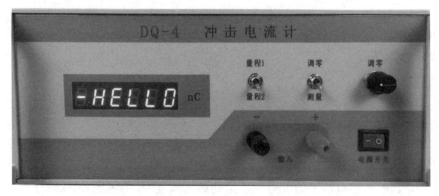

图 8-7-3　数字库仑表（DQ-4 冲击电流计）

1. 数字库仑表

数字库仑表（digital coulometer）是用来测量电荷量的一种仪器，其使用方法及仪器参数简介如下：

（1）打开电源开关.

（2）调零测量选择开关拨向调零位置，调整调零旋钮使读数显示为零.

（3）测量量程选择：量程 1:0~200 nC；量程 2:0~2 000 nC.

（4）在测量过程中发现实验数据不刷新，可关掉电源开关，重新开机即可正常工作.

2. 可调电容箱

本实验所用标准电容器（standard capacitor）请阅读第二章第十节.

【实验内容与步骤】

1. 实验线路图

本实验测量线路如图 8-7-4 所示. 接线之前应合理布置仪器，然后按回路法接线. 线

路中虚线表示的电阻为两处漏电电阻示意图.

注意: 双刀双掷开关 S_2 的中间一对接线柱接电容器,绝不能接在电源上,否则在 S_2 掷向数字库仑表时将导致其损坏.

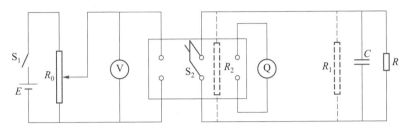

图 8-7-4　放电法测量高值电阻线路图

2. 测绘 RC 电路的放电曲线

RC 电路的放电时间长短由时间常量 $\tau = RC$ 表征,为了便于测量,本实验选取 $\tau \approx 50$ s,这样根据被测高值电阻的估计值,选取适当的电容值,使 $RC = 50$ s. 然后调节合适的充电电压,使全部电荷通过数字库仑表($t = 0$ 时对应的 Q_0),此时对应的 $Q_0 > 1\,000$ nC. 把被测高值电阻 R 按图 8-7-4 所示接入电路.

S_2 合在左侧时,电源对电容器充电. 充电饱和后(充电所需时间很短,不到 1 s),在 S_2 断开的同时计时,电容器极板上的电荷即通过高值电阻释放,放电时间越长,极板上的剩余电荷量越少. 经过时间 t 后,将 S_2 迅速合向数字库仑表,则剩余电荷量 Q 通过数字库仑表放掉,测出相应的剩余电荷量 Q. 再次测量时,需重复上述充电、放电和计时操作. 由于放电遵循指数规律,实验时应合理不等间距地选择放电时间 t,多次测量次数不低于 10 组,放电时间区间选取 $0 \sim 3\tau$,即 $0 \sim 150$ s. 以放电时间 t 为横坐标,剩余电荷量 Q 为纵坐标在坐标纸上作出 RC 电路的放电曲线. 根据式(8-7-4)用线性回归法求出高值电阻的大小.

3. 漏电电阻的影响和修正

在理想情况下,利用式(8-7-5)可准确地求得被测电阻值 R. 但在测量高值电阻情况下,必须考虑电容漏电电阻 R_1 和开关漏电电阻 R_2 的影响(见图 8-7-4),并进行修正. 漏电电阻可以等效为与被测电阻并联,所以上一步由式(8-7-5)计算的高值电阻可认为是被测电阻与漏电电阻的并联值.

漏电电阻的测量:去掉 R,分别测量不同漏电(电容器通过漏电电阻 R_1 和 R_2 放电)时间后电容器极板上的剩余电荷量 Q. 若各次测得的剩余电荷量近似相等,表明漏电电阻的影响可忽略不计;相反,各次剩余电荷量相差悬殊时,则必须考虑漏电电阻的影响,并予以修正. 由漏电电阻的放电过程可求出漏电电阻的大小,再由并联关系,计算被测高值电阻 R. 一般漏电电阻比被测高值电阻大,所以放电时间可取长一些.

注意:

(1) 放电过程中不许用手碰任何导体部分,防止通过人体放电;

(2) 所有放电均应从相同的 Q_0 开始,必须保证充电电压不变;

(3) 数字库仑表的零点必须不变.

【数据处理】

1. 以放电时间 t 为横坐标,剩余电荷量 Q 为纵坐标在直角坐标纸上作 RC 电路的放电曲线.

  2. 用线性回归法求出高值电阻的阻值.

  3. 若必要,对漏电电阻进行修正,求出被测高值电阻的大小.

【思考提高】

如何用本实验仪器测量未知电容?

实验 8-7
拓展文献链接

【拓展文献】

  [1] 李昕旸,李朝荣,王钰. 电桥法测量高电阻实验研究[J]. 大学物理实验,2016,29
(05):77-81.

  [2] FU Q,ZHANG J,ZHANG J. Research on thermal resistance Measurement method of
high power LED. Journal of Physics:Conference Series,2022,2290(1).

实验 8-8 用模拟法测绘静电场

在一些科学研究和生产实践中,往往需要了解带电体周围静电场的分布情况.但任
一带电体在空间形成的静电场的分布,即电场强度和电势的分布情况,除了一些简单的
特殊的带电体外,一般很难写出它们在空间的数学表达式,因此,通常采用实验方法来研
究.但当使用静电仪表对静电场中的电场强度和电势进行测量时,又会因测量仪器的介
入导致原静电场发生改变,所以人们常用"模拟法"间接测绘静电场的分布.

模拟法在科学实验中有着极其广泛的应用,其本质是用一种易于实现、便于测量的
物理状态或过程的研究去替代另一种不易实现、不便测量的状态或过程的研究.为了克
服直接测量静电场的困难,我们可以仿造一个与被测静电场分布完全一样的电流场,用
该电流场去模拟测绘静电场.

【实验目的】

  1. 了解用模拟法测绘静电场分布的原理.

  2. 用模拟法测绘静电场的分布,做出等势线和电场线.

【预习问题】

  1. 为什么可以用电流场模拟静电场?

  2. 实验中是如何得到电场线的?

【实验原理】

静电场与恒定电流场本是两种不同的场,但是它们两者之间在一定条件下具有相似
的空间分布,即两种场遵守的规律在形式上相似.它们都可以引入电势 U,而且电场强度
$\boldsymbol{E} = -\nabla U$;它们都遵守高斯定理.对静电场,电场强度在无源区域内满足以下积分关系:

$$\oint_S \boldsymbol{E} \cdot \mathrm{d}\boldsymbol{S} = 0, \quad \oint_L \boldsymbol{E} \cdot \mathrm{d}\boldsymbol{l} = 0$$

而对于恒定电流场,电流密度矢量 $\boldsymbol{J}$ 在无源区域内也满足类似的积分关系:

$$\oint_S \boldsymbol{J} \cdot \mathrm{d}\boldsymbol{S} = 0 , \qquad \oint_L \boldsymbol{J} \cdot \mathrm{d}\boldsymbol{l} = 0$$

由此可见,$\boldsymbol{E}$ 和 $\boldsymbol{J}$ 在各自区域中满足同样的数学规律.若恒定电流场空间内均匀地充满了电导率为 σ 的不良导体,不良导体内的电场强度 $\boldsymbol{E}'$ 与电流密度矢量 $\boldsymbol{J}$ 之间遵循欧姆定律:

$$\boldsymbol{J} = \sigma \boldsymbol{E}' \tag{8-8-1}$$

因而,$\boldsymbol{J}$ 和 $\boldsymbol{E}'$ 在各自的区域中也满足同样的数学规律.在相同边界条件下,由电动力学的理论可以严格证明:像这样具有相同边界条件的方程,其解也相同.因此,我们可以用恒定电流场来模拟静电场.

实验中,将两个与电源相连的金属电极放到不良导体中,它们即建立起电流场,如果这个不良导体是均匀的、电导远小于电极电导的导电微晶(或导电纸、水等),那么,这两个电极就相当于静电场中的静电荷或带电体,而电极周围的导电微晶就相当于静电场中的均匀介质.

在电流场中,有无数个电势彼此相等的点,测出这些等势点,并将它们连成面叫等势面.通常情况下,电场分布是在三维空间中,但进行模拟实验时,测出的场是在一个平面内分布的,因此,等势面就成了等势线.根据式(8-8-1),静电场的电场线和等势线与恒定电流场的电流密度矢量和等势线具有相似的分布,所以测定出恒定电流场的电势分布也就求得了与它相似的静电场的电场分布.再根据等势线与电场线处处垂直的关系,即可画出电场线,而这些电场线上每一点的切线方向,就是该点的电场强度矢量 $\boldsymbol{E}$ 的方向.这样就可由等势线和电场线将抽象的电场分布情况形象地反映出来.

【实验仪器】

静电场描绘仪.

静电场描绘仪由导电微晶、双层固定支架、同步探针,静电场描绘仪电源等组成,如图 8-8-1 所示.支架采用双层式结构,上层放记录纸,下层放导电微晶.电极已直接制作在导电微晶上,并将电极引线接出到外接线柱上,电极间有导电率远小于电极且各向均匀的导电介质.在导电微晶和记录纸上方各有一探针,通过金属探针臂把两探针固定在同一手柄座上,两探针始终保持在同一铅垂线上.移动手柄座时,可保证两探针的运动轨迹是一样的.由导电微晶上方的探针找到被测点后,按一下记录纸上方的探针,在记录纸上留下一个对应的标记.移动同步探针在导电微晶上找出若干电势相同的点,由此即可描绘出等势线.

实验仪器 8-8

图 8-8-1　静电场描绘仪

使用方法:

1. 连接线路

两电极分别与描绘仪专用电源的正负极相连接.将电压表的正极与同步探针相连接.电压表负极不用接(因为电源负极和电压表的负极在电源内部是连接在一起的).将探针架放好,并使探针下探头置于导电微晶电极上,开启开关,指示灯亮,有数字显示.

2. 校正

调节电源功能选择开关至校正挡,调节电压调节旋钮,使电压为 10 V,完成校正.然后功能选择开关置于测量挡.

3. 测量

实验时在描绘架上铺平白纸,用橡胶磁条吸住,然后纵横移动探针架,则探针位置处的电势跟随变化并显示在仪器数显表上,当显示读数为需要记录的电势时,轻轻按下记录纸上的探针即能在记录纸上留下一个对应的标记,每条等势线应标记 8 ~ 10 个点.

需要注意的是:由于导电微晶边缘处电流只能沿边缘流动,因此等势线与边缘垂直,则电场线在边缘附近严重失真.要减小这种影响,则应增大导电微晶而避开其边缘测绘,或者将导电微晶的边缘切割成电场线的形状.

【实验内容与步骤】

1. 描绘同轴电缆的静电场分布

利用图 8-8-2 所示同轴电缆电场模拟模型,将导电微晶上内外两极分别与直流稳压电源的正负极相连接,电压表正极与同步探针相连接,移动同步探针测绘同轴电缆的等势线族.要求相邻两等势线间的电势差为 1 V,共测 8 条等势线,每条等势线测定出 10 个均匀分布的点.以每条等势线上各点到原点的平均距离 r 为半径,画出等势线的同心圆簇.然后根据电场线与等势线正交原理,再画出电场线,并指出电场强度方向,得到一张完整的电场分布图.

2. 描绘聚集电极的电场分布

利用图 8-8-3 所示的模拟模型,测绘阴极射线示波管内聚集电极间的电场分布.要求测出 10 条等势线,相邻等势线间的电势差为 1 V.该场为非均匀电场,等势线是一簇互不相交的曲线,每条等势线的测量点应取得密一些.画出电场线,可了解静电透镜聚焦场的分布特点和作用,加深对阴极射线示波管电聚焦原理的理解.

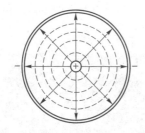

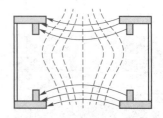

图 8-8-2   同轴电缆的静电场分布模拟模型   图 8-8-3   聚集电极的电场分布模拟模型

【数据处理】

1. 用光滑曲线将测得的各等势点连成等势线,并标出每条等势线对应的电势值.

2. 在各测得的电势分布图上用虚线至少画出 8 条电场线,注意电场线的箭头方向,以及电场线与等势线的正交关系.

【思考提高】

1. 根据测绘所得等势线和电场线分布,分析哪些地方场强较强,哪些地方场强较弱?

2. 在描绘同轴电缆的等势线簇时,如何正确确定圆形等势线簇的圆心,如何正确描绘圆形等势线?

3. 能否用恒定电流场模拟恒定的温度场? 为什么?

【拓展文献】

实验 8-8
拓展文献链接

[1] 葛一兵,王纪俊,卜敏. 基于 MATLAB 语言的静电场实验数据处理方法[J]. 大学物理实验,2002(03):70-71.

[2] 田凯,蔡晓艳. 一种模拟法测绘静电场的实验装置[J]. 实验科学与技术,2016,14(05):70-73.

[3] 孙志红,戴彤,陆雄. 用模拟法描绘静电场实验中交流信号源的研制[J]. 甘肃工业大学学报,2000(02):103-108.

[4] BHMELT S,KIELIAN N,HAGEL M,et al. Electro-quasistatic field-simulation of biological cells using balanced domain-decomposition. COMPEL International Journal for Computation and Mathematics in Electrical and Electronic Engineering,2020.

第九章
光学实验

光学实验是大学物理实验的重要组成部分.本章主要学习以下几方面内容:各种光学器件的使用和维护方法;光源的发光特点和用途;共轴调节、消视差等基本的光学系统调节方法.因此在学习下面实验的同时,同学们需要学习第三章第九节至第十一节的相关内容,了解光学实验的一般规则、注意事项及共轴调节方法和要求等.

实验 9-1 透镜焦距的测定

透镜(lens)是最基本的光学元件,是相机、望远镜、显微镜等绝大部分光学系统的必备元件,它的成像规律,是相应光学仪器的重要设计依据之一.焦距(focal length)是透镜的一个重要光学参量,代表了透镜聚集或发散光束能力的强弱,通常来说,焦距越短,聚集和发散的能力越强,反之越弱.测定光学元件的焦距是最基本的光学实验.另外,在光能的直接利用中,例如太阳灶、太阳能光纤照明系统集光器等的设计中焦距也是一个非常重要参量.

【实验目的】

1. 掌握光具座上各元件的共轴调节方法.
2. 了解进行光学实验和使用光学仪器的一般规则.
3. 用不同的方法测定凸透镜和凹透镜的焦距,并能正确地进行数据处理.

【预习问题】

1. 实验中测量凸透镜和凹透镜的焦距都有哪些方法? 相应的测量公式是什么?
2. 如何调节光具座上各元件使之共轴?
3. 共轭法两次成像的物距和像距之间有什么关系?
4. 用物距像距法测量凹透镜焦距时,物距指的是哪一段长度?

【实验原理】

本实验所用透镜是薄透镜(thin lens)(即其厚度比焦距或两折射球面的曲率半径小得多的透镜).在近轴光线条件下,薄透镜的成像公式为

$$\frac{1}{p} + \frac{1}{p'} = \frac{1}{f}$$

$$(9\text{-}1\text{-}1)$$

式中,p、p'分别为物距和像距,实物与实像时取正,虚物与虚像时取负;f为透镜焦距,凸透镜(convex lens)取正,凹透镜(concave lens)取负;p、p'、f均从透镜的光心算起.

1. 测量凸透镜的焦距

(1)物距像距法

凸透镜是会聚透镜,当物距大于焦距时,物经透镜成实像(real image),可用像屏直接接收并观察.所以通过测定物距p与像距p',利用式(9-1-1)即可测出焦距f.

(2)自准直法

如图 9-1-1 所示,在透镜的一侧放置被光源照明的物,在另一侧放置平面镜.移动透镜的位置,可以改变物距的大小.当物距正好等于透镜焦距时,物上任一点发出的光,经透镜折射后变成平行光(平行于过光心的光线).它们被平面镜反射后,经原透镜折射,在物平面(即透镜焦平面)上形成与原物大小相等的倒立的实像.此时,分别读出物与透镜在光具座上的位置x_1和x_2,则透镜焦距为

$$f_1 = |x_2 - x_1| \tag{9-1-2}$$

(3)位移法(共轭法)

取物屏与像屏之间的距离D大于四倍焦距,即$D>4f$.固定物屏与像屏的位置,将凸透镜L_1置于物屏与像屏之间,如图 9-1-2 所示.由几何光学(geometrical optics)理论可知,移动透镜,必能在像屏上两次成像.设物距为p_1时,得倒立、放大的像,对应的像距为p_1';物距为p_2时,得倒立、缩小的像,对应的像距为p_2'.透镜在两次成像之间移动的距离(即位移)为L,则可以推证凸透镜的焦距为

$$f_1 = \frac{D^2 - L^2}{4D} \tag{9-1-3}$$

只要测出D、L,即可求得f_1.式(9-1-3)的推导,要求同学们在预习时自己完成.

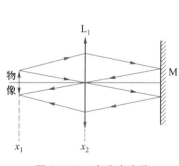

图 9-1-1　自准直光路

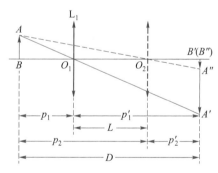

图 9-1-2　位移法光路图

比较以上三种测凸透镜焦距的方法,可以看出,前两种方法测焦距时都与物、像和透镜光心的位置有关,测量时会因光心位置无法准确确定而带来误差.而位移法的优点是把焦距的测量归结为对与透镜光心位置无关的透镜移动距离L的测量,以及对量值相对很大的物像距离D的测量,从而减小了在制造或装配时光心前后位置不准确所带来的误差.

2. 测凹透镜焦距

凹透镜是发散透镜且对实物成虚像(virtual image),因而不能用像屏直接接收像的方

法得到焦距,故一般借助于凸透镜,采用辅助成像法测其焦距.

（1）物距像距法

如图 9-1-3 所示,物体 AB 发出的光,经 L_1 会聚后成实像 $A'B'$.在 L_1 和 $A'B'$ 之间的适当位置插入被测凹透镜 L_2.此时,$A'B'$ 则为 L_2 的"虚物",成像光线稍微发散后经 L_2 再成像为 $A''B''$（稍大）.这里,凹透镜 L_2 的焦距及物距按前述均为负值,像是实像,故像距为正值,代入式（9-1-1）即可得焦距.

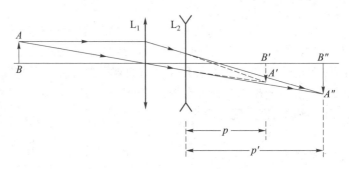

图 9-1-3　凹透镜成像光路

注意:在插入凹透镜后,配合移动凹透镜和像屏位置使再次清晰成像.

（2）自准直法

如图 9-1-4 所示,将物屏置于凸透镜 L_1 一侧的 A 处,经 L_1 成像于 F 处（可用像屏接收）,记下 F 的位置.固定 L_1 并在 L_1 与 F 之间插入被测凹透镜 L_2,在 L_2 后放平面镜 M,此时 F 处的像就成了 L_2 的虚物.移动 L_2,当虚物正好位于 L_2 的焦平面上时,从 L_2 射到平面镜上的光将是平行光.由光线的可逆性知,由 M 反射回去的平行光,经 L_2、L_1 后将成像于 A 处.因此,在物屏上可看到一倒像并与原物重合.则 L_2 的焦距为

$$f_2 = -\left| x_2 - x_1 \right| \tag{9-1-4}$$

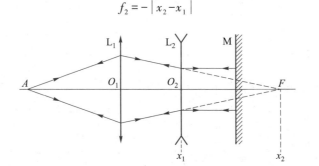

图 9-1-4　凹透镜自准直光路

实验仪器 9-1

【实验仪器】

光具座（包括滑块与透镜夹）,光源,凸透镜,凹透镜,平面镜,物屏及像屏等.

【实验内容与步骤】

注意:实验前必须先预习阅读第三章第十节内容,掌握光学实验操作的一般规则和使用光学仪器的基本要求.

1. 光具座上各元件的共轴调节

透镜两个球面中心的连线称为透镜的主光轴,式(9-1-1)—式(9-1-4)均仅对与主光轴夹角很小的近轴光线成立.物距、像距、透镜位移等都是指沿主光轴的长度,且由光具座(optical bench)导轨的刻度来读数.因此,为了准确测量这些量,物、像和各个透镜主光轴共轴且与光具座导轨平行,即需要进行光路共轴调节.使许多光学元件共轴的调节是光学实验的基本训练之一,必须很好地掌握.

光具座导轨上的共轴调节请阅读第三章第十一节内容.

注意:实验需要准确判断成像位置,对于透光孔物屏的成像,应以像的孔边缘是否清晰锐利为清晰成像的判据.

2. 用三种方法测凸透镜焦距

(1) 物距像距法

在光具座上依次放置光源、物屏、透镜、像屏,在光路共轴调好后,改变它们之间的距离,使在像屏上得到清晰的像.要求一次测量物距 p 和像距 p',利用式(9-1-1)计算凸透镜焦距 f_1,并计算不确定度.

(2) 自准直法

在光具座的不同位置,用自准直法多次测量,求出平均值 f_1,并计算不确定度.

(3) 位移法

如图 9-1-2 所示,根据前两种方法测得的固定物屏与像屏之间的距离 $D(D>4f)$,将被测凸透镜放在物屏与像屏之间.测出物屏和像屏之间的距离 D(一次测量).移动透镜测出两次成像时透镜移动的距离 L.在保持 D 不变的情况下,重复多次测量 L,求出焦距,并计算不确定度.

3. 用物距像距法及自准直法测凹透镜焦距

(1) 物距像距法

如图 9-1-3 所示,先用辅助凸透镜 L_1 使物在像屏上成一**小像**,记下像 $A'B'$ 的位置.然后将凹透镜 L_2 置于凸透镜与像屏之间的适当位置.将像屏向外移动,重新得到清晰的像,记录凹透镜 L_2 及像 $A''B''$的位置.计算 $A'B'$ 与 $A''B''$ 至凹透镜 L_2 的距离,这两个距离就是凹透镜成像的物距与像距.要求一次测量,由公式(9-1-1)求出 f_2.

(2) 自准直法

如图 9-1-4 所示,先用辅助凸透镜 L_1 使物于像屏上成一**小像**,记下屏的位置 x_2.放入凹透镜与平面镜,注意调节镜面与光路主光轴垂直.移动凹透镜,使在物屏上成一与物对称的倒立实像.移动平面镜判断像是否变化,像不变时,记下凹透镜的位置 x_1. x_2 与 x_1 之间的距离就是 f_2.一次测量,求 f_2 的值.

【数据处理】

按要求列表记录数据,计算各方法测量的焦距及其不确定度,完整表示测量结果.

注意:本实验中,凸、凹透镜的自准直法中焦距 f 为直接测量.

【注意事项】

1. 实验中请严格遵守光学实验和光学仪器的一般规则,尤其注意不要用手碰触光学元件表面,保证实验中的仪器安全.

2. 用物距像距法测量凹透镜焦距时,务必确保辅助成像的凸透镜位置不变,且注意物距和像距都是指到凹透镜的距离.

【思考提高】

1. 共轴调节的目的是要实现哪些要求? 不满足这些要求对测量有什么影响?

2. 为什么在测凹透镜焦距时,要使辅助的凸透镜成小像? 如果成大像可能对实验有哪些影响?

3. 在凸透镜的物距像距法中,测出一系列不同物距所对应的像距,能否在直角坐标纸上作图求出透镜的焦距,有几种方法?

4. 在图 9-1-2 中,物的位置可在光具座上确定,且透镜可以在光具座上移动两次成像,但像屏在光具座之外(D 无法测量),此时如何测量焦距?

实验 9-1
拓展文献链接

【拓展文献】

［1］杨成伟.用激光为光源测量凹透镜焦距［J］.实验科学与技术,2008,6(06):154-156.

［2］顾菊观,钱淑珍.凸透镜焦距测量方法的探索［J］.大学物理实验,2014,27(01):49-51.

［3］沈双娟,陈悦华,黄志平.凸透镜成像实验中的景深误差分析［J］.实验教学与仪器,2019,36(Z1):62-64.

［4］AKIT K,HEDILI K. A Novel Image Processing Based Lens Focal Length Measurement Technique,2022.

实验 9-2　分光计的调节和三棱镜顶角的测量

光线在发生折射、反射和衍射时均要产生相应的角度变化,通过对这些角度的测量,可以测定折射量、光栅常量、光波波长、色散率等许多物理量,因而精确测量角度在光学实验中显得尤为重要.分光计(spectrometer)由光学测角仪(optical goniometer)配备单色光源和平行光管制成,是一种精确测量角度的典型光学仪器,其构造精密,操作要求高.熟悉分光计的基本结构及其调整原理、方法和技巧,对调整和使用其他光学仪器具有普遍的指导作用.

【实验目的】

1. 了解分光计的结构及测角原理.
2. 熟悉并掌握分光计的调节技术,学会角游标的读数方法.
3. 学习测量棱镜顶角的方法.

【预习问题】

1. 分光计由哪几部分组成?

2. 一台调整好的分光计必须满足哪些条件？如何调节分光计？

3. 利用分光计测量棱镜顶角有哪些方法？基本公式是什么？

【实验原理】

1. 分光计的构造

分光计一般包含以下四个主要部件：平行光管、望远镜、载物平台和读数装置. JJY-1'
Ⅱ型分光计结构图如图 9-2-1 所示(其他型号的分光计虽有差异，但基本原理和主要构
成大致相同). 分光计有许多可调部件和螺钉，在图中分别标注了它们的名称和代号，其
功能见表 9-2-1.

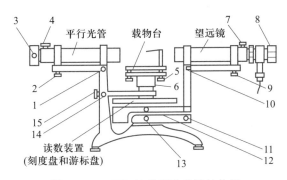

图 9-2-1 JJY-1' Ⅱ型分光计结构图

表 9-2-1 JJY-1' Ⅱ型分光计结构部件及其功能

序号	名称	用途
1	平行光管光轴水平调节螺钉	调节平行光管光轴的水平方位(水平面上主方位调节)
2	平行光管俯仰调节螺钉	调节平行光管光轴的倾斜度(竖直面上主方位调节)
3	狭缝宽度调节手轮	调节狭缝宽度(0.02~2.00 mm)
4	狭缝装置固定螺钉	松开时，调平行光；调好后锁紧，以固定狭缝装置
5	载物台调平螺钉(3 只)	台面水平调节(调平面镜和三棱镜折射面平行于中心轴)
6	载物台固定螺钉	松开时，载物台可单独转动；锁紧后，载物台与游标固联
7	目镜套筒固定螺钉	松开时，目镜套筒可自由伸缩、转动；调好后锁紧以固定套筒
8	目镜调焦轮	目镜调焦用(调节 8，可使视场中叉丝清晰)
9	望远镜俯仰调节螺钉	调节望远镜光轴的倾斜率(竖直面上方位调节)
10	望远镜光轴水平调节螺钉(在图后侧)	调节望远镜光轴的水平方位(水平面上方位调节)
11	望远镜微调螺钉(在图后侧)	锁紧 13 后，调 11 可使望远镜绕中心轴微动
12	刻度盘与望远镜固联螺钉	松开 12，两者可相对转动；锁紧 12，两者固联，一起转动
13	望远镜止动螺钉(在图后侧)	松开 13，可手动大幅度转动望远镜；锁紧后用螺钉 11 微调
14	游标盘微调螺钉	锁紧 15 后，调 14 可使游标盘小幅度转动
15	游标盘上止动螺钉	松开 15，游标盘能单独作大幅度转动；锁紧，螺钉 14 微调

测量望远镜一般由目镜、分划板及物镜三部分组成,这三部分分别安装在可相对移动的内、外套筒中.其中物镜是消色差的复合正透镜;分划板固定在内筒一端,用于测量时的基线对准(图9-2-2);目镜装在内筒内且可绕光轴旋转,以改变其与分划板的距离.JJY-1′Ⅱ型分光计的望远镜是一种带有阿贝目镜(Abbe eyepiece)的望远镜,结构如图9-2-3所示.

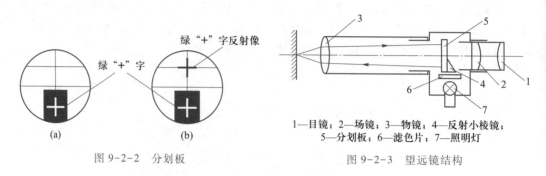

图9-2-2 分划板

1—目镜;2—场镜;3—物镜;4—反射小棱镜;
5—分划板;6—滤色片;7—照明灯

图9-2-3 望远镜结构

(1)测量望远镜

(2)平行光管

平行光管的作用是产生平行光,它由可相对滑动的两个套筒组成,外套筒的一端装一消色差的复合正透镜,内套筒装一宽度可调的狭缝.当狭缝位于透镜的前焦面时,用灯照亮狭缝,则平行光管出射平行光.

(3)载物台

载物台用来放置棱镜、光栅或其他被测光学元件,可以绕旋转主轴转动,台下有三个螺钉,用来调节载物台水平.

(4)读数装置.载物台和望远镜分别与刻度盘和角游标相连,所以既可以测量载物台转动的角度,也可以测量望远镜转动的角度.转角可以从左右两个游标读出,左右两游标相隔180°,将两游标所测转角取平均可以消除刻度盘与游标盘两者圆心不重合所产生的偏心差.JJY-1′Ⅱ型分光计的读数装置由刻度盘和游标盘两部分组成.刻度盘分为360°,最小分度为半度(30′),游标盘分为30格,这30格正好对应刻度盘的29格.此种游标称为角游标,其读数方法与游标卡尺的直游标类似.现举例读如图9-2-4所示,主尺读数为233°,游标刻度13′与主尺刻度对齐,因此角度为233°13′.

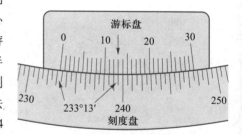

图9-2-4 角游标的读数示例

2. 分光计的调整

为了仪器使用安全和测量精确,测量前应了解分光计上每个部件的作用,并将分光计调节到工作状态,具体调节方法与步骤见后面"实验内容与步骤"第1项.

3. 分光计测三棱镜(triangular prism)顶角

测量三棱镜顶角的方法有反射法和自准直法.

（1）反射法

反射法测量如图 9-2-5 所示.

将三棱镜置于载物台上,顶点 A 放在载物台中心处,平行光管射出的平行光照在三棱镜顶点,经 AB 和 AC 两个面反射,分别测出望远镜对准光线 1、2 的方位角位置读数 θ_1、θ_2,则顶角为

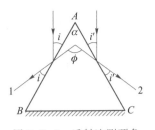

图 9-2-5　反射法测顶角

$$\alpha = \frac{\phi}{2} = \frac{1}{2}\,|\,\theta_1 - \theta_2\,|$$

设分光计对准光线 1 时,左右两个窗口的读数分别为 β_1、β_1';分光计对准光线 2 时,左右两个窗口的读数分别为 β_2、β_2',则顶角为

$$\alpha = \frac{1}{2}\,|\,\theta_1 - \theta_2\,| = \frac{1}{4}\big[\,|\,\beta_1 - \beta_2\,| + |\,\beta_1' - \beta_2'\,|\,\big] \tag{9-2-1}$$

（2）自准直法如图 9-2-6 所示,将三棱镜置于已调节水平的载物平台上,用三棱镜的 AB、AC 面作为反射镜面.转动望远镜,当 AB 面反射回来的"十"字像与分划板上方十字叉丝中心重合时,说明望远镜光轴与 AB 面垂直,记下两边窗口的读数 β_1、β_1'.然后转动望远镜,再测出 AC 面反射的"十"字像位于分划板上十字叉丝中央时,两个窗口的读数 β_2、β_2',则棱镜顶角为

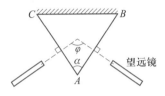

图 9-2-6　自准直法测顶角

$$\alpha = 180° - \varphi = 180° - \frac{1}{2}\big[\,|\,\beta_1 - \beta_2\,| + |\,\beta_1' - \beta_2'\,|\,\big] \tag{9-2-2}$$

测量时也可使望远镜固定,转动载物台,使棱镜的 AB、AC 面分别与望远镜垂直,同样能够测出三棱镜的顶角.

【实验仪器】

分光计,光源,三棱镜,双平面镜.

实验仪器 9-2

【实验内容与步骤】

1. 分光计的调节

一台调整好的分光计必须满足以下三个条件:

① 望远镜聚焦无穷远;

② 平行光管射出平行光——即狭缝正好处于平行光管透镜的焦平面处;

③ 入射光线与经过光学元件反射（或折射、衍射）的光线所构成的平面必须与分光计的读数系统——刻度盘平行.即出射光的平行光管光轴和接收反射（或折射、衍射）光的望远镜的光轴必须分别与分光计的旋转主轴垂直.

各种型号的分光计均由前述四个部分组成,但是,它们各部分调整旋钮的位置有所不同.所以,在进行调整前,应先熟悉所用分光计上下列旋钮的位置.

（1）目测粗调

眼睛从外部看,望远镜、平行光管大致与旋转主轴垂直;同时调节载物台调平螺钉（3

个),使台面上升约 2 mm,且从四周观察,台面与下部的支撑面平行.若载物台的高度不能满足要求,可锁紧螺钉 12,然后旋松螺钉 6,升高或降低载物台后,再旋紧螺钉 6.

（2）用自准直法调整望远镜聚焦无穷远

① 调节目镜调焦手轮,使分划板的十字叉丝完全清晰.如果视场较暗,可在望远镜物镜前放一张白纸.

② 打开电源开关,可在目镜视场中看到如图 9-2-3(a)所示的叉丝及绿"十"字.

③ 如图 9-2-7 所示,将双平面镜放在载物台上,使其平面与载物台调平螺钉 Z_1、Z_2 连线垂直,并过 Z_3 螺钉.调节 Z_1、Z_2 螺钉可以改变平面镜的俯仰.

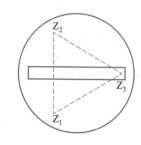

④ 转动载物台,使双平面镜与望远镜垂直,在望远镜中可以看到绿"十"字像.若看不到绿"十"字像,说明从望远镜射出的光没有被平面镜反射回到望远镜中.此时可调节望远镜俯仰调节螺钉,并微转载物台,直到看见绿"十"字像.然后,调节目镜调焦轮,使绿"十"字像完全清晰.同时,眼睛左右移动,

图 9-2-7 双平面镜放置

看叉丝与绿"十"字像之间有无视差,如有,则说明望远镜物镜所成的绿"十"字像没有准确位于分划板平面上,应再微调目镜调焦轮予以消除.此时分划板叉丝、反射回的绿"十"字像完全清晰且无视差,望远镜已聚焦于无穷远.

转动载物台时,如若发现反射回的绿"十"字像左右移动时与上十字叉丝的水平线有一夹角,可将整个望远镜目镜微微转动,直至绿"十"字像移动时与上十字叉丝的水平线完全平行.

（3）调整望远镜光轴与分光计的旋转主轴垂直

平行光管与望远镜的光轴各代表入射光和出射光的方向.为了测准角度,必须分别使它们的光轴与刻度盘平行.刻度盘在制造时已垂直于分光计的旋转主轴,因此,当望远镜和平行光管与分光计的旋转主轴垂直时,就达到了与刻度盘平行的要求.

在以上调节的基础上,转动载物台使其旋转 180°,使双平面镜另一镜面反射的绿"十"字像也出现在视场中.此时,虽然双平面镜两个面反射的绿"十"字像已经进入望远镜,但绿"十"字像不一定与上十字叉丝重合[如图 9-2-8(a)所示],这说明望远镜光轴与分光计的中心轴不垂直.此时,调节载物台调平螺钉 Z_1(或 Z_2),使反射回的绿"十"字像与分划板上十字叉丝的垂直距离 h 减小一半[如图 9-2-8(b)所示],再调节望远镜俯仰调节螺钉使绿"十"字像与上十字叉丝完全重合[如图 9-2-8(c)所示].再将载物台旋转 180°,调节 Z_2(或 Z_1)及望远镜俯仰调节螺钉,再用"各减一半"的方法达到图 9-2-8(c)所示的状态.反复进行上面的调节,直至转动载物台,双平面镜两个面反射的绿"十"字像均与上十字叉丝重合.此时说明望远镜光轴与分光计旋转主轴垂直.

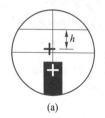
(a)

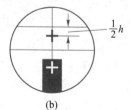
(b)

(c)

图 9-2-8 望远镜光轴调整

至此,望远镜的状态已经完全调节好,除只能绕轴转动外,不能再做任何调节.

（4）调整平行光管

平行光管的调节以已经调节好的望远镜为基准.

① 调整平行光管产生平行光

取下载物台上的平面镜,用光源照亮平行光管的狭缝,从已聚焦无穷远的望远镜观察来自平行光管的狭缝像,同时调节平行光管狭缝与透镜间距离,直到狭缝的像完全清晰且与十字叉丝无视差.然后调节缝宽使望远镜视场中的缝宽约为 1 mm.

② 调整平行光管光轴与分光计旋转主轴垂直

因为望远镜的光轴已经与旋转主轴垂直,所以只要平行光管的光轴与望远镜的光轴平行,则与旋转主轴垂直.转动狭缝（但前后不能移动）成水平状态,调节平行光管俯仰调节螺钉,使水平的狭缝像与分划板的中心十字线的水平线重合,如图 9-2-9（a）所示,这时平行光管的光轴与望远镜光轴平行,即与分光计旋转主轴垂直.再旋转狭缝使其与十字叉丝的竖线完全平行,并保持狭缝像最清晰且无视差,如图 9-2-9（b）所示.

（5）调整载物台台面与旋转主轴垂直

载物台平面由 Z_1、Z_2 和 Z_3 三个螺钉支撑,在以上的调节中并没有考虑 Z_3 的作用,所以载物台平面不一定与旋转主轴垂直.

将等边三棱镜如图 9-2-10 所示放在载物台上,使其三个顶点分别与 Z_1、Z_2 和 Z_3 对应,旋转载物台让 AB 面反射回的绿"十"字像进入望远镜,并调节 Z_1 使绿"十"字像向上十字叉丝靠近一半,再转动载物台使 AC 面反射的绿"十"字像进入望远镜,调节 Z_3 使绿"十"字像与上十字叉丝水平线重合(注意:在这一调节过程中决不能再调望远镜).反复以上调节,直至转动载物台时 AB、AC 面反射的绿"十"字像均与上十字叉丝重合.此时载物台平面与旋转主轴垂直.

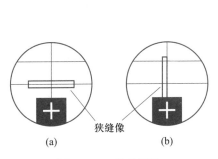

图 9-2-9　狭缝调整

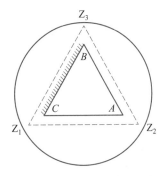

图 9-2-10　三棱镜放置要求

至此分光计已全部调整好,使用时必须注意:分光计上除望远镜止动螺钉及其微调螺钉外,其他螺钉不能任意转动,否则将破坏分光计的工作条件,需重新调节.

2. 测量三棱镜顶角

（1）自准直法

① 以上的调节中,三棱镜的反射面与望远镜已经达到了自准直状态.

② 转动望远镜使其分别与棱镜 AB、AC 面垂直,使它们反射回的绿"十"字像与分划板十字叉丝的竖线重合,分别读取两个窗口的读数 β_1、β_1' 和 β_2、β_2'.

③ 将上述测量值代入公式(9-2-2),计算棱镜顶角 α.

④ 多次重复测量,取平均值.

同样,也可使望远镜不动,锁紧载物台固定螺钉,使载物台与旋转主轴一起连动,转动载物台,分别使 AB、AC 面与望远镜垂直,测量顶角.

(2) 反射法

① 如图 9-2-11 所示,平行光管对准光源,将三棱镜顶点放在载物台中心附近,毛边与平行光管垂直(目测).

② 转动望远镜,使十字叉丝竖线与 1、2 两光线对应的单缝像的同一边相切,分别测出光线 1、2 在分光计两个窗口的读数 β_1、β_1' 和 β_2、β_2'.

③ 将上述测量值代入式(9-2-1),计算棱镜顶角 α.

④ 多次重复测量,取平均值.

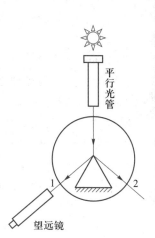

图 9-2-11 反射法测顶角

注意:

1. 不能用手触摸各光学表面.三棱镜和双平面镜要轻拿轻放,防止打碎.

2. 分光计为精密仪器,各活动部分均应小心操作.当轻轻旋转各部件(例如望远镜、游标盘)而无法转动时,切记不可强行搬动,应分析原因解决后再进行操作.

3. 在读数过程中,应注意游标是否越过了刻度的零点.如越过零点,则必须按式 $\phi = 360° - |\theta - \theta'|$ 计算望远镜转角.例如当望远镜由位置 1 转到 2 时,两窗口的读数分别如表 9-2-2 所示:

表 9-2-2

望远镜位置	窗口(左)	窗口(右)
1	$\beta_1 = 175°45'0''$	$\beta_2 = 355°45'0''$
2	$\beta_1' = 295°43'0''$	$\beta_2' = 115°43'0''$

由左窗口读数可得望远镜转角为

$$\varphi_{左} = |\beta_1 - \beta_1'| = 119°58'0''$$

由右窗口读数可得望远镜转角为

$$\varphi_{右} = 360° - |\beta_2 - \beta_2'| = 119°58'0''$$

【数据处理】

列表记录所有测量数据,计算结果及其不确定度的 A 类评定.

【思考提高】

1. 分光计为什么要调整到望远镜和平行光管光轴与仪器旋转主轴垂直?不垂直对测量结果有什么影响?

2. 调节望远镜光轴垂直于仪器旋转主轴时可能看到两类现象:(a) 平面镜两个面反

实验 9-2
拓展文献链接

射的绿"十"字像都在上十字叉丝水平线的上方;(b) 一个在上,一个在下.分析说明两者主要是由望远镜还是载物台的倾斜引起的;怎样调节能迅速使两个面反射的像与上水平线重合?

【拓展文献】

[1] 王小怀.分光计调节和使用中的困难及解决措施[J].实验室研究与探索,2007(02):35-37.

[2] 隗群梅.关于测量三棱镜顶角的两种方法比较[J].大学物理实验,2010,23(01):41-42,48.

[3] GHODGAONKAR A M,TEWARI R D. Measurement of apex angle of the prism using total internal reflection. Optics & Laser Technology,2004,36(8):617-624.

实验 9-3　用极限法测量棱镜及液体折射率

折射率(refractive index)是反映介质材料光学性质的一个重要参量.根据介质的形态(气体、液体和固体)、形状以及折射率的大小,折射率可以用不同的方法和仪器来测定.折射率既与材料的性质有关,也与入射光的波长有关.本实验中的极限法利用几何光学原理测量固体和液体的折射率.

【实验目的】

掌握用极限法测定棱镜及液体折射率的原理与方法.

【预习问题】

1. 实验中为什么会产生临界角?产生的条件是什么?
2. 实验中毛玻璃的作用是什么?

【实验原理】

极限法可用来测定固体或液体的折射率,被测固体只需切成片状.这种方法的特点是需用一个辅助三棱镜,且为了产生各方向的入射光,要求光源为单色扩展光源.由于极限法测量的是样品表面的折射率,样品的表面情况对测量结果有一定的影响.

当某波长的光线从空气中斜射到折射率为 n 的介质上时,在分界面处发生折射现象,如图 9-3-1 所示,i 为入射角,φ 为折射角.根据折射定律有

$$n = \frac{\sin i}{\sin \varphi}$$

当 $i = 90°$ 时,$\varphi = \varphi_0$(φ_0 为临界角),则

$$n = \frac{1}{\sin \varphi_0}$$

通常把入射角为 90° 的入射光叫掠入射光.这样,只要测出临界角 φ_0,就可确定材料

的折射率 n. 于是测量折射率 n 的问题,便成为测量临界角 φ_0 的问题.

1. 极限法测三棱镜的折射率

设入射光沿 AC 面掠射入棱镜,经过两次折射,从 AB 面射出,如图 9-3-2 所示. 由折射定律和几何关系有

$$n = \sqrt{1 + \left(\frac{\cos \alpha + \sin \theta_0}{\sin \alpha}\right)^2} \qquad (9\text{-}3\text{-}1)$$

由上式可见,只要测出 θ_0 及三棱镜顶角 α,就可求得折射率 n.

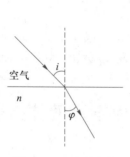

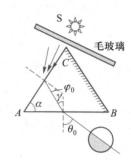

图 9-3-1　光的折射　　　　　图 9-3-2　极限法测棱镜折射率

实验中,将光源 S[钠灯(sodium lamp)] 置于棱镜 AC 边的延长线上,在其间加一块毛玻璃,这样光源 S 发出的光经毛玻璃向各方向散射,形成扩展面光源. 毛玻璃散的光从不同的方向照射 AC 面,故总可以获得以 $90°$ 入射的掠入射光,此光线经过棱镜的两次折射后,从 AB 面以 θ_0 角出射.

当扩展光源的光线从各个方向射向 AC 面时,凡入射角小于 $90°$ 的光线,其出射角必大于 θ_0. 由此可见,θ_0 是所有照射到 AC 面上光线的最小出射角,称 θ_0 为极限角. 这样,若用眼睛或将望远镜对着从 AB 面出射光线的方向进行观察,可看到由 i 小于 $90°$ 的光产生的各种方向的出射光,其出射角大于 θ_0,形成亮视场;在出射角小于 θ_0 的方向,没有光线射出,形成暗视场. 显然,该明暗视场的分界线就是极限角 θ_0 的方位. 用分光计测出 AB 面法线与 θ_0 的方位,便可得到 θ_0 角,再测出顶角 α 代入式(9-3-1),就可求出 n. 这种用扩展光源掠射入棱镜以寻求折射极限方位的方法,称为折射极限法.

2. 极限法测液体的折射率

在折射率 n 和顶角已知的三棱镜(称为测量棱镜)的一光学面上涂一薄层被测液体,再用毛玻璃或三棱镜(称为照射棱镜)的毛面将被测液体夹住,如图 9-3-3 所示. 光源发出的光线通过毛玻璃照射棱镜,使光向各方向散开,其中必有一部分光线在液体中掠射入测量棱镜,再经测量棱镜折射由 AB 面射出. 设被测液体的折射率为 n_x,测量棱镜的折射率为 n,只有 $n_x < n$ 时才能出现临界角情况.

由折射定律有 $n_x = n \sin \varphi_0'$,$n \sin \gamma = \sin \theta_0'$,又据几何关系 $\varphi_0' \pm \gamma = \alpha$,若出射光线远离顶点 A,如图 9-3-3(a)所示情形,上式取正号;若出射光线偏向顶点 A,如图 9-3-3(b)所示情形,则取负号,可得

$$n_x = \sin \alpha \cdot \sqrt{n^2 - \sin^2 \theta_0'} \mp \cos \alpha \cdot \sin \theta_0' \qquad (9\text{-}3\text{-}2)$$

若 $\varphi_0' + \gamma = \alpha$,则有 $n_x < n \sin \varphi_0'$,上式取负号,反之取正号.

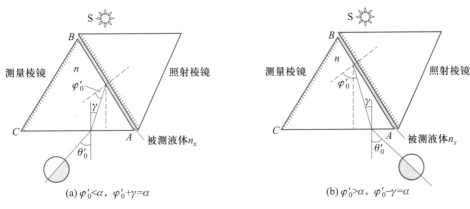

图 9-3-3　极限法测液体折射率

由于 n 及顶角 α 在测棱镜折射率时已测出,故只要测得 θ_0' 就可由式(9-3-2)求出 n_x. 而测 θ_0' 与测 θ_0 的方法相仿.

如果用直角棱镜,则 $\alpha = 90°$,有

$$n_x = \sqrt{n^2 - \sin^2\theta_0'} \tag{9-3-3}$$

【实验仪器】

JJY-1′Ⅱ型分光计,钠灯,三棱镜,毛玻璃,蒸馏水.

实验仪器 9-3

钠灯

钠灯灯管内有钠及氩氖混合气. 其光谱在可见范围内有两条强谱线 588.996 nm 和 589.593 nm,即通常说的钠双线或钠 D 线.

使用注意事项:

(1) 钠灯通电 15 分钟左右才能正常发光.

(2) 使用完毕,待灯管冷却后方能移动摇晃,以免金属钠流动,影响灯的性能.

(3) 钠是一种活泼金属,遇水会因剧烈反应而爆炸,应防止灯管与水、火接触.

【实验内容与步骤】

1. 棱镜折射率的测定

为得到掠入射光,可按图 9-3-4 所示,调节好棱镜与钠灯的位置(使其等高),再在钠灯与三棱镜之间放置一毛玻璃. 用望远镜找出明暗视场分界线,利用望远镜微调螺钉使望远镜的竖直叉丝与分界线重合. 读出分界线的方位角 β_1、β_1'. 用自准直法测出三棱镜光学面 AB 法线的方位角 β_2、β_2'. 则极限角

$$\theta_0 = \frac{1}{2}\left[(\beta_2 - \beta_1) + (\beta_2' - \beta_1')\right]$$

这样,由式(9-3-1)求出棱镜玻璃折射率 n.

2. 液体折射率的测定

将被测液体(蒸馏水)少许滴在擦净的测量棱镜(即测好 n 的那块棱镜)的光学面上. 用毛玻璃或照射棱镜

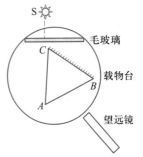

图 9-3-4　极限法测棱镜折射率

的毛面将液体夹成一薄膜,钠灯与三棱镜位置如图 9-3-3 所示.测出极限角 θ'_0 角,注意出射光线在法线的哪一侧,用式(9-3-2)计算液体的折射率.

实验中要注意,液体只要均匀无气泡布满整个夹持面即可,不要过多以免沾到分光计上,也不要将测量棱镜与照射棱镜混淆,因为测量棱镜的 n 和 α 是已知的.

同一物质对不同波长光的折射率不同,以上测量的固体和液体的折射率是指钠黄光（$\lambda = 589.3$ nm）而言的,用 n_D 表示,通常把下角码 D 略去,即采用符号 n.温度对液体折射率有一定影响,所以测出液体折射率时要注明实验的温度.

3. 提高与设计性内容

用折射极限法测一固体(切成薄片)的折射率.试简要说明实验方法,并推导折射率的计算公式.

【数据处理】

多次测量各有关量,取其平均值代入相关公式计算被测材料折射率的最佳值.

【思考提高】

1. 用极限法测折射率,对光源有什么要求?
2. 在分光计上用极限法测折射率时,对望远镜的调节有何要求? 为什么?
3. 试比较分析最小偏向角法与折射极限法的相同与不同.

【拓展文献】

实验 9-3
拓展文献链接

[1] 辛督强,朱民,解延雷,等. 测量液体折射率的几种方法[J]. 大学物理,2007(01):34-37.

[2] 张凤云,曹文,张利巍. 测量液体折射率的几种光学方法的实验研究[J]. 大学物理实验,2013,26(04):33-34,43.

[3] KUMAR S. Refractive Index of liquids by measuring Displacement of Refracted Laser Beam. International Journal of the Physical Sciences,2013.

实验 9-4　光栅衍射及光栅常量的测定

任何具有空间周期性的衍射屏都可以叫做衍射光栅.衍射光栅是利用多缝衍射原理制成的一种分光学元件,常被用来精确测定光波的波长和光谱分析,在光学测量和工程实践中被广泛应用.

【实验目的】

1. 了解光栅的概念和光栅分光原理.
2. 观察光栅衍射现象.
3. 掌握测定光栅分光性能的基本方法.

【预习问题】

1. 什么是光栅方程？如何利用该方程测量波长或者光栅常量？
2. 如何调节光栅平面垂直于平行光管光轴，并与载物台转轴平行？观察的依据是什么？
3. 如何调节光栅刻线与载物台转轴平行？观察的依据是什么？

【实验原理】

光栅通常分为透射光栅（transmission grating）和反射光栅（reflection grating）两种，本实验所用的一维平面透射光栅是用玻璃片制成的，在玻璃片上刻有大量等间距的平行刻痕，每条刻痕宽度为 b，刻痕处不透光，相邻两刻痕间可透光的缝宽度为 a，$(a+b)=d$ 称为光栅常量（grating constant）。

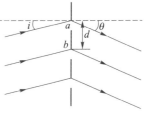

图 9-4-1　光栅衍射

如图 9-4-1 所示，光栅方程为

$$d(\sin\theta\pm\sin i)=k\lambda$$

（+）号表示入射光与衍射光在光栅平面法线的同侧，（−）号表示入射光与衍射光在法线的异侧。

当光线垂直入射时，$i=0$，则光栅方程为

$$d\sin\theta=k\lambda \qquad\qquad (9\text{-}4\text{-}1)$$

式中：θ 为衍射角，$k=0,\pm1,\pm2,\pm3,\cdots$，称为衍射级次。如果用会聚透镜把这些衍射后的平行光会聚起来，则在透镜后焦面上将出现亮线，称为谱线。在 $\theta=0$ 的方向上观察到中央极大，称为零级谱线，其他级数谱线对称地分布在零级谱线的两侧。如果光源中包含几种不同的波长，则同一级谱线对不同波长又将有不同衍射角 θ，从而在不同地方形成不同颜色的光线，称为光谱（spectrum）。

当物质的原子从高能级跃迁到低能级时就会发光，不同的物质结构不同，能级结构不同，所发射的光谱亦不同。因而通过光谱分析可以对物质的结构以及物质的成分进行分析，这种仪器称为光谱仪（spectrometer），光栅是光谱仪的核心部件（见实验 10-6 光源辐射能谱的测定）。

在光栅常量 d 已知的情况下，测出各种波长的谱线与 k 级相应的衍射角 θ，即可由光栅方程计算出各谱线的波长，反之，在 λ 已知的情况下，测出 k 级衍射角 θ，即可由光栅方程计算出光栅常量 d。

由于光线垂直于光栅平面入射时，对于同一 k 级衍射光左右两侧的衍射角 θ 是相等的，为了提高测量精度，一般是测量零级左右两侧各对应级次衍射光线的夹角 2θ。

从光栅方程（9-4-1）可知，衍射角 θ 是波长的函数，这说明光栅有色散作用。对光栅方程（9-4-1）中的 λ 求微分得

$$k\mathrm{d}\lambda=(d\cos\theta)\mathrm{d}\theta$$

令

$$D=\frac{\mathrm{d}\theta}{\mathrm{d}\lambda}=\frac{k}{d\cos\theta}(\mathrm{rad/nm}) \qquad\qquad (9\text{-}4\text{-}2)$$

D 称为光栅的角色散率（angular dispersion rate），是光栅元件的重要参量，在数值上等于

波长差为一个单位时的两同级单色光所分开的角间距.从式(9-4-2)可知,光栅光谱具有以下特点:光栅常量 d 越小,角色散率越大,光谱分得越开;光谱的级次 k 越高,角色散率越大,光谱分得越开;衍射角 θ 很小时,$\cos\theta \approx 1$ 色散率 D 可看作一常量.

实验仪器 9-4

【实验仪器】

分光计,汞灯,光栅,平面镜.

【实验内容与步骤】

1. 实验装置调节

(1) 分光计的调节

实验在分光计上进行.为满足夫琅禾费衍射(Fraunhofer diffraction)的条件和保证测量准确,入射到光栅平面的光应是平行光,又由于衍射光用望远镜观察和测量,所以分光计的调节要求是:望远镜聚焦于无穷远,望远镜光轴垂直于仪器转轴;平行光管产生平行光,其光轴垂直于转轴.有关分光计的具体调节方法见实验 9-2 分光计的调节和使用.

(2) 光栅的调节

实验测量中光栅放置在载物台上,为此,光栅平面(刻痕所在平面)应与分光计载物台转轴平行,同时光栅平面垂直于平行光管光轴.

① 调节光栅平面垂直于平行光管光轴,并与载物台转轴平行.

平行光垂直入射于光栅平面是式(9-4-1)成立的条件,因此应作仔细调节以满足要求.使分光计平行光管光轴对准汞灯,将望远镜分划板的竖线对准狭缝,说明平行光管与望远镜光轴平行.固定望远镜,然后将光栅放置在载物台上,放置的位置如图 9-4-2 所示,尽可能做到使光栅平面垂直平分 $Z_1 Z_3$,以光栅作为平面镜,转动载物平台并调节 Z_1(或 Z_3),利用自准直法观察光栅平面反射回的绿"十"字像与十字分划板上十字中心重合.此时光栅平面垂直于平行光管光轴,并与载物台转轴平行.

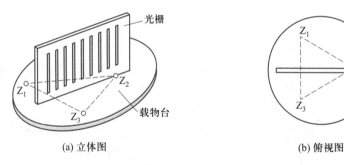

(a) 立体图　　　　　　　　　　　　　(b) 俯视图

图 9-4-2　光栅在载物台上的放置

② 调节光栅刻线与载物台转轴平行.

调节前先转动望远镜定性观察汞灯的衍射光谱,若光栅刻线与载物台转轴不平行,则衍射光谱的分布是倾斜的(即正、负级次谱线不等高),望远镜分划板叉丝交点也不在各条谱线中央.如图 9-4-3 所示,可调节螺钉 Z_2(注意不要再动 Z_1、Z_3)予以校正.调好后再回头检查光栅平面是否保持和平行光管光轴垂直.如果有了改变,就要反复多次调节,直到两个要求都满足为止.

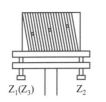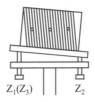

图 9-4-3　衍射光平面与刻度盘平面平行

③ 调节平行光管狭缝的宽度,使得汞灯中黄双线分开.

2. 测定光栅常量

按仪器调节内容把光栅调节好后,以汞灯做光源,测出 $k=\pm 1$ 级的明亮紫、绿、黄双线(相应波长请查阅附录)三条谱线的衍射角,由式(9-4-1)求出 d 的平均值.

3. 测定光栅色散率

测出汞灯黄双线 λ_1 和 λ_2 的 $k=\pm 1$ 级衍射角,与以上测出的 d 值及 $\Delta\lambda=2.106\ \text{nm}$,由式(9-4-2)可得光栅的角色散率 D.

4. 提高与设计性内容

如何利用分光计、光栅采用最小偏向角法测定钠光波长.试说明实验测量原理、推导测量公式,并进行相关测量.

【数据处理】

多次测量各有关量,以其平均值代入各有关公式,计算实验结果最佳值.

【思考提高】

1. 光栅光谱与棱镜光谱有哪些不同?
2. 实验上是如何满足式(9-4-1)的条件的?
3. 对于一个给定 d 值的光栅,角色散率是一个常量吗?
4. 如用钠黄光($\lambda=589.3\ \text{nm}$)照射到 1 mm 内有 500 条刻痕的平面透射光栅上时,最多能看到第几级光谱?

【拓展文献】

[1] 刘文晶,金武,杨文革,等.光栅常数测量实验中存在的问题及对策[J].大学物理实验,2022,35(04):111-114.

[2] NIEDERER G,SALT G,HERZIG H P,et al. Design and measurement of a tunable resonant grating filter at oblique incidence. 2003.

实验 9-4
拓展文献链接

实验 9-5　用双棱镜干涉测波长

波动光学(wave optics)研究光的波动性质、规律及其应用,主要内容包括光的干涉(interference)、衍射(diffraction)和偏振(polarization).1818 年,菲涅耳的双棱镜干涉实验不仅对波动光学的发展起到了重要作用,同时也提供了一种非常简单的测量单色光波长的方法.

【实验目的】

1. 学习利用光的干涉现象测量光波波长的方法.
2. 了解双缝的干涉条件及在实验中如何实现.
3. 掌握实验光路的调节步骤和测微目镜的使用方法.

【预习问题】

1. 产生相干光的两种常用方式是什么? 本实验用哪一种?
2. 本实验中波长测量的公式是什么? 公式中各物理量的物理意义是什么?
3. 实验中虚光源的位置未知,两虚光源间距 d 和虚光源平面到观察屏(测微目镜)的距离 D 如何测量?
4. 如何调节光具座上各元件共轴?

【实验原理】

为满足光的干涉条件,总是把由同一光源发出的光分成两束或多束相干光,使它们经过不同的路径后相遇而产生干涉.产生相干光的方式有两种:分波阵面法和分振幅法.本实验是用分波阵面法产生的双光束干涉.由于干涉条纹的空间分布跟条纹与相干光源的相对位置及相干光波长有关,故由它们之间的关系就能测出光波波长.

如图 9-5-1 所示,菲涅耳双棱镜(Fresnel biprism)B 是由两块底边相接、折射棱角 α 小于 1°的直角棱镜组成的.从单缝 S 发出的光经双棱镜 B 折射后,形成两束犹如从虚光源 S_1 和 S_2 发出的、频率相同、振动方向平行且在相遇点有恒定相位差的相干光束.它们在空间传播时,有一部分彼此重叠而形成干涉场(图中斜线部分).

如果将一观察屏 P 垂直光轴置于干涉场中的任何位置,则在 P 上会出现一系列稳定的明暗相间的干涉条纹,这些条纹与单缝平行,条纹间距彼此相等.由于干涉场范围较窄,干涉条纹的间距很小,所以,一般要用测量显微镜(measuring microscope)或测微目镜(micrometer eyepiece)来观察和测量.

在图 9-5-2 中,设由双棱镜 B 所产生的两相干虚光源 S_1、S_2 间距为 d,观察屏 P 到 S_1S_2 平面的距离为 D.若 P 上的 P_0 点到 S_1 和 S_2 的距离相等,则 S_1 和 S_2 发出的光波到 P_0 的光程也相等,因而在 P_0 点相互加强而形成中央明条纹(零级干涉条纹).

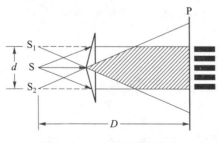

图 9-5-1　双棱镜干涉条纹

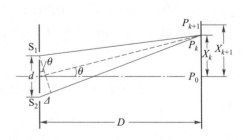

图 9-5-2　条纹间距与光程差及其他几何量的关系

设 S_1 和 S_2 到屏上任一点 P_k 的光程差为 Δ，P_k 与 P_0 的距离为 X_k，则当 $d \ll D$ 和 $X_k \ll D$ 时，可得到

$$\Delta = \frac{X_k}{D} d \tag{9-5-1}$$

当光程差 Δ 为波长的整数倍，即 $\Delta = \pm k\lambda\,(k=0,1,2,\cdots)$ 时，得到明条纹. 此时，由式(9-5-1)可知

$$X_k = \pm \frac{k\lambda}{d} D \tag{9-5-2}$$

这样，由式(9-5-2)相邻两明条纹的间距为

$$\Delta X = X_{k+1} - X_k = \frac{D}{d} \lambda$$

于是

$$\lambda = \frac{d}{D} \Delta X \tag{9-5-3}$$

对暗条纹也可得到同样的结果. 式(9-5-3)即为本实验测量光波波长的公式.

实验仪器 9-5

【实验仪器】

光具座及附件，测微目镜，双棱镜，单缝，凸透镜，像屏，钠灯.

1. 测微目镜

测微目镜的使用方法与注意事项参阅第二章第二节.

2. 可调狭缝

狭缝结构如图 9-5-3(a)所示，其方向固定为竖直方向，宽度可调. 为了能够观测到清晰的干涉条纹，狭缝的宽窄必须合适，需要时可以通过其上微分筒螺杆来调节.

3. 双棱镜

双棱镜结构如图 9-5-3(b)所示. 为了能看到清晰的干涉条纹，双棱镜的棱脊需与单缝的方向(竖直方向)平行，实验中，通过棱镜下方的方向调节螺钉来调节.

(a) 狭缝　　　　　　(b) 双棱镜

图 9-5-3　可调狭缝与双棱镜

【实验内容与步骤】

一、实验装置的调节与干涉条纹的获得

1. 实验装置

实验装置如图 9-5-4 所示. 除光源外,各器件均需安置在光具座(optical bench)上,Q 为钠灯;S 为宽度可调狭缝;B 为取向可调双棱镜;L_1 为辅助成像透镜,用来测量两虚光源 S_1、S_2 之间的距离 d;P 为观察屏,用于调节光路;M 为测微目镜.

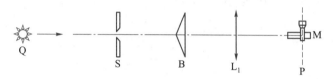

图 9-5-4   双棱镜干涉实验装置

注意:根据光的干涉理论,为获得对比度好、清晰的干涉条纹,调节好的光路必须满足以下条件:

(1)光路中各元件等高共轴.

(2)狭缝与双棱镜棱脊严格平行,通过狭缝的光对称地射在双棱镜的棱脊上.

(3)狭缝宽窄合适,否则干涉条纹对比度很差.

2. 光路调节

光路调节是做好本实验的关键,为使各器件等高共轴,根据本实验特点应分步调节.

(1)调节光源和狭缝使其等高共轴

调节光源、狭缝的位置,使来自光源的光均匀照亮整个狭缝. 当狭缝较宽时,通过移动观察屏观察光带变化情况(是否沿观察屏中线均匀展宽或变窄),以判断是否等高共轴.

(2)调节辅助透镜 L_1、观察屏与单缝等高共轴

使狭缝与观察屏的距离略大于辅助透镜 L_1 焦距的四倍,加入辅助透镜 L_1,用共轭成像法使狭缝在观察屏上所成的两次像的中心重合,则辅助透镜 L_1、观察屏与狭缝等高共轴.

(3)调节双棱镜 B 与其他器件等高共轴

在狭缝与辅助透镜 L_1 之间加入双棱镜 B,使 B 的棱脊在单缝中心. 通过移动 L_1,在观察屏上得到两虚光源所成的两个平行的放大或缩小像,如图 9-5-5 所示. 若虚光源像强度相同且等高并列在观察屏中心,如图 9-5-5(a)所示,表明棱脊与单缝平行、对称且方向竖直,同时与其他器件等高共轴,若出现如图 9-5-5(b)所示的倾斜像,则调整双棱镜方向至其直立.

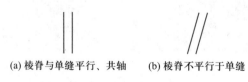

(a) 棱脊与单缝平行、共轴   (b) 棱脊不平行于单缝

图 9-5-5   两虚光源在屏上成的像

(4)用测微目镜代替观察屏观测,并使其与 L_1 等高共轴.

3. 干涉条纹的调节

调好各器件等高共轴后,取下透镜 L_1,在测微目镜中观测干涉条纹.若目镜中看不到干涉条纹但有明暗反差存在(表明两束光在目镜视场中相遇),或条纹数过少,则可能是:① 狭缝与双棱镜位置不当;② 狭缝太宽;③ 双棱镜的棱脊未与单缝严格平行.此时应做相应调节,直到出现清晰且满足测量要求的条纹为止.在具体调节过程中可按如下步骤进行:

(1) 将测微目镜 M 移到双棱镜后较近处.

(2) 通过测微目镜观察改变狭缝位置、宽度及与双棱镜棱脊平行状况时的现象,以获取最佳干涉条纹.若干涉条纹不在测微目镜的中心,可以左右微移双棱镜.

(3) 移动测微目镜,使其与单缝的距离略大于四倍的辅助透镜焦距,加入辅助成像透镜 L_1,当移动 L_1 时,能在测微目镜分划板上形成虚光源所成的大像和小像.通过测微目镜观察干涉条纹数目,若条纹数目太多或太少,可适当改变狭缝 S 与双棱镜 B 的距离.

二、测量光的波长

由式(9-5-3)可知,本实验的测量量为相邻亮纹的间距 ΔX,虚光源间距 d,虚光源平面到测微目镜分划板的距离 D.由于 ΔX、d 与狭缝至双棱镜之间的距离及虚光源与测微目镜叉丝平面间的距离有关,在选定好满足测量条件的各器件位置后,方可进行测量.

注意:测量过程中,狭缝、双棱镜及测微目镜的相对位置不能改变.

1. 相邻亮纹间距 ΔX 的测量

用测微目镜测量相邻亮纹间距 ΔX.为了提高测量精度,在干涉区域的中央累积测量 10 个条纹总宽度,求出条纹的间距 ΔX.由于暗纹比亮纹窄,测暗纹的宽度容易对准.

2. 两虚光源间距 d 的测量

d 是两个虚光源之间的距离,必须用间接方法进行测量.利用共轭成像原理,通过移动透镜 L_1,使 L_1 对虚光源在测微目镜中分别成放大像和缩小像,由测微目镜分别测出放大像的间距 d_2 和缩小像的间距 d_1,则两虚光源的间距为

$$d = \sqrt{d_1 d_2} \tag{9-5-4}$$

3. 虚光源平面到测微目镜叉丝平面距离 D 的测量

由于测微目镜的叉丝平面在其内部,所以 D 不能直接测量.在移动透镜 L_1 两次成像重复测量 d_1、d_2 的同时,测量透镜两次成像所移动的距离 L,由透镜成像的特点可推导出

$$D = \frac{\sqrt{d_2} + \sqrt{d_1}}{\sqrt{d_2} - \sqrt{d_1}} L \tag{9-5-5}$$

据此可间接算出 D 值.

实验各调节过程见二维码"实验仪器 9-5"内容.

【数据处理】

将上述各相关量的平均值代入式(9-5-3)算出钠光波长的测量值,并将其与公认值($\lambda = 589.3$ nm)比较,计算其相对误差.

【注意事项】

1. 为避免读数鼓轮的丝杆螺纹与螺母之间存在间隙所引起的回程误差,使用测微目

镜测量时,应缓慢朝一个方向转动读数鼓轮,中途不可逆转,具体可阅读第三章第三节内容.

2. 测量过程中,狭缝、双棱镜及测微目镜的相对位置不能改变.

【思考提高】

1. 由实验调节过程说明,得到清晰的、对比度好的干涉条纹的关键是什么?

2. 结合实验现象,讨论分析单缝宽度对干涉现象的影响,改变单缝与双棱镜的间距时干涉条纹的变化规律,以及移动测微目镜时干涉条纹的变化情况.

3. 双棱镜干涉条纹的空间分布有何特点? 在实验中测量的相邻亮纹间距 ΔX 与什么有关? 在实验中应注意什么?

【拓展文献】

实验 9-5
拓展文献链接

[1] 王明吉,张利巍,王晓莉. 双棱镜干涉 4 种实验方法的研究与探讨[J]. 物理实验,2008(04):25-27,30.

[2] 梁雄,赖国忠. 双棱镜干涉实验测量方法的改进[J]. 物理实验,2013,33(12):24-26.

[3] YASUAKI,HORI,AKIKO,et al. Prism-pair interferometry by homodyne interferometers with a common light source for high-accuracy measurement of the absolute refractive index of glasses. Applied Optics,2011.

[4] 韩佩杉,陆泽辉,樊代和,等. 狭缝和棱脊不平行对菲涅耳双棱镜干涉的影响[J]. 激光与光电子学进展,2019,56(23):255-261.

实验 9-6   等厚干涉——牛顿环实验

若将一单色点光源发出的光分成两束,让它们经过不同路径后再相遇,当光程差小于光源的相干长度时将会产生干涉现象."牛顿环"是牛顿最早发现的一种分振幅等厚干涉现象,牛顿环干涉现象在检验光学元件表面质量和测量球面的曲率半径及测量光波波长方面得到了广泛应用.

【实验目的】

1. 理解牛顿环等厚干涉原理和仪器结构.
2. 掌握利用读数显微镜测量牛顿环的方法.
3. 应用牛顿环的干涉计量方法测量透镜的曲面参数.

【预习问题】

1. 实验中为了消除附加光程带来的系统误差采取了什么办法?
2. 读数显微镜调焦时应注意什么? 测量时为了避免间隙空程引起的回程误差应注意什么?

【实验原理】

1. 等厚干涉

当一束单色光入射到透明薄膜上时,通过薄膜上下表面依次反射而产生两束相干光.如果这两束反射光相遇时的光程差仅取决于薄膜厚度,则同一级干涉条纹对应的薄膜厚度相等,这就是所谓的等厚干涉.

如图 9-6-1 所示,玻璃板 A 和玻璃板 B 两者叠放起来,中间加有一空气层(即形成空气劈尖,注意夹角实际非常微小,图中为了显示方便而放大了).设单色光 1 垂直入射到厚度为 d 的空气薄膜上.入射光线在玻璃板 A 下表面和玻璃板 B 上表面分别产生反射光线 2 和 2′,两者在玻璃板 A 上方相遇,由于两束光线都是由光线 1 分出来的(分振幅法),故其频率相同、相位差恒定、振动方向相同,因而会产生干涉.若考虑光线 2 和 2′的光程差与空气薄膜厚度 d 之间的关系,显然光线 2′比光线 2 多传播了一段距离 $2d$.此外,由于反射光线 2′是由光疏介质(空气)向光密介质(玻璃)反射,会产生半波损失,故总的光程差应该为

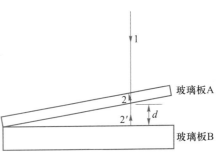

图 9-6-1　等厚干涉形成示意图

$$\Delta = 2d + \lambda/2 \tag{9-6-1}$$

根据干涉条件,当光程差为波长的整数倍时,光强相互加强,出现明纹;当光程差为半波长的奇数倍时,光强互相减弱,出现暗纹,因此有

$$\Delta = 2d + \frac{\lambda}{2} = \begin{cases} 2k \cdot \dfrac{\lambda}{2}, & k=1,2,3,\cdots 出现亮纹 \\[2mm] (2k+1) \cdot \dfrac{\lambda}{2}, & k=0,1,2,\cdots 出现暗纹 \end{cases}$$

可见,光程差 Δ 取决于产生反射光的薄膜厚度 d,同一级干涉条纹所对应的空气厚度相同,故称为等厚干涉.

2. 牛顿环

如图 9-6-2(a)所示,当一块曲率半径 R 很大的理想平凸透镜的凸面放在一块光学平板玻璃上时,在透镜的凸面和平板玻璃间形成一个上表面是球面、下表面是平面的空气薄层,空气层厚度从中心接触点到边缘逐渐增加,离接触点等距的位置厚度相同.当以波长为 λ 的平行光垂直入射时,入射光经空气层上、下两表面反射的两束光则产生光程差,根据前述等厚干涉的理论分析,其等厚干涉条纹是以接触点为圆心的同心圆环[如图 9-6-2(b)所示],称为牛顿环.

如图 9-6-2(a)所示,考虑空气层上表面的某一点 P,该点处的环形干涉条纹半径为 r,对应的空气层厚度为 d,则由几何关系可知

$$R^2 = (R-d)^2 + r^2 = R^2 - 2Rd + d^2 + r^2$$

因为 R 远大于 d,故可略去 d^2 项,则有

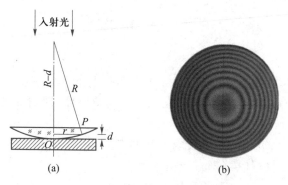

图 9-6-2   牛顿环光路与干涉条纹

$$d = \frac{r^2}{2R} \qquad (9\text{-}6\text{-}2)$$

将式(9-6-2)代入式(9-6-1)有

$$\Delta = \frac{r^2}{R} + \frac{\lambda}{2} \qquad (9\text{-}6\text{-}3)$$

式(9-6-3)表明,离中心越远光程差增加速度越快,因此离中心越远牛顿环分布越密集,根据等厚干涉条件有

$$\Delta = \frac{r^2}{R} + \frac{\lambda}{2} = 2k \cdot \frac{\lambda}{2}, \quad k = 1, 2, 3, \cdots (\text{明纹})$$

$$\Delta = \frac{r^2}{R} + \frac{\lambda}{2} = (2k+1) \cdot \frac{\lambda}{2}, \quad k = 0, 1, 2, \cdots (\text{暗纹})$$

可得牛顿环的明、暗纹半径分别为

$$r'_k = \sqrt{(2k-1)R \cdot \frac{\lambda}{2}}, \quad k = 1, 2, 3, \cdots (\text{明纹})$$

$$r_k = \sqrt{kR\lambda}, \quad k = 0, 1, 2, \cdots (\text{暗纹})$$

式中 k 为干涉条纹的级数,r'_k 为第 k 级明纹的半径,r_k 为第 k 级暗纹的半径,当 λ 已知时,只要测出第 k 级明纹(或暗纹)的半径,就可计算出透镜的曲率半径 R,相反,当 R 已知时,亦可根据条纹半径算出 λ.

在牛顿环实验中会观察到,牛顿环中心并不是一点,而是一个不甚清晰的或明或暗的圆斑,产生的原因是透镜和平玻璃板接触时,由于接触压力引起形变,使接触处非一点而为一圆面,又因镜面上可能有微小灰尘等存在,从而引起附加光程差,这些都会给测量带来较大的系统误差.为消除附加光程差带来的误差,在实验中需测量距离中心较远且清晰的两个暗环纹半径的平方差.假定附加厚度为 a,则光程差为

$$\Delta = 2(d+a) + \frac{\lambda}{2} = (2k+1)\frac{\lambda}{2} \qquad (9\text{-}6\text{-}4)$$

则有

$$d = k \cdot \frac{\lambda}{2} - a \qquad (9\text{-}6\text{-}5)$$

将式(9-6-5)与式(9-6-2)联立得

$$r^2 = kR\lambda - 2Ra$$

k 取第 m、n 级暗条纹,则对应的暗环半径为

$$r_m^2 = mR\lambda - 2Ra$$
$$r_n^2 = nR\lambda - 2Ra$$

两式相减,得

$$r_m^2 - r_n^2 = (m-n)R\lambda \qquad (9\text{-}6\text{-}6)$$

由式 (9-6-6) 可知 $r_m^2 - r_n^2$ 与附加厚度 a 无关. 由于暗环圆心不易确定,故用暗环的直径 D_m、D_n 替换半径 r_m、r_n,因而,由式 (9-6-6) 得透镜的曲率半径为

$$R = \frac{D_m^2 - D_n^2}{4(m-n)\lambda} \qquad (9\text{-}6\text{-}7)$$

由式 (9-6-7) 可以看出,半径 R 与附加厚度 a 无关,但与环数差 $m-n$ 有关. 式中,D_m、D_n 为两暗环的直径,当入射光波长已知 ($\lambda = 589.3$ nm) 时,即可求得透镜的曲率半径 R.

【实验仪器】

牛顿环仪、读数显微镜、钠灯.

1. 牛顿环仪

如图 9-6-3 所示,牛顿环仪是由被测平凸透镜 L 和磨光的平玻璃板 P 叠合安装在金属框架 F 中构成的. 框架边上有 3 个螺钉 H,用以调节 L 和 P 之间的接触,以改变干涉环纹的形状和位置. 调节 H 时,不可旋得过紧,以免接触压力过大引起透镜弹性形变,甚至损坏透镜.

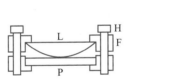

图 9-6-3　牛顿环仪的结构示意图

2. 读数显微镜

读数显微镜结构如图 9-6-4 所示,它由一个附有叉丝的显微镜和测微螺旋装置组合而成. 因此,用它既可以将被测物体放大而进行观察,又可以对物体的大小做精密测量. 镜筒可以通过调焦手轮上下移动,达到对被测物体调焦的目的. 通过旋转测微鼓轮可以实现镜筒的左右移动. 测量时,可使显微镜中的叉丝依次对准被测物体的两个位置,从显微镜上读出对应的读数,两者之差就是被测物体这两个位置间的距离.

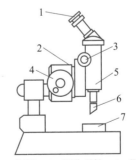

1—目镜；2—标尺；3—调焦手轮；4—测微鼓轮；5—镜筒；6—半反镜；7—牛顿环仪

图 9-6-4　读数显微镜示意图

在显微镜物镜下面装有一个 45°反射镜,它是由一个可以旋转的半透半反镜片构成,可以将水平方向的光线反射到载物台上.测微鼓轮转动一圈,可使镜筒平移 1 mm,鼓轮周边等分 100 小格,所以鼓轮转过 1 小格,平台相应平移 0.01 mm,读数可估读到千分之一毫米.

【实验内容与步骤】

1. 打开钠灯电源预热约 10 分钟,将牛顿环仪放置于显微镜的载物台上,调节显微镜镜筒使之下降接近牛顿环.

2. 调节显微镜目镜,使叉丝最清晰,轻轻调节 45°反射镜,使钠黄光充满整个视场,转动调焦手轮将镜筒缓缓向上调节,直到观察到清晰的一族同心圆条纹(牛顿环)为止.

注意:调节焦距时应由下向上移动镜筒,以免镜筒挤压到被测物.

3. 微微调整牛顿环仪在载物台上的位置,使测微鼓轮转动时,叉丝的交点能大致通过干涉图像的中心,需测量的牛顿环均能在显微镜视场内出现.显微镜的叉丝应调节成其中一根叉丝与镜筒移动方向垂直.

4. 转动测微鼓轮,使叉丝由牛顿环中央缓缓向左侧移动至第 22 暗环,然后倒回来使叉丝对准第 20 暗环,开始逐条读取位置读数,直到第 11 暗环.继续向右经过中心圆斑后,直至右侧第 11 暗环又开始读数,测到第 20 暗环为止.

要注意的是,为了避免间隙空程引起回程误差,测量时转动测微鼓轮必须朝同一方向,中途不可倒退,至于自右向左还是自左向右测量都可以.

【数据处理】

用逐差法计算牛顿环直径的平方差 $D_m^2 - D_n^2$,根据式(9-6-7)计算透镜的曲率半径 R 和其不确定度,完整表示结果.

【思考提高】

1. 实验中是否可以用测量牛顿环的弦长代替直径的测量? 请推导直径与弦长的换算公式.

2. 在牛顿环仪实验中,当平凸透镜竖直向上缓慢平移远离平板玻璃时,干涉条纹将向外冒出还是向中间收缩?

【拓展文献】

实验 9-6
拓展文献链接

[1] 戴薇.用迈克耳逊干涉仪观察多种不同形式空气劈尖形成的牛顿环[J].大学物理实验,2004(03):15-18.

[2] 刘才明,许毓敏.对牛顿环干涉实验中若干问题的研究[J].实验室研究与探索,2003(06):13-14.

[3] LIU M. Comparison between Equal Thickness Interference of Newton Ring and Michelson′ Equal Inclination Interference. Physics Bulletin,2019.

第三篇

综合与近代物理实验

　　综合实验是在基本实验基础上的提高性实验.一般地,一个实验会同时涉及物理学不同分支的内容,或者是综合了相对复杂的实验方法或手段.近代物理实验的项目则主要是一些在近代物理发展史上起过重要作用的实验,对帮助大家直观理解和掌握近代物理知识有重要作用.这两部分实验都有很强的综合性和技术性,相比较于前面的基本实验,综合实验相对比较复杂,对进一步提升学生综合应用物理学知识的实践能力具有重要作用.

第十章
综合物理实验

本章包含 5 个实验,实验原理一般为物理学的不同分支内容的综合,比如力电效应、热电效应、磁电效应等.而在实验测量方法手段上具有一定的综合性,比如用到了传感器进行参量转换测量,利用计算机进行数据采集和处理等.这部分实验的学习有助于学生提高综合应用物理知识和进行物理实验的能力.

实验 10-1　微小形变的电测法

电学测量方法具有灵敏度高,响应速度快,便于与计算机进行自动控制、自动测量和数据处理等特点.所以将非电学量转换成电学量进行测量更具优势.电学测量方法一般直接测量的是电学量,如电阻、电动势、电流、电容、电感等.因此,要用电学测量方法去测非电学量,就必须将非电学量转换成电学量,其转换器件称为传感元件.

【实验目的】

1. 了解电阻应变片(传感元件)的结构及工作原理.
2. 掌握电桥测电阻的方法,理解灵敏度对测量的影响.
3. 用电桥测量电阻应变片的电阻微小变化,进而测定悬臂梁的应变.

【预习问题】

1. 本实验用什么器件将力学量应变转换成电学量电阻的变化?
2. 电路中补偿片的作用是什么? 补偿的原理是什么?
3. 电桥灵敏度与哪些因素有关? 灵敏度不合适时应如何调节?

【实验原理】

本实验用电阻应变片(electric resistence strain gauge,以下简称应变片)作为传感元件,将微小的形变转换成电阻的变化来测量悬臂梁(cantilever)的主应变.将应变片黏贴在试件的表面,应变片的两端接入测量电路(电桥).随着试件受力变形,应变片的电阻丝也获得相应的形变使电阻发生变化.由应变片的工作原理可知,当应变沿应变片的主轴方向时,应变片的电阻变化率 $\Delta R/R$ 和试件的主应变 ε_x 成正比,即

$$\frac{\Delta R}{R} = K\frac{\Delta L}{L} = K\varepsilon_x \quad \text{或} \quad \varepsilon_x = \frac{\dfrac{\Delta R}{R}}{K} = \frac{\Delta R}{RK}$$

必须注意,ε_x 的大小还与所加载的力的大小有关.当采用砝码重力作为加载力时,若砝码质量为 m,对应重力为 mg,则可计算 1 N 力所引起的形变为

$$\varepsilon_x = \frac{\Delta R}{RKmg} \qquad (10-1-1)$$

式中 K 为应变片的灵敏系数(此值由应变片厂家给出);R 是形变测量前应变片阻值的初始值;ΔR 是加力变形后应变片的电阻变化.

所以只要测出应变片阻值的相对变化,便可得出被测试件的应变.本实验用平衡电桥测量应变片电阻的相对变化.实验装置及测量线路如图 10-1-1 和图 10-1-2 所示,将被测试件一端夹持在稳固的基座上,其主体悬空,构成一悬臂梁.在悬臂梁固定端 A 处贴一应变片,在悬臂梁变形端 B 处贴一同型号、同规格的应变片,在 C 端挂一砝码托盘以备加载.将 A 处的应变片作为温度补偿片 R_1,B 处的应变片 R_x 作为传感元件测量应变,用电阻箱 R_2、R_a 和微调电阻箱 R_b 以及 R_1、R_x 组成一惠斯通电桥,作为微小形变测量电路,对每一平衡状态,有

$$R_x = \frac{R_1}{R_2}(R_a + R_b)$$

惠斯通电桥测量电阻的原理请参阅实验 8-2.

C 处加载外力时,悬臂梁将向下弯曲,B 处产生变形,贴在 B 处的应变片亦发生变形,其电阻大小发生变化,此电阻的变化可通过电桥测量出来,从而可测定悬臂梁 B 处的应变.

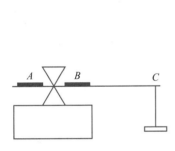

图 10-1-1　悬臂梁示意图

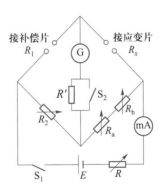

图 10-1-2　微小形变测量电路

应变片由金属电阻丝制成,当其内部通电流或环境温度变化时,均能引起电阻丝的阻值变化.温度引起的阻值变化与应变引起的阻值变化同时存在,将产生一定的测量误差.测量中怎样才能消除温度引起的阻值变化对测量系统的影响?A 处的应变片 R_1 是作为温度补偿用的,称为补偿片.它与应变片 R_x 的结构和参量相同,而且贴在同一悬臂梁上,保证了两个应变片的内部条件和外部环境一致.不同的是应变片 R_x 随悬臂梁的变形而变形,而补偿片 R_1 则不受悬臂梁形变的影响,只是当温度变化引起应变片 R_x 的阻值变化时,补偿片 R_1 亦有同样变化.而 R_1 与 R_x 又分别处于电桥的两个相邻臂上(电桥平衡后,R_1 与 R_x 上流过的电流相同),如图 10-1-2 所示,当电桥平衡时有

$$\frac{R_x}{R_1} = \frac{R_a + R_b}{R_2}$$

在同一温度变化条件下,R_x 有一增量 ΔR,则 R_1 亦有一相同增量 ΔR,则

$$\frac{R_x+\Delta R}{R_1+\Delta R}=\frac{R_a+R_b}{R_2}$$

电桥仍然是平衡的,即测量过程中因温度变化而引起的应变片电阻变化对测量(电桥的平衡状态)没有影响,此时电阻箱(R_a+R_b)的读数反映的只是应变引起的电阻变化,所以达到了温度补偿的目的.

在用电桥测电阻时,电桥系统的灵敏程度对测量有重要影响,引入电桥灵敏度的概念,其定义为

$$S=\frac{\Delta d}{\Delta R_x}\quad(格)\tag{10-1-2}$$

它表示电桥平衡后,ΔR_x 所引起的 Δd 越大,电桥越灵敏.电桥灵敏度不仅与检流计有关,还与所加电压及各桥臂电阻值的大小和保护电阻开关的开闭状态有关.检流计的灵敏度越高,电源电压越大,电桥的灵敏度越高.图 10-1-2 中 S_2 为保护电阻开关,在电桥未平衡时,S_2 应处于断开位置,使电阻 R' 接入电路起到保护检流计的作用,此时电桥灵敏度低,为粗调状态.当电桥接近平衡时,将 S_2 合上,不接入保护电阻,电桥灵敏度高,为细调状态.要注意的是,测量时并非灵敏度越高越好,而应选择合适的电桥灵敏度,即当电桥平衡后,改变电阻箱的最小步进值,使检流计有半格左右的明显偏转.

实验仪器 10-1

【实验仪器】

多值电阻箱 2 个,微调电阻箱 1 个,AC15-A 型直流检流计,毫安表,滑线变阻器,直流电源,开关,保护电阻开关,50 g 砝码 5 个,水平悬臂梁,应变片,温度补偿片.

【实验内容与步骤】

1. 按图 10-1-2 所示电路图接线,注意接线前应依据电路图和操作方便与否合理布局仪器.

2. 温度补偿片 R_1 室温时电阻值约 120 Ω,设置电阻箱 R_2 与温度补偿片阻值相等,预置 $R_a=109.5$ Ω,微调电阻箱 R_b 盘面示值 0.500 Ω.

注意:R_b 起始电阻为 10 Ω,即其阻值为盘面示值+10 Ω.

3. 调节滑线变阻器阻值或电源电压,使电桥工作电流小于 15 mA.此时先将直流检流计置于×1 μA 挡,S_2 处于断开位置,粗调 R_a 使电桥平衡;然后将 S_2 闭合,将直流检流计置于合适挡,调节 R_b 使电桥精确平衡.此时,改变 R_b 的最小步进值,则直流检流计指针应有半格左右的偏转.若电桥灵敏度不合适可适当调整检流计灵敏度或改变工作电流,在保证灵敏度的前提下,工作电流越小越好,以免应变片发热过多.

4. 在空盘状态下调节电桥平衡,R_a+R_b 的值可记为应变片的初始值.然后加一个砝码,由于应变导致应变片电阻变化,电桥失去平衡.调节 R_b 使电桥重新平衡,记下此时的 R_b 值,依次将 5 个砝码加完,此即上行(加砝码)测量.然后取下一个砝码,调电桥平衡,记下相应的 R_b 读数,依次将 5 个砝码取完,此即下行(减砝码)测量.

【注意事项】

1. 加、减砝码时动作要轻,避免砝码摆动.

2. 在加减砝码的测量过程中,必须保持 R_a 的阻值不变,仅改变 R_b.因此在加载砝码前,R_a 的 0.1 Ω 位应配合调节使 R_b 的 0.1 Ω 位处于中位偏小的值,避免测量过程中超出 R_b 的调节范围.

【数据处理】

1. 将上行测量所得数据与同数量砝码时的下行测量数据平均,得到六个数据 R_{b0}、R_{b1}、R_{b2}、R_{b3}、R_{b4}、R_{b5}.用逐差法处理,求出每增加 150 g 载荷 R_b 所产生的变化量,记为 ΔR.

2. 用公式(10-1-1)求出加 1 N 力时贴应变片处的应变,及其不确定度,完整表示测量结果.式中 $K = 2.25 \pm 0.03$,R 为未加砝码时的 $(R_a + R_b)$ 值,且 m、R 作常数处理.

说明:式(10-1-1)中的 R 是应变片的初始阻值,ΔR 是应变片的阻值变化.当电桥比例不是 1∶1 时,$R_a + R_b$ 与 R 的大小不同,但从电桥的平衡条件可知,并不影响应变测量值(请分析,为什么?).

【思考提高】

1. 为什么在本实验的测量线路中要用温度补偿片?能否用普通电阻代替?在图 10-1-2 中,将补偿片与电阻箱 R_2 互换,能否测量?

2. 假设电路中任一条导线断路,试分析调节电桥平衡时,可能出现的现象.

3. 试设计一个用非平衡电桥测量微小形变的实验方案.

【拓展文献】

实验 10-1
拓展文献链接

[1] 王建元,翟薇,侯建平,等.悬臂梁微小形变电测法实验中的力学结构优化设计[J].大学物理实验,2012,25(06):6-9.

[2] 樊英杰,曹昌年.微小形变的电测法——一种培养学生综合设计能力的实验[J].实验技术与管理,2011,28(08):47-49.

[3] WANG Z S,GUAN Y J,LIANG P. Deformation efficiency,homogeneity,and electrical resistivity of pure copper processed by constrained groove pressing. 稀有金属:英文版 3(2014):6.

【附:电阻应变片的结构及工作原理】

电阻应变片的结构如图 10-1-3 所示,其中,敏感栅是应变片中把应变量转换成电阻变化量的敏感部分,它是用金属丝或半导体材料制成的单丝或栅状体.引线是从敏感栅引出电信号的丝状或带状导线.其他辅助部分:

1. 黏结剂:是具有一定电绝缘性能的黏结材料,用它将敏感栅固定在基底上.

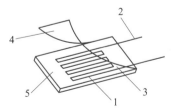

1—敏感栅;2—引线;3—黏结剂;
4—覆盖层;5—基底

图 10-1-3　电阻应变片

2. 覆盖层:覆盖在敏感栅上面的绝缘保护层.

3. 基底:用以承载、保护敏感栅和引线,并保持它们的几何形状和固定相对位置.

电阻应变片能将力学量转变为电学量是利用了金属导线的应变-电阻效应. 我们知道,金属导线的电阻 R 与其长度 L 成正比,与其截面积 A 成反比,即

$$R = \rho \frac{L}{A} \tag{10-1-3}$$

式中 ρ 是导线的电阻率.

如果导线沿其轴线方向受力产生形变,则其电阻值也随之发生变化,这一物理现象被称为金属导线的应变-电阻效应. 为了说明产生这一效应的原因,可将式(10-1-3)取对数后进行微分得

$$\frac{\mathrm{d}R}{R} = \frac{\mathrm{d}L}{L} - \frac{\mathrm{d}A}{A} + \frac{\mathrm{d}\rho}{\rho} \tag{10-1-4}$$

式中,$\frac{\mathrm{d}L}{L}$ 为金属导线长度的相对变化,用轴向应变 ε 来表示,即 $\varepsilon = \frac{\mathrm{d}L}{L}$;$\frac{\mathrm{d}A}{A}$ 是截面积的相对变化.$A = \pi r^2$(r 为金属导线的半径),$\frac{\mathrm{d}A}{A} = 2 \frac{\mathrm{d}r}{r}$,$\frac{\mathrm{d}r}{r}$ 是金属导线半径的相对变化,即径向应变 ε_r.导线轴向伸长的同时径向缩小,所以轴向应变 ε 与径向应变 ε_r 有下列关系:

$$\varepsilon_r = -\mu\varepsilon \tag{10-1-5}$$

μ 为金属材料的泊松比.

根据实验,金属材料电阻率的相对变化与其体积的相对变化之间的关系为 $\frac{\mathrm{d}\rho}{\rho} = C \frac{\mathrm{d}V}{V}$,$C$ 为金属材料的一个常数,如铜丝 $C = 1$.

由 $V = A \cdot L$ 我们可导出 $\frac{\mathrm{d}V}{V}$ 与 ε、ε_r 之间的关系:

$$\frac{\mathrm{d}V}{V} = \frac{\mathrm{d}A}{A} + \frac{\mathrm{d}L}{L} = 2\varepsilon_r + \varepsilon = -2\mu\varepsilon + \varepsilon = (1-2\mu)\varepsilon$$

由此得出

$$\frac{\mathrm{d}\rho}{\rho} = C \frac{\mathrm{d}V}{V} = C(1-2\mu)\varepsilon$$

代入式(10-1-4)得

$$\frac{\mathrm{d}R}{R} = C(1-2\mu)\varepsilon + \varepsilon + 2\mu\varepsilon = \left[(1+2\mu) + C(1-2\mu) \right]\varepsilon = K_s\varepsilon \tag{10-1-6}$$

K_s 称为金属丝灵敏系数,其物理意义是单位应变引起的电阻相对变化. 由式(10-1-6)可见,K_s 由两部分组成,前一部分由金属丝的几何尺寸变化引起,一般金属的 μ 在 0.3 左右,因此 $(1+2\mu) \approx 1.6$,后一部分为电阻率随应变而引起变化的部分,它除与金属丝几何尺寸有关外还与金属本身的特性有关.K_s 对于一种金属材料在一定应变范围内是一常数,于是得出

$$\frac{\Delta R}{R} = K_s \frac{\Delta L}{L} \tag{10-1-7}$$

为表示应变片工作时的电阻变化与试件应变的关系,引入应变片的灵敏系数 K,定义

为:试件受到一维应力的作用时,如应变片的主轴线与应力方向一致,则应变片的电阻变化率 $\Delta R/R$ 和试件主应力方向的应变 ε_x(即 $\Delta L/L$)之比称为应变片的灵敏系数,即

$$K = \frac{\dfrac{\Delta R}{R}}{\varepsilon_x} \qquad (10-1-8)$$

由于黏结剂传递形变失真与应变片的横向变形等因素的影响,应变片的灵敏系数 K 总是小于金属丝的灵敏系数 K_s. K 值由生产厂家给出.

由式(10-1-8)可以看出,应变片的敏感栅受力后使其电阻发生变化.将其黏贴在试件上,利用应变-电阻效应便能把试件表面的应变量直接变换为电阻的相对变化量,电阻应变片就是利用这一原理制成的传感元件.

实验 10-2　光纤压力与位移传感测量

光纤是 20 世纪 70 年代的重要发明之一,它与激光器、半导体探测器一起开创了光电子学的新天地.光纤的出现导致了光纤通信技术的产生,而光纤传感技术是伴随着光纤通信技术的发展而逐步形成的.在光纤通信系统中,光纤被用作远距离传输光波信号的介质,显然,在这类应用中,光纤传输的光信号受外界干扰越小越好.但是,在实际的光传输过程中,光纤易受外界环境因素影响,如温度、压力、电磁场等外界条件的变化将引起光纤光波参量如光强、相位、频率、偏振和波长等的变化.因此,人们发现如果能测出光波参量的变化,就可以获得导致光波参量变化的各种物理量的大小,于是产生了光纤传感技术.光纤传感器与传统的各类传感器相比有一系列的优点,如灵敏度高、抗电磁干扰、耐腐蚀、电绝缘性好、防爆、结构简单、体积小、重量轻、耗电少、光路可挠曲以及便于连接计算机等.

【实验目的】

1. 了解光纤位移传感器的基本原理及其特性.
2. 了解光纤传感器的调制特性及相关影响因素.

【实验原理】

光纤传感器按传感原理可分为功能型和非功能型.功能型光纤传感器是利用光纤本身的特性把光纤作为敏感元件,所以也称为传感型光纤传感器,或全光纤传感器.非功能型光纤传感器是利用其他敏感元件感受被测量的变化,光纤仅作为传输介质,所以也称为传光型光纤传感器,或混合型光纤传感器.

光纤传感器可以探测的物理量很多,已实现的光纤传感器物理量测量达 70 余种,按被测对象的不同分类,目前实际应用比较广泛的有光纤温度传感器、光纤应力应变传感器、光纤力传感器、光纤位移传感器、光纤速度传感器、光纤加速度传感器、光纤气体传感器、光纤电流传感器、光纤液位传感器等.

光纤传感器的基本工作原理是用被测量的变化调制传输光波的某一参量,使其随之

变化,然后对已调制的光信号进行检测,从而得到被测量.因此,光调制技术是光纤传感器的核心技术.

1. 微弯式光纤位移(压力)传感器

在光纤通信领域,光纤弯曲引起的损耗一直备受关注. D. Marcuse 和 D. Gloge 关于光纤弯曲引起的模耦合的研究结果,对于发展光纤弯曲损耗的研究具有重要的意义.随着光纤传感器技术的发展,现今,弯曲引起的损耗已成为一种有用的传感调制技术,业已开展了大量的研究,可以利用光纤的弯曲来测量多种物理量.

微弯式光纤位移传感器的原理结构和加载方式分别如图 10-2-1 和图 10-2-2 所示.当光纤发生弯曲时,由于其全反射条件被破坏,纤芯中传播的某些模式光线进入包层,造成光纤中的能量损耗.

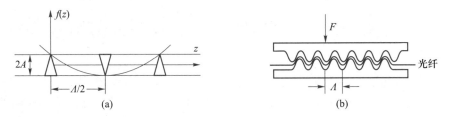

图 10-2-1　微弯式光纤位移传感器的原理结构

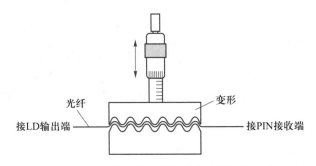

图 10-2-2　微弯式光纤位移传感器加载方式

为了扩大这种效应,我们把光纤夹持在一个周期为 Λ 的梳状结构中.当梳状结构(变形器)受力时,光纤的弯曲情况将发生变化,于是从纤芯中逸散到包层中的光能(即损耗)也将发生变化,近似地将光纤看成是正弦微弯,其弯曲函数为

$$f(z)=\begin{cases}A\sin(\omega z) & (0\leqslant z\leqslant L)\\ 0 & (z<0,z>L)\end{cases} \qquad (10\text{-}2\text{-}1)$$

式中 L 是光纤产生微弯的区域, A 为其弯曲幅度, ω 为空间频率,设光纤微弯变形函数的微弯周期为 Λ ,则有 $\Lambda=2\pi/\omega$.光纤由于弯曲产生的光能损耗系数为

$$\alpha=\frac{A^2 L}{4}\left\{\frac{\sin\left[(\omega-\omega_c)L/2\right]}{(\omega-\omega_c)L/2}+\frac{\sin\left[(\omega+\omega_c)L/2\right]}{(\omega+\omega_c)L/2}\right\} \qquad (10\text{-}2\text{-}2)$$

式中 ω_c 称为谐振频率:

$$\omega_c=\frac{2\pi}{\Lambda_c}=\beta-\beta'=\Delta\beta \qquad (10\text{-}2\text{-}3)$$

A_c 为谐振波长:

$$A_c = \frac{2\pi r}{\sqrt{2\Delta}} \qquad (10-2-4)$$

r 为光纤纤芯半径,Δ 为纤芯与包层之间的相对折射率之差.对于通信光纤 $r = 25\ \mu m$,$\Delta \leqslant 0.01, A_c \approx 1.1\ mm$.式(10-2-2)表明损耗 α 与微弯区的长度成正比,与弯曲幅度的平方成正比.弯曲幅度与梳状结构上板所受压力(或位移)大小一一对应,因此可通过光纤损耗来测量压力或位移.

2. 反射式光纤位移传感器

反射式光纤位移传感器的原理如图 10-2-3 所示.光纤探头 A 由两根光纤组成,一根用于发射光,一根用于接收反射回的光,R 是光反射器件如平面镜.

就外部调制非功能型光纤传感器而言,其光强响应特性曲线是这类传感器的设计依据.该特性调制函数可借助于光纤端出射光场的场强分布函数给出:

$$\phi(r,x) = \frac{I_0}{\pi\sigma^2 a_0^2 \left[1+\xi(x/a_0)^{\frac{3}{2}}\right]^2} \exp\left\{-\frac{r^2}{\sigma^2 a_0^2 \left[1+\xi(x/a_0)^{\frac{3}{2}}\right]^2}\right\} \qquad (10-2-5)$$

式中 I_0 为由光源耦合入发射光纤中的光强;$\phi(r,x)$ 为纤端光场中位置(r,x)处的光通量密度;r 为偏离光纤轴线的距离,x 为光纤端面与反射面的距离,σ 为一表征光纤折射率分布的相关参数,对于阶跃折射率光纤,$\sigma = 1$;a_0 为光纤纤芯半径,ξ 为与光源种类、光纤数值孔径及光源等与光纤耦合情况有关的综合调制参量.

如果将同种光纤置于光纤出射光场中作为探测接收器时,所接收到的光强可表示为

$$I(r,x) = \int_S \phi(r,x)\,\mathrm{d}S = \int_S \frac{I_0}{\pi\omega^2(x)}\exp\left\{\frac{r^2}{\omega^2(x)}\right\}\mathrm{d}S \qquad (10-2-6)$$

式中 $\omega(x) = \sigma a_0\left[1+\xi(x/a_0)^{\frac{3}{2}}\right]$,这里 S 为接收光面,即纤芯端面.由图 10-2-3(b)可知,当反射面距离光纤端面距离为 x 时,接收光纤等价于处在距出射光场 $2x$ 处.

在纤端出射光场的远场区,为计算简便,可用接收光纤端面中心点处的光强来作为整个纤芯面上的平均光强,在这种近似下,接收光纤终端所探测到的光强公式为

$$I_A(x) = \frac{RSI_0}{\pi\omega^2(2x)}\exp\left\{-\frac{r^2}{\omega^2(2x)}\right\} \qquad (10-2-7)$$

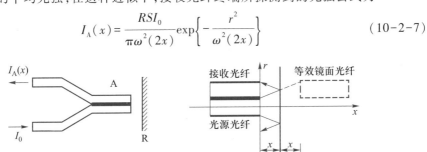

(a) 反射式光纤位移传感器光纤探头示意图　　(b) 等价光纤坐标系

图 10-2-3　反射式光纤位移传感的原理

【实验仪器】

光纤传感实验仪,光纤位移实验装置,反射式光线传感实验装置,光纤.

实验仪器 10-2

【实验内容与步骤】

1. 微弯式光纤位移传感器实验

注意:光纤跳线的插头均配有防尘帽,光纤未插入插座的时候都必须盖好防尘帽.

(1) 根据图 10-2-2,装好光纤及加载装置,将两根光纤跳线分别与主机上的 LD 输出端和 PIN 接收端相连接.

(2) 接通光纤传感实验仪电源,按下电源开关,主机的液晶屏上将显示工作电压 U,工作电流 I 和光功率 P 三行数据为安全小量.按步长选择按键"STEP",选择 2 mA 步长.按增大电流按键"+",增加驱动电流至所需值,使得光功率输出稳定.

(3) 将被测光纤放置在弯曲变形调制器中.利用螺旋测微器首先使弯曲变形器与光纤接触,记录此时的光功率值,同时记录当前螺旋测微器的读数.

(4) 然后,每旋进 50 μm 记录一次光功率值(注意:不要用力压迫光纤以免光纤被压断,当光功率值显示接近零时停止实验),将所得数据绘成曲线,该曲线即可作为微位移测量的标定曲线,用于微位移检测.

(5) 实验结束后先按"Reset"键,将驱动电流恢复到 0 后,再准备下一项实验.

2. 反射式光纤位移传感器实验

(1) 按照图 10-2-4 所示放置光纤探头和反射面,两根光纤跳线分别与主机上的 LD 输出端和 PIN 接收端相连接,并将纵向的螺旋测微器反方向(逆时针)调到初始位置.

(2) 同实验 1 第(2)步操作.

(3) 将发射端光纤端面和反射物端面靠近并对准,通过调整四维架和横向的螺旋测微器,使发射端光纤端面和反射物端面保持同轴,此时接收信号最强.

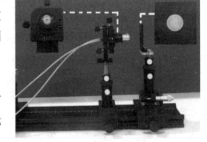

图 10-2-4 反射式光纤位移
传感实验装置图

(4) 假定此时纵向螺旋测微器的读数为零,沿纵向远离的方向旋转螺旋测微器,每移动一定距离(推荐每次变化 10~50 μm,螺旋测微器的每一格对应 10 μm)记录下螺旋测微器的读数和相应的光功率值,直到光功率值减小到接近零时停止实验.

(5) 实验结束后先按"Reset"键,将驱动电流恢复到 0 后再关闭电源,拔下光纤插头(立即盖好防尘帽),整理仪器.

【数据处理】

根据所测数据分别绘制微弯式光纤位移传感器调制曲线和反射式光纤位移传感器调制曲线.

【思考提高】

1. 试比较微弯式光纤位移传感器与反射式光纤位移传感器在应用中的优缺点.

2. 请尝试自己动手设计一套光纤液位测量系统.

实验 10-2
拓展文献链接

【拓展文献】

［1］张颖,刘志国,郭转运,等.高灵敏度光纤光栅压力传感器及其压力传感特性的研究［J］.光学学报,2002(01):89-91.

［2］关柏鸥,刘志国,开桂云,等.基于悬臂梁结构的光纤光栅位移传感研究［J］.光子学报,1999(11):983-985.

［3］余有龙,谭华耀,廖信义,等.免受温度影响的光纤光栅位移传感器［J］.光学学报,2000(04):538-542.

［4］SHAFIR E,BERKOVIC G. Multi-wavelength fiber optic displacement sensing. Proceedings of SPIE-The International Society for Optical Engineering,2005,5952:59520X-59520X-5.

实验 10-3　热敏电阻温度系数测定

热敏电阻是一种电阻值随其本体温度变化而呈显著变化的热敏感电阻.它多由金属氧化物半导体材料制成.也有由单晶半导体、玻璃和塑料制成的.由于热敏电阻具有体积小、结构简单、灵敏度高、稳定性好、易于实现远距离测量和控制等优点,所以广泛应用于测温、控温、温度补偿、高温报警等领域.

【实验目的】

1. 掌握平衡电桥和非平衡电桥的测量原理及非平衡电桥的定标方法.
2. 了解热敏电阻的温度特性,以及测温时的实验条件.
3. 学习用图解法处理数据.

【预习问题】

1. 什么是非平衡电桥?什么是非平衡电桥的定标?
2. 实验中如何实现热敏电阻温度的变化并进行测量?
3. 如何通过数据处理,得到热敏电阻的温度系数?

【实验原理】

1. 热敏电阻(thermistor)

本实验所测试样为负温度系数(NTC)热敏电阻,它的电阻值随电阻体温度升高而减小.其电阻温度特性的通用公式为

$$R_1 = R_2 e^{B\left(\frac{1}{T_1} - \frac{1}{T_2}\right)} \tag{10-3-1}$$

式中,R_1 为温度 T_1 时的阻值;R_2 为温度 T_2 时的阻值;B 为热敏指数,由材料的物理特性决定.

若设 T_2 趋于无穷大,上式可简化成

$$R_T = A\mathrm{e}^{\frac{B}{T}} \qquad\qquad (10-3-2)$$

热敏电阻温度系数的定义式为

$$\alpha = \frac{1}{R_T}\frac{\mathrm{d}R_T}{\mathrm{d}T}$$

对于负温度系数热敏电阻,其温度系数是温度 T 的函数,以 α_T 表示.由式(10-3-2)可以得出

$$\alpha_T = -\frac{B}{T^2} \qquad\qquad (10-3-3)$$

上式表示,对负温度系数电阻来说,α_T 在工作温度范围内随温度增加迅速减小,所以给出温度系数时要注明其温度值,通常 25 ℃时可省略.

将式(10-3-2)线性化,可得

$$\ln R_T = \ln A + B\,\frac{1}{T} \qquad\qquad (10-3-4)$$

实验时测出一系列 R_T 与 T 的对应值,作 $\ln R_T - \dfrac{1}{T}$ 图线,此直线斜率即为 B,截距为 $\ln A$.依据式(10-3-3),可算出 α_T.

除负温度系数热敏电阻,还有正温度系数(PTC)热敏电阻,其电阻温度特性公式为

$$R_T = R_0\mathrm{e}^{B(T-T_0)}$$

式中 R_0 是 T_0 时的阻值,它的温度系数亦称热敏指数,其值由材料特性决定.

2. 惠斯通电桥测电阻

惠斯通电桥适合测量 $1 \sim 10^6\ \Omega$ 范围的中值电阻.

(1)测量原理

图 10-3-1 是惠斯通电桥的电路原理图,图中 R_1、R_2 和 R_c 是已知阻值的标准电阻,调节 R_c 使检流计中电流为零,电桥达到平衡,则(其测量原理可参阅实验 8-2"惠斯通电桥的原理与应用")

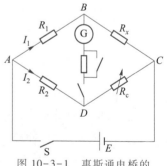

$$R_x = \frac{R_1}{R_2}R_c \qquad\qquad (10-3-5)$$

被测电阻可由三个标准电阻求得,测量准确度较高.

(2)电桥灵敏度(参阅实验 10-1"电桥灵敏度")

图 10-3-1 惠斯通电桥的
电路原理图

3. 非平衡电桥

所谓非平衡电桥,是指在测量过程中电桥是不平衡的.如图 10-3-1 所示,若被测电阻为某个初值 R_x 时,电桥平衡,当 R_x 变为 $R_x + \Delta R_x$ 时(其他各电阻不变),电桥失去平衡,桥路上就会有电流 I_g 通过,ΔR_x 越大,桥路上通过的电流 I_g 也越大.在恒定的工作电压下,R_1、R_2、R_c 不变化时,I_g 仅是 R_x 的函数.一般情况下,它们的关系是非线性的,但 I_g 与 R_x 却是一一对应的.这使我们能够通过测得桥路电流,找出该电流值所对应的电阻.为此需要确定 R_x-I_g 关系,此过程称为非平衡电桥定标.

一般来说,用实验方法进行定标更为准确和便捷.我们用标准电阻箱替代 R_x,用电流

表检测 I_g.首先使电桥平衡,桥路电流 $I_g=0$,然后仅改变电阻箱电阻 R,使桥路中有电流通过,记录不同阻值 R 及其对应的 I_g 值,直至电流表满偏为止.作出 $R\text{-}I_g$ 曲线,称为定标曲线.测量时,只需测出桥路电流 I_g 值,就可由定标曲线查出相应的 R_x 值.

注意:测量和定标时,电桥的工作状态(R_1、R_2、R_c、电源电压)不能改变,否则,它们之间不存在确定的对应关系.

【实验仪器】

实验仪器 10-3

QJ19 型单双臂电桥,指针式检流计,电阻箱,微安表,直流电源,温度计.

1. QJ19 型单双臂电桥(单桥应用)

QJ19 型单双臂电桥是两用电桥(其双桥应用介绍见实验 8-3),电桥准确度等级为0.05 级.在保证准确度情况下测量范围:单臂电桥是 $100.00\sim100.00\times10^3$ Ω;为方便接线,其标注接线柱序号的面板和单桥线路如图 10-3-2 所示.

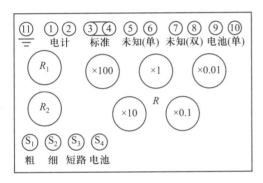
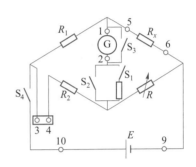

图 10-3-2　QJ19 型单双臂电桥面板和单桥线路

R_1、R_2 为比率臂电阻.依被测电阻阻值不同,R_1、R_2 可在 10、10^2、10^3、10^4 Ω 四个值中选择.作为单桥使用时应根据被测电阻的大小,参照表 10-3-1 所给数值配置 R_1、R_2.

表 10-3-1　QJ19 型单双臂电桥单桥比率臂电阻及电源电压选择

R_x/Ω	比率臂电阻/Ω		电源电压/V
	R_1	R_2	
$10\sim10^2$	100	100	1.5
$10^2\sim10^3$	100	100	3
$10^3\sim10^4$	1 000	100	6
$10^4\sim10^5$	10 000	100	10
$10^5\sim10^6$	10 000	10	20

要注意用作单臂电桥时,③与④间应短接,且被测电阻应接在"未知(单)"即⑤、⑥柱间.S_1、S_2、S_3、S_4 四按钮通常应处于常断状态,需要时才按下.

2. 指针式检流计参阅本教材第二章第六节.

3. 直流电阻箱参阅本教材第二章第八节.

【实验内容与步骤】

1. 用平衡电桥测定室温时的热敏电阻阻值 R_0

将温度计和热敏电阻一起放入装有室温水的杯子中,此时,热敏电阻的温度比较稳定.直流电源电压选为 2 V 左右,既保证电桥的灵敏度,同时也兼顾热敏电阻内不能通过太大的电流,以防自身发热,阻值变化.

将 R_1、R_2 均置于 100 Ω,调节 R 使电桥平衡,其指示值即为热敏电阻在室温时的电阻值 R_0.

2. 测量热敏电阻温度特性

用微安表替代检流计,将热敏电阻及温度计浸入热水(高于室温 30~40 ℃)中,保持 R_1、R_2 和 R 不变,调节电源电压,使微安表满偏.在水温缓慢降低过程中,记录不同温度及对应的电流值(记取 7~10 组数据).

为了减小热敏电阻因通电发热而引起阻值变化,进而影响测量的准确度,需要尽量缩短通电时间,因此注意,**只有在读电流时按下 S_4 通电,读完立即松开.**

3. 非平衡电桥定标

用电阻箱替代热敏电阻,在电源电压、R_1、R_2 及 R 都不改变的条件下,调节电阻箱阻值 R,使电流从 0 到满量程变化,记录不同电阻 R 及相应电流 I_g 值(记取 7~10 组数据).

注意:电阻箱阻值应小于室温时热敏电阻阻值 R_0,否则桥路上电流会反向.

【数据处理】

1. 在坐标纸上作出非平衡电桥 R-I_g 定标曲线.

2. 对不同温度电桥桥路电流值,从定标曲线上查出对应温度时热敏电阻阻值 R_T,作 $\ln R_T$-$\frac{1}{T}$ 曲线.

3. 图解法求出 A、B,计算 25 ℃ 即 298 K 时的 α_T 值.

【思考提高】

1. 为什么用电桥测电阻一般比伏安法测量的准确度高?

2. 电桥的组成部分有哪些?什么是电桥的平衡条件?

3. 非平衡电桥的优点是什么?使用时应注意什么?

4. 给定直流稳压电源 1 台,滑线变阻器(限流)1 个,直流多值电阻箱 4 个,量程为 100 μA 的直流电表 1 个,热敏电阻 1 个,导线若干,单刀开关、单刀双掷开关各 1 个.制作 0~100 ℃ 的半导体温度计($I_g = 0$ 时,对应 0 ℃;$I_g = 100$ μA 时,对应 100 ℃).

注意:热敏电阻作为测量温度的敏感元件时,必须要求它的电阻只随环境温度变化,而与通过的电流无关.因此,在设计热敏电阻温度计时,流经热敏电阻的电流一般选取其伏安特性曲线的线性部分的五分之一;同时流过的电流越小越好.

【拓展文献】

实验 10-3
拓展文献链接

[1] 孙庆龙. NTC 热敏电阻温度特性研究[J].大学物理实验,2013,26(04):16-

17,26.

　　[2] 靳辰,康志茹,李小亭,等.关于负温度系数热敏电阻 R-T 特性的探讨[J].计量与测试技术,2009,36(12):50-51.

　　[3] 罗志高,苏丹.铜电阻和半导体热敏电阻温度特性测量实验设计与实现[J].大学物理实验,2021,34(03):59-63.

　　[4] HE L,LING Z. Studies of temperature dependent ac impedance of a negative temperature coefficient Mn-Co-Ni-O thin film thermistor. Applied Physics Letters,2011,98(24):242112-1—242112-3.

实验 10-4　用霍尔效应测磁感应强度

　　德国物理学家霍尔在研究载流导体在磁场中受力的性质时发现,任何导体通以电流时,若存在垂直于电流方向的磁场,则导体内部将产生与电流和磁场方向都垂直的电场,这一现象称为霍尔效应(Hall effect),它是一种磁电效应.对于一般金属导电材料,这一效应不太明显,因此长期没有得到实际的应用.20 世纪 50 年代以来,由于半导体工艺的发展,先后制成了多种有显著霍尔效应的材料,这一效应的应用研究也随之发展起来.现在,霍尔效应已在测量技术、自动化技术、计算机和信息技术等领域得到了广泛的应用.在测量技术中,典型的应用是测量磁场,其特点是:(1) 响应速度快,既能测得恒定磁场,也可测交流磁场,亦能测量脉宽为 μs 级的脉冲磁场;(2) 能在很小的空间体积(零点几立方毫米)和小气隙中测磁场,现在霍尔元件可以做到 $10~\mu m^2$ 的大小;(3) 测量范围大,可以从 $10~T$ 的强磁场到 $10^{-7}~T$ 的弱磁场;(4) 可以同时利用多个霍尔元件探头,以便实现自动化分布式测量;(5) 无接触、寿命长、成本低.因此,利用霍尔元件来测量磁场已得到广泛应用.

【实验目的】

1. 了解霍尔效应的物理原理.
2. 掌握用霍尔元件测量磁场的基本方法.
3. 学习用异号法消除不等势电压产生的系统误差.

【预习问题】

1. 利用霍尔元件测量磁场的原理是什么?
2. 测量时有哪些附加效应? 如何消除这些效应引起的误差?
3. 在异号法测量时,如何操作? 有哪些要注意的事项?

【实验原理】

1. 霍尔效应原理
　　由于磁场看不见、摸不着,在实际测量中,只能利用其性质以及所产生的一些效应进行测量.测磁场的方法很多,霍尔效应测磁场只是其中的一种.

如图 10-4-1 所示,一块长、宽、厚分别为 l、b、d 的半导体薄片(霍尔元件)置于磁场中,磁场 B 垂直于薄片平面.当电流 I 流过霍尔元件时,载流子(n 型半导体为电子,p 型半导体为空穴)在磁场中受洛伦兹力(Lorentz force)F 的作用而偏转,从而在侧面形成电势差 U_H 称为霍尔电压(Hall voltage).设载流子平均速率为 u,当载流子所受洛伦兹力与 U_H 的电场力相等时,则 U_H 达到稳定,此时有

$$euB = e\frac{U_H}{b}$$

若载流子浓度为 n,则

$$I = bdneu \quad 或 \quad u = \frac{I}{bdne}$$

所以有

$$U_H = \frac{1}{ne}\frac{IB}{d} = R_H\frac{IB}{d} \tag{10-4-1}$$

系数 $R_H = 1/ne$ 称为霍尔系数,是反映材料霍尔效应强弱的重要参数,载流子浓度 n 越小,则 R_H 越大,则 U_H 也越大,所以,只有当半导体(n 比金属小得多)出现以后,霍尔效应的应用才得以发展.对于特定的霍尔元件,其厚度确定,定义霍尔灵敏度 K_H 为

$$K_H = \frac{R_H}{d} = \frac{1}{ned}$$

这样,由式(10-4-1)得

$$U_H = K_H IB$$

$$B = \frac{U_H}{IK_H} \tag{10-4-2}$$

为了提高 K_H,一般霍尔元件的厚度均很薄.式(10-4-2)是霍尔效应测磁场的基本理论依据.只要已知 K_H,用仪器测出 I 及 U_H,则可求出磁感应强度 B.

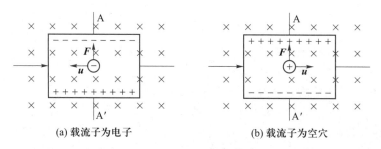

(a) 载流子为电子　　　　　　　　　(b) 载流子为空穴

图 10-4-1　霍尔效应

式(10-4-2)是在直流的情况得到的,当磁场为交变磁场时,得到的霍尔电压也是交变电压,测得的是磁场的有效值.同样,霍尔元件中也可通过交流工作电流,通过后面的分析可知,交流电可以减小某些附加效应的影响.

2. 附加效应及系统误差的消除

霍尔电压是关键的被测量,它直接影响磁场的测量精度.U_H 应是完全由霍尔效应产生的电压,但由于加工工艺,以及附加效应的影响,会产生附加电压.

（1）不等势电压

如图 10-4-2 所示，在焊接电压测试引线 A、A′ 时，不可能完全对齐，所以，即使磁场 $B=0$. 由于 A、A′ 端不在同一等势面而产生不等势电压 U_0，U_0 的正负随工作电流方向的改变而改变. 实际上，若霍尔元件材料不均匀、几何尺寸不规则，即使是 A、A′ 端焊接对齐，但其内部等势面不规则，也会产生不等势电压.

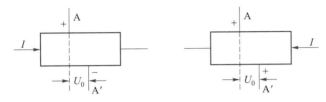

图 10-4-2 不等势电压

（2）埃廷斯豪森（Ettinghausen）效应

推导公式（10-4-2）时认为载流子的平均速率是 u，而实际上，载流子速率各不相同. 霍尔电场建立后，速度大于 u 的载流子所受洛伦兹力大于霍尔电场力；速度小于 u 的载流子所受洛伦兹力小于霍尔电场力. 因此，使得霍尔元件的一侧（A 或 A′）聚集的高速载流子多，与晶格碰撞使该侧温度较高；而另一侧（A 或 A′）聚集低速载流子多、温度较低，结果在 A、A′ 两端产生附加的温差电动势 U_E. 由图 10-4-1 可知，载流子所受洛伦兹力的方向与工作电流 I 和外磁场 B 的方向有关，所以 U_E 的正负随 I 或 B 方向的改变而改变.

（3）能斯特（Nernst）效应

给霍尔元件焊接工作电流引线时，由于两端焊点电阻不等，当电流 I 通过时，在两端产生温度差，从而形成附加的温差电流，该电流在磁场作用下，形成类似于 U_H 的附加电压 U_N. 由于附加电流方向由两端温差决定，所以 U_N 的正负与工作电流方向无关，随外磁场方向改变而改变.

（4）里吉-勒迪克（Righi-Leduc）效应

能斯特效应中产生附加电流的载流子速度不同，因此，也会由于埃廷斯豪森效应产生温差电压 U_R，由于附加电流方向与工作电流方向无关，所以，U_R 的正负只随磁场方向的改变而改变.

当工作电流 I 和磁场 B 确定后，实际测量的 A、A′ 两端的电压 U，不仅包括霍尔电压 U_H，还有 U_0、U_E、U_N、U_R. 在以上附加电压中，不等势电压 U_0 影响最大，其他三个附加效应的影响均较小. 由于附加电压中 U_0、U_N、U_R 的正负仅与工作电流 I 或磁场 B 的方向有关，测量时，同时改变 I 和 B 的方向，U_H 方向不变，U_0、U_N、U_R 附加电压的方向改变，一次的作用是加，一次的作用是减，平均后可以消除附加电压（系统误差）的影响. 这种方法称为异号测量法，尽管不能用这种方法消除附加电压中的 U_E，但由于其本身量值很小，影响可以忽略.

为简单计，将 U_0、U_N、U_R 之和简记为 U_0，I 和 B 同时换向前后测量电压分别记为 U_1 和 U_2，则有

$$+B+I \quad 时 \quad U_1 = U_H + U_0$$

$$-B-I \quad 时 \quad U_2 = U_H - U_0$$

可得

$$U_H = \frac{1}{2}(U_1 + U_2) \tag{10-4-3}$$

3. 载流长直螺线管内的磁感应强度

对于密绕的无限长理想螺线管(solenoid),根据安培环路定理,可以计算出螺线管内任一点的磁感应强度为

$$B = i\mu n \tag{10-4-4}$$

式中 n 为螺线管每单位长度的匝数,i 为螺线管中的电流,μ 为螺线管中介质的磁导率. 对空气或非铁磁介质可以认为 $\mu = \mu_0$(μ_0 是真空中的磁导率). 上式表明,螺线管内的磁感应强度 B 与螺线管的长度无关,且管内横截面上各点均为恒量,即螺线管内是均匀磁场.

实际上,螺线管的长度总是有限的. 只要满足螺线管的长度比螺线管的直径大得多的条件,螺线管中的磁场近似满足式(10-4-4),而螺线管两端的磁场则如图 10-4-3 所示沿轴向方向迅速变化.

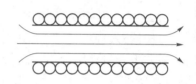

图 10-4-3 实际螺线管中的磁场分布

4. 测量系统

测量系统原理图如图 10-4-4 所示,螺线管磁场测量仪由霍尔元件、长直螺线管及相应的电路和开关组成. 霍尔元件已置于长直螺线管的中心轴线上,其平面与长直螺线管轴线垂直. 工作电流 I 通过 1、2 接线柱接入霍尔元件. 霍尔电压引线通过 3、4 接线柱接毫伏表,测量其电压. 恒流源通过 5、6 接线柱连通长直螺线管,提供励磁电流 i,使其形成与霍尔元件垂直的均匀磁场,工作电流 I 和励磁电流 i 的方向可以通过两个线路中的换向开关来改变;电流大小可通过相应电源来改变.

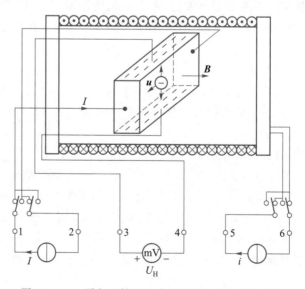

图 10-4-4 霍尔元件测磁感应强度测量系统原理图

由于霍尔效应应用的发展,霍尔元件也已制成产品,每个霍尔元件均注明有材料类型、$K_H(\mathrm{mV/mA \cdot T})$ 值、最大工作电流、电阻、几何尺寸等参量. 一般霍尔元件是长方形,

长的方向为工作电流端,宽的方向为霍尔电压测试端.实验所用霍尔元件的 K_H 值由实验室给出.

【实验仪器】

ZKY-LS 螺线管磁场实验仪,ZKY-H/L 霍尔效应螺线管磁场测试仪,插头导线,鱼叉导线

1. ZKY-LS 螺线管磁场实验仪

ZKY-LS 螺线管磁场实验仪及其面板如图 10-4-5 所示.

实验仪由螺线管、装在霍尔筒内的霍尔元件及引线、两个钮子开关(toggle switch)组成.仪器下方的三组接线柱分别接于霍尔效应螺线管磁场测试仪的工作电流端、霍尔电压端和励磁电流端.

霍尔元件处于霍尔筒中间位置(刻度尺上标有"■"处),霍尔筒在螺线管内轴向滑动,滑动范围>300 mm.霍尔元件的基本参数在铭牌标明,实验计算时可参考使用.

两个钮子开关分别对螺线管电流 i、工作电流 I 进行通断和换向控制.

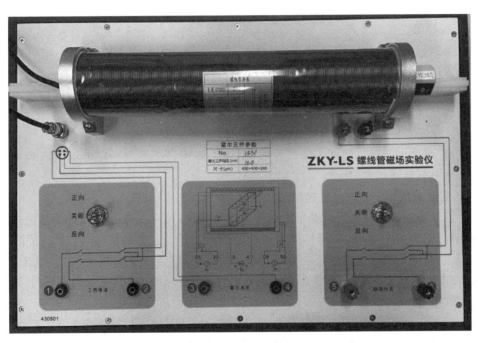

图 10-4-5　ZKY-LS 螺线管磁场实验仪面板图

2. ZKY-H/L 霍尔效应螺线管磁场测试仪

ZKY-H/L 霍尔效应螺线管磁场测试仪面板如图 10-4-6 所示,分为霍尔元件工作电流 I 的输出、调节、显示以及工作电压的显示;霍尔电压 U_H 的输入、显示;励磁电流 i 的输出、调节、显示三大部分.

"工作电流"端输出为直流电流,调节范围 0~10 mA,切换按钮自然状态时,四位数码管显示输出电流值,该电流表的量程为 20.00 mA,等级为 0.1 级.按住切换按钮,数码管显示工作电压值,显示范围 0~19.99 V;"励磁电流"端输出直流电流,调节范围 0~1 000 mA,四

位数码管显示输出电流值;"霍尔电压"端为输入端,测量范围±20.000 mV/±200.00 mV,其量程可用面板右侧的切换按钮调节,数字电压表的准确度等级为0.1级.

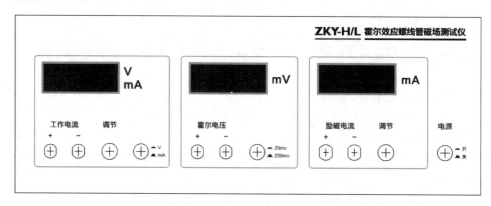

图 10-4-6　ZKY-H/L 霍尔效应螺线管磁场测试仪面板

【实验内容与步骤】

1. 仪器的连接与预热

将实验仪(ZKY-LS)上"工作电流""霍尔电压"端分别用**插头导线**与测试仪的"工作电流""霍尔电压"端相连(红黑各自对应).

将实验仪上"励磁电流"端用**鱼叉导线**与测试仪的"励磁电流"接线柱相连.

将测试仪与 220 V 交流电源接通,开机预热,预热至少 15 分钟,将霍尔电压量程置于 200 mV 挡.

注意:此处之所以用两种不同的导线,是为了防止误接导致励磁电流输入到霍尔元件的工作电流而烧坏霍尔元件.

2. 测量螺线管中心轴线上的磁感应强度

使霍尔筒中心的霍尔元件处于螺线管中心位置.将控制工作电流的钮子开关打到正向,调节工作电流 $I = 8.00$ mA.将控制励磁电流的钮子开关打到正向,调节励磁电流 $i = 800$ mA.为消除附加效应对测量结果的影响,对每一测量点都要通过钮子开关改变 I 及 i 的方向.首先测量 U_1,记取 U_1 的值,然后将工作电流和励磁电流的钮子开关打到反向,即同时改变 I 和 i 的方向,测量 U_2,则 $U_H = |U_1 + U_2|/2$(注意 $U_1 + U_2$ 为 U_1 和 U_2 的代数和).测量中应保证励磁电流和霍尔元件工作电流不变,重复多次测量 U_H,并计算磁感应强度 B.

3. 测量螺线管中心轴线上磁感应强度 B 与励磁电流 i 的关系

使霍尔筒中心的霍尔元件处于螺线管中心位置.将控制工作电流的钮子开关打到正向,调节工作电流 $I = 6.00$ mA.将控制励磁电流的钮子开关打到正向,调节励磁电流 $i = 0$, 100, 200, …, 1 000 mA,并算出螺线管中心轴线上的磁感应强度.为消除附加效应对测量结果的影响,对每一测量点都要通过钮子开关改变 i 及 I 的方向,取两次测量的算术平均值作为测量值.

【数据处理】

1. 计算通过恒定励磁电流时螺线管中心轴线上的磁感应强度及其不确定度,完整表述结果.

2. 在坐标纸上作出磁感应强度与励磁电流的关系 B-i 曲线.

【思考提高】

当外磁场已知时,可利用霍尔效应把霍尔元件作为传感器进行其他的测量.

1. 半导体导电类型的确定

在图 10-4-1 中,工作电流 I、磁场 B 的方向确定后,则 A、A′两端电压的正负由载流子类型确定,按图 10-4-1 所示的 I、B 方向,$U_{AA'}$ 为正,载流子为空穴,半导体材料是为 P型半导体;$U_{AA'}$ 为负,载流子为电子,半导体材料是 n 型半导体(附加电压较小,只影响 $U_{AA'}$ 的大小,不会改变其正负).

2. 半导体材料载流子浓度 n 的测量

霍尔灵敏度 $K_H = 1/ned$,e 是电荷基本单位,d 是半导体材料厚度,若 B 已知,由式(10-4-1)可求出 K_H,则可求出载流子浓度 n.

3. 微位移的测量

如图 10-4-7 所示,两块磁场相同的永久磁铁,同极性相对放置.当其表面积远远大于两者的间距时,正中间磁感应强度 $B = 0$,在缝隙间沿 x 轴形成一个均匀梯度的磁场 $\mathrm{d}B/\mathrm{d}x = k$(常数).把 $B = 0$ 处作为位移的参考原点,则 $x = 0$ 时,$B = 0$,$U_H = 0$.当霍尔元件移动到 x 处时,U_H 的大小由 x 处的 B 决定.式(10-4-2)中,K_H 是常数,保持 I 不变,则 $\mathrm{d}U_H/\mathrm{d}x = K_H I \mathrm{d}B/\mathrm{d}x = K_H I k = K$.

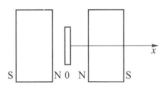

图 10-4-7 测位移原理

$$\frac{\mathrm{d}U_H}{\mathrm{d}x} = K_H I \frac{\mathrm{d}B}{\mathrm{d}x} = K_H I k = K$$

K 称为位移传感器的输出灵敏度,积分后得

$$U_H = Kx \tag{10-4-5}$$

磁场梯度越大(缝隙越窄),灵敏度越高,其位移分辨率可达 10^{-6} m. 磁场变化越均匀,U_H 与 x 的线性越好.同时,这种传感器还可转换测量速度、振动频率、压力等.例如测压力时,在霍尔传感器与压力之间接一个弹性变形体,压力使弹性变形体发生弹性形变,形变后推动霍尔传感器产生位移,然后根据标定的压力-位移关系即得压力值.

【拓展文献】

[1] 罗浩,向泽英,谢英英,等.霍尔效应法测磁场实验误差研究[J].大学物理实验,2015,28(04):99-102.

[2] 曹伟然,段立永,赵启博.霍尔效应实验的改进和扩展[J].物理实验,2009,29(02):41-44.

[3] 翁红明,戴希,方忠.磁性拓扑绝缘体与量子反常霍尔效应[J],物理学进展,2014,34(01):1-9.

[4] ABULAFIA Y,SHAULOV A,YESHURUN Y,et al. Measurement of the magnetic induction vector in superconductors using a double-layer Hall sensor array. Applied Physics Letters,1998,72(22):2891-2893.

实验 10-4
拓展文献链接

实验 10-5　光源辐射能谱的测定

　　物质的发光是存在于自然界中最普遍、最基本的现象之一，它和物质的微观结构有着必然的联系.光谱是指辐射源所发出的电磁波强度随波长变化的分布曲线.1666 年，牛顿通过棱镜的色散作用发现了光谱.1821 年，夫琅禾费发现了光栅衍射并制成高精度光谱仪.1885 年，巴尔末发现了氢光谱线系的规律.其后，氢原子光谱的其他谱线系也先后被发现.1887 年，赫兹发现光电效应.1895 年，伦琴发现 X 射线.1900 年，普朗克在黑体辐射研究的基础上，提出了量子论.1911 年，卢瑟福提出了原子的核式结构.在此基础上，1913 年，玻尔发表了有关原子结构的玻尔理论并成功解释了氢原子光谱，1925 年，一个关于微观体系的新理论——量子力学建立.如今，对于物质光谱的测定已经是人们了解和认识微观世界的重要手段和方法，同时也是物质构成成分分析的重要手段.通过本实验，我们学习利用光栅光谱仪测量物质光谱的基本方法和原理.

【实验目的】

1. 了解物质发光的光谱特性与物质结构的关系.
2. 了解光栅光谱仪和光电倍增管的结构、工作原理及使用方法.
3. 掌握用光栅光谱仪测定光源辐射能谱的方法.
4. 了解计算机在实验技术中的应用.

【预习问题】

1. 物质发光的光谱特性与物质结构有什么关系？
2. 光谱仪有哪些部件？如何测量光源的光谱分布？
3. 什么是光谱仪的定标？如何进行定标？

【实验原理】

1. 光谱

　　光谱是指辐射源所发出的电磁波强度随波长变化的分布曲线.它反映了特定辐射源的发光特性，其中分立的线状单色光谱称为线状光谱或谱线，小波段范围内连续的光谱称为谱带，而大范围内连续的光谱称为连续光谱.一般说来，固体发射的热辐射是连续光谱，而被激发的原子和分子所发出的辐射是各种分立的线状光谱.这些分立的线状光谱标志着原子和分子的结构与特性，是原子和分子的标识.因此，光谱分析不仅可以作为研究原子和分子结构的手段和依据，也可以用来鉴定物质的化学成分.

　　谱线波长的测量可以确定原子、分子所具有的能态.谱线强度的测量可以推得有关外层电子处于空间某点的概率，得到有关原子壳层结构的信息.若能分辨出自然线宽，则可测出受激态的寿命.由谱线的压力线宽和位移，可求得原子或分子之间的碰撞过程信息和相互作用势.谱线在磁场或电场中的分裂可用于确定磁矩和电矩，并由此检测电子壳层的结构.由超精细结构的测定，可获得原子核与壳层之间相互作用的信息和有关磁偶极矩或电四极矩的信息.

2. 光谱仪

光谱仪是用来获得光谱的仪器,它可以把光波按波长展开,并把不同成分的强度记录下来.光谱仪一般由分光仪和探测器两部分构成.分光仪的作用是把复色光按波长分解成一系列单色光.最常见的分光器件有棱镜和光栅(grating).探测器的作用是将分光仪分出的光进行位置(波长)和强度的测量.常见探测器有光电倍增管、光电池、光电二极管、光敏电阻、CCD 器件等.

图 10-5-1 所示为 WGD-3 组合式多功能光栅光谱仪(grating spectrometer)结构框图.

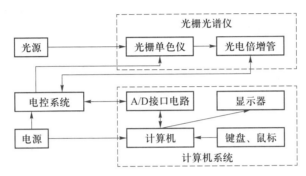

图 10-5-1 WGD-3 组合式多功能光栅光谱仪结构框图

该光谱仪用光栅单色仪分光,光电倍增管探测,并将探测器的光电压信号通过 A/D接口输入计算机进行数据采集、处理、存储和显示.

(1)光栅单色仪

光栅单色仪通常用平面反射光栅作为色散元件.如图 10-5-2(a)所示,普通的平面反射光栅是在镀有金属层的平面反射镜上刻画出许多等宽度、等间隔的平行直痕,用于可见光区和紫外光区的光栅大多数为每毫米 600 条或 1 200 条刻痕.当入射光与光栅平面法线成 φ 角时,其衍射光满足下列光栅方程:

$$d(\sin\varphi\pm\sin\theta)=k\lambda \quad (k=0,1,2,\cdots) \tag{10-5-1}$$

式中 d 为光栅常量,θ 为衍射光与光栅法线的夹角,λ 是衍射光波长,k 是衍射级次,当入射角 φ 和衍射角 θ 在光栅法线的同侧时取"+",异侧时取"−".显然对于同一级次的衍射光来说,波长不同,其衍射角亦不同.这样,一束复色光以角度 φ 入射到光栅后,便按波长分成了不同角度的衍射光.

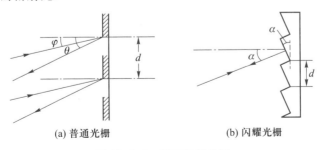

(a) 普通光栅　　　　　　　　　(b) 闪耀光栅

图 10-5-2 平面反射光栅

为了提高光栅在特定方向上的衍射效率,常将光栅的刻痕刻制成如图 10-5-2(b) 所示的形状,这种反射光栅称为闪耀光栅(blazed grating)或定向光栅. 若刻痕面与光栅平面的夹角为 α,当入射角 $\varphi = \alpha$ 时,它使得单缝衍射的中央主极大(包络线的中心)从原来在光栅法线另一侧与入射线对称的方向上,移动到了与光栅法线成 α 角的入射光方向,结果在此方向上光谱主极大变强或称闪耀,其闪耀波长 λ_B 由下式决定:

$$\lambda_B = 2d\sin\alpha \tag{10-5-2}$$

本实验所用的光栅单色仪光路原理如图 10-5-3 所示.

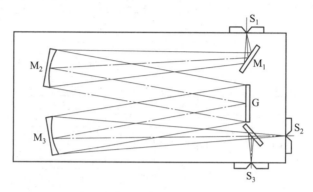

图 10-5-3　光栅单色仪光路原理

S_1 为入射、S_2 和 S_3 为出射直狭缝,宽度 0~2.5 mm 连续可调. S_1 位于反射式准直镜 M_2 的焦平面上. 光源发出的光束进入入射狭缝 S_1,经平面镜 M_1 的反射投射至 M_2 上. 入射光束在 M_2 上被反射成平行光束投射到平面光栅 G 上,衍射后分成不同波长的平行光束,以不同的衍射角投向反射物镜 M_3,最后成像在出射狭缝 S_2 或 S_3 上. 根据 S_2 开启宽度的大小,波长间隔非常小的一部分光束射出狭缝 S_2. 当光栅按顺时针方向旋转时,便可在狭缝 S_2 处得到不同波长的单色光. 实验中所采用的反射式准直镜 M_2 和反射物镜 M_3 焦距均为 302.5 mm,光栅 G 为每毫米 1 200 条刻线的闪耀光栅,闪耀波长为 550 nm.

(2)光电倍增管

光电倍增管是典型的电子发射型探测器,它是利用外光电效应(photoelectric effect)将光信号转变为电信号. 如图 10-5-4 所示,光电倍增管由阴极 K、若干个倍增极 D_i、阳极 A、真空管壳和工作电路组成.

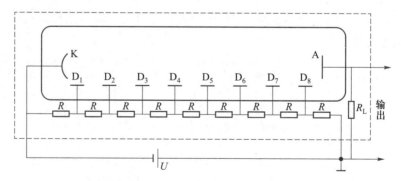

图 10-5-4　光电倍增管及其工作电路

当光照射在阴极上时,从阴极激发出的光电子在极间电场的加速作用下,打在第一倍增极 D_1 上,由于光电子能量很大,它在倍增极上将激发出多个次级电子,次级电子在极间电场的作用下,又打在第二倍增极 D_2 上引起更多的次级电子发射.如此持续下去,电子数迅速倍增,最后到达阳极 A 的电子数可达到原来的百万倍,在电路中形成较大的与照射辐射通量成正比的电流或电压,通过测量光电倍增管输出的电流或电压即可实现光强的测量.

若光电倍增管的放大倍数很大,灵敏度很高,同时又有很好的线性响应,适于探测极微弱的光信号.但它不能探测强光,否则阴极和倍增极的疲劳会使灵敏度下降,甚至使其损坏.因此在测量中,要特别注意防止强光和杂散光的影响.光电倍增管的响应时间很短,约为 10^{-8} s 以下,可记录脉冲光快速的变化过程.

3. 光源的辐射能谱及其测量

光源作为科学研究中的认识工具和工程技术中的照明器件,在物质成分分析、结构研究检验和光学测量方面都必不可少,所以对光源光谱特性的了解和研究是必需的.

光源在单位时间辐射出的辐射能称为光源的辐射通量(radiation flux),其单位为 W(瓦特).特定的光源只能辐射出一定波长范围内的光,且波长不同,辐射通量也不同.光源辐射通量随波长的分布称为光源的辐射能谱,即单位波长间隔对应的辐射通量,也叫光谱能量分布,用 $E(\lambda)$ 表示,单位为 W/m.它反映了光源的辐射特性.

用光栅光谱仪可实现对光源辐射能谱的测量.测量时,探测器直接测得的是单色仪输出的不同波长的光对应的光电压 $U(\lambda)$.$U(\lambda)$ 满足下式:

$$U(\lambda) = KE(\lambda)T(\lambda)S(\lambda)\Delta\lambda \qquad (10-5-3)$$

其中:$E(\lambda)$ 为光源的辐射能谱;$T(\lambda)$ 为单色仪的相对光谱透射率,它与单色仪中光栅等光学元件对不同波长光的透射率及光学元件造成的色散等有关;$S(\lambda)$ 为探测器的光谱灵敏度,它表示单位辐射通量在探测器上产生的光电压或光电流的大小;K 是与光谱仪及其状态相关的比例系数;$\Delta\lambda$ 为出射光谱宽度.由于光栅对不同波长的光色散率不同,相同的出射缝宽所包含的不同波长光的光谱宽度不同,引起的出射光谱能量分布与原光源的光谱能量分布也不同.在 λ 处,有

$$\Delta\lambda = \left.\frac{\mathrm{d}\lambda}{\mathrm{d}s}\right|_{\lambda} \Delta S \qquad (10-5-4)$$

ΔS 为出射狭缝宽度.显然由式(10-5-3)和式(10-5-4)可得

$$E(\lambda) = \frac{U(\lambda)}{KT(\lambda)S(\lambda)\left.\dfrac{\mathrm{d}\lambda}{\mathrm{d}s}\right|_{\lambda}\Delta s} \qquad (10-5-5)$$

可见,要得到光源的辐射能谱 $E(\lambda)$,就必须知道单色仪的相对光谱透射率 $T(\lambda)$;探测器的光谱灵敏度 $S(\lambda)$;色散率曲线 $\mathrm{d}\lambda/\mathrm{d}s$-$\lambda$ 和比例系数 K.但单独测定 $T(\lambda)$、$S(\lambda)$ 及 $\mathrm{d}\lambda/\mathrm{d}s$-$\lambda$ 曲线较为麻烦.如果用一已知辐射能谱为 $E_s(\lambda)$ 的光源,在相同的实验条件下测出其光电压 $U_s(\lambda)$,则有

$$E_s(\lambda) = \frac{U_s(\lambda)}{KT(\lambda)S(\lambda)\left.\dfrac{\mathrm{d}\lambda}{\mathrm{d}s}\right|_{\lambda}\Delta s} \qquad (10-5-6)$$

比较式(10-5-5)和式(10-5-6),容易得出

$$E(\lambda) = \frac{E_s(\lambda)}{U_s(\lambda)} \cdot U(\lambda) \tag{10-5-7}$$

这种用已知光源的光谱能量分布来确定光谱仪的测量系数 $KT(\lambda)S(\lambda)\Delta\lambda$ 的过程叫做定标.已知辐射能谱的光源叫做标准光源(standard lightsource).理想的标准光源是绝对黑体(absolute black body),因为绝对黑体的辐射能谱 $E_b(\lambda,T)$ 服从普朗克公式:

$$E_b(\lambda,T) = \frac{cS}{4} \frac{8\pi hc\lambda^{-5}}{e^{\frac{hc}{\lambda kT}} - 1} \tag{10-5-8}$$

式中,h 为普朗克常量;c 为光速;k 为玻耳兹曼常量;T 为黑体的绝对温度;λ 为辐射光波长;S 为黑体光源的发光面积.不难看出,对于给定的黑体光源,其辐射能谱 $E_b(\lambda,T)$ 只取决于温度 T.图 10-5-5 给出了不同温度时绝对黑体的相对辐射能谱.

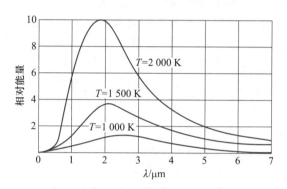

图 10-5-5　绝对黑体相对辐射能谱

理想黑体光源不易获得,实际中常用白炽钨灯作为次级标准光源,其相对辐射能谱与绝对黑体非常接近,尤其是在可见光波段符合得很好.只要知道其分布温度 T_d,便可用普朗克公式(10-5-8)算出其相对辐射能谱 $E_s(\lambda)$.用白炽钨灯作为标准光源,在可见光区,且分布温度 $T_d = 2\,444$ K 时,公式可简化为

$$E_s(\lambda,T_d) = \frac{\lambda^{-5}}{e^{\frac{hc}{\lambda kT_d}} - 1} \cong \lambda^{-5} e^{-\frac{hc}{\lambda kT_d}} = \lambda^{-5} e^{-\frac{5\,885\,\text{nm}}{\lambda}} \tag{10-5-9}$$

本实验中,通过计算机可直接获得被测光源在光栅光谱仪光电倍增管上输出的光电压 $U(\lambda)$ 的相对值,使用一个分布温度 T_d 已知的普通白炽灯作为标准光源,在相同的条件下测出其光电压 $U_s(\lambda)$,再由公式(10-5-9)算出其相对辐射能谱 $E_s(\lambda)$.将上述各量代入式(10-5-7),即可算出被测光源的相对辐射能谱 $E(\lambda)$.

【实验仪器】

实验仪器 10-5

光谱仪,计算机,白炽灯,GP20Hg 低压汞灯.

1. WGD-3 型组合式多功能光栅光谱仪

规格参数:波长范围 200~800 nm,焦距 302.5 mm,相对孔径 D/F = 1/7,波长精度 ±0.4 nm,波长重复性 ±0.2 nm,杂散光 ≤10^{-3}.

使用注意事项:

(1) 单色仪已经调好,绝对禁止对单色仪进行任何调整.先打开电控系统电源后,再打开计算机启动软件,关闭时反之.

(2) 由于该仪器由计算机控制精密机械装置完成测量,且光电倍增管上加有负高压,所以在实验过程中必须严格按实验方法提示的步骤进行,不得随意运行程序,尤其是在波长扫描时,严禁中途中断或反复扫描,否则会损坏机械装置.

(3) 严格按提示设定软件参数,严禁随意修改或输入软件及硬件参数.

(4) 严禁在计算机上做与本实验无关的事情.

2. 白炽灯

普通白炽灯是利用固体热辐射制成的热光源,其光谱为连续光谱.它由灯丝支架、引线、泡壳和灯头等几部分组成.白炽灯一般用金属钨作灯丝,它熔点高、蒸发率小、可见辐射选择性好——即可见光区有较多的能量辐射.本实验使用的 PZ220-40 型白炽灯是普通照明用 220 V、40 W 的白炽灯,其分布温度 $T_d = 2\,444$ K.用电位器改变其电压可改变其灯丝温度,这样便可以测量不同灯丝温度下白炽灯的辐射能谱.

3. GP20Hg 低压汞灯

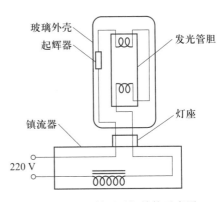

图 10-5-6　低压汞灯结构示意图

GP20Hg 低压汞灯(low pressure mercury lamp,以下简称低压汞灯)属于热电极弧光放电型光源,其结构如图 10-5-6 所示.低汞压灯由玻璃外壳、发光管胆和工作电路组成.玻璃外壳内抽成真空以减少气体对流和传导引起的热损耗,并有保护发光管胆的作用.抽成真空的发光管胆内装有两个热电极并充有汞及氩气.其中充入惰性气体是为了有助于放电启动,故称之为启动气体.它的电路和常用日光灯相同,起辉器装在玻璃外壳内.

低压汞灯的功率为 20 W;电源电压为 220 V;工作电压为 20 V;工作电流为 1.3 A.标准的低压汞灯辐射能量主要集中在 253.7 nm 的紫外辐射上,但普通的玻璃外壳对紫外辐射有强烈的吸收.其在可见区的辐射光谱如表 10-5-1 所示.

表 10-5-1　低压汞灯可见区的辐射光谱

波长/nm	404.656	407.783	433.922	434.749	435.833	491.607	502.564	546.073	576.960	579.066	623.437
颜色	紫	紫	紫	紫	紫	蓝	绿	绿	黄	黄	红
强度	次强	次强	次强	次强	强	弱	弱	很强	强	强	很弱

使用注意事项:

(1) 低压汞灯有较强的紫外辐射,为保护眼睛,不要直视灯管.

(2) 使用时灯管的正常位置应垂直,灯座在下,发光管胆的发光柱要对准狭缝.灯管不能直接接入 220 V 电源.

(3) 低压汞灯点燃后,因突然断电或关闭电源,在灯管仍发烫时又立刻启动电源,常不能点燃. 此时需等灯管温度下降后, 汞蒸气压降到一定程度才能点燃, 一般约需 10 分钟.

（4）汞有毒, 灯管不能乱抛, 更不得将灯管打碎.

【实验内容与步骤】

1. 测量低压汞灯的光电压 $U(\lambda)$

（1）打开低压汞灯电源, 将其发光管胆的发光柱对准光谱仪的入射狭缝 S_1 处.

（2）打开电控系统电源, 然后启动计算机, 进入 WGD - 3 软件控制处理系统界面, 按任意键马上显示工作平台, 同时弹出一个对话框, 选择 "是" 即进入 WGD - 3 软件工作平台.

（3）选定 "参数设置" 菜单, 在对话框中将扫描间隔设置为 0.1 nm; 最大值设置为 1 000; 起始波长设置为 400 nm; 终止波长设置为 600 nm; 其他均为默认值不变.

（4）选择 "工作方式" 菜单, 单击 "单程扫描" 选项, 仪器从低波长向高波长方向进行扫描, 同时在屏幕的左下部将实时显示扫描当前点的波长和光电压值. 扫描完成前, 耐心等待, 严禁进行任何操作. 扫描完成后, 屏幕上出现低压汞灯此时的光电压分布曲线.

（5）选择 "读取数据" 菜单, 选定 "检峰" 选项, 即弹出一个对话框, 用数字键输入最小峰高 "30"（参考值）, 单击 "确定" 便可自动检索波峰的位置和光电压值, 并将结果显示在屏幕上. 记录下各峰的波长和相应的光电压值后关闭 "检峰" 窗口.

注意: 将所得各峰的波长值与表 10-5-1 中所列波长值进行比较, 若相差较大时, 应请指导教师对仪器进行波长修正.

（6）选择 "读取数据" 菜单, 选定 "清屏显示" 选项, 连续按两次 "Enter" 键清除屏幕显示. 关掉低压汞灯电源并将其移开.

2. 测量白炽灯的光电压 $U_s(\lambda)$

（1）打开白炽灯电源, 将其灯丝对准光谱仪的入射狭缝 S_1 处, 旋转调光旋钮使灯至最亮.

（2）按前述（4）步骤, 在屏幕上获得白炽灯的光电压分布曲线.

（3）选择 "读取数据" 菜单, 单击 "读取数据" 选项, 屏幕上坐标的左下角出现绿色的 "×" 游标. 此时可按 "←" 和 "→" 两键移动游标 "×", 同时在屏幕的左下部将显示游标所在点的波长和光电压值, 快速移动可用 "Page Up" 和 "Page Down" 两键.

（4）移动游标 "×", 读取与已测量出的低压汞灯各波峰波长相对应的光电压值, 并列表记录. 按 "Esc" 键可退出 "读取数据" 状态.

3. 结束实验

（1）选择 "文件" 菜单, 单击 "退出" 选项, 退出测量软件系统.

（2）首先关闭计算机电源, 再关闭电控系统及光源的电源, 并整理好仪器和桌面.

注意: 软件扫描测量界面中的 y 轴标注为 E 轴, 它表示的是光电倍增管输出光电压的相对值, 而不是能量值.

【数据处理】

1. 将所测量出的低压汞灯各波峰波长代入公式（10-5-9）, 算出相应波长的白炽灯

相对辐射能谱 $E_s(\lambda)$，并列入表中.

2. 将所测得的白炽灯的光电压 $U_s(\lambda)$、低压汞灯的光电压 $U(\lambda)$ 和 $E_s(\lambda)$ 各值分别代入公式（10-5-7），算出低压汞灯各波峰波长对应的相对辐射能谱 $E(\lambda)$，并列入表中.

3. 计算 $E^*(\lambda) = \dfrac{E(\lambda)}{E(\lambda)_{max}} \times 100\%$

【思考提高】

1. 为什么常用黑体辐射作为标准光源？

2. 原子的辐射光谱为什么会出现分立的谱线结构？

3. 分光器件中光栅与棱镜有何不同？

4. 如何测定探测器的光谱灵敏度 $S(\lambda)$？试设计一个实验方案完成对 $S(\lambda)$ 的测量并画出 $\lambda - S(\lambda)$ 曲线.

【拓展文献】

［1］康永强,杨成全,姜晓云,等. 黑体辐射定律研究及验证［J］. 大学物理实验,2010,23（04）:18-19,39.

［2］TAKAHIRO,MATSUMOTO,MAKOTO,et al. Modified blackbody radiation spectrum of a selective emitter with application to incandescent light source design. Optics Express,2010,18（S2）.

实验 10-5
拓展文献链接

第十一章
近代物理实验

近代物理是相对于经典物理而言的,主要是指 19 世纪末和 20 世纪初开始形成的相对论和物质的微观结构理论,它是以普朗克量子论为起点,以相对论(包括狭义相对论和广义相对论)和量子力学为支柱的物理体系,在解释涉及微观尺度和宇宙尺度的物理现象方面为人们认识世界打开了一扇全新的窗户.近代物理实验所涉及的物理知识概念较新,实验的综合性和技术性强,对丰富和活跃学生的物理思想,提升他们对物理现象的洞察力,帮助他们了解实验物理在物理学中的地位,正确认识新物理概念的产生、形成和发展的过程等方面都有非常重要的作用.

实验 11-1　用迈克耳孙干涉仪测波长

迈克耳孙干涉仪(Michelson interferometer)是以美国物理学家、1907 年诺贝尔物理学奖获得者迈克耳孙的名字命名的.1881 年,迈克耳孙设计了干涉仪,进行了以太风(ether wind)测定的著名实验,实验结果出人意料地否定了以太风的存在,但却因此验证了狭义相对论的光速不变原理,同时对光速进行了精确测定,在近代物理学发展史上有着重要意义.此外干涉仪还完成了两个闻名于世的实验:光谱精细结构测量和用光波波长标定标准米原器,对物理学发展作出了重大贡献.后人根据迈克耳孙的设计原理,制成了多种有实用价值的干涉仪,它们可以精确测量诸如单色光波长、相干长度以及各种与长度和长度变化有关的物理量.

【实验目的】

1. 了解迈克耳孙干涉仪的结构特点和设计思想,掌握其调节和使用方法.
2. 通过观察实验现象,加深对干涉原理的理解.
3. 掌握迈克耳孙干涉仪的调整和干涉测量的基本方法.
4. 测定波长和钠双线的波长差,进一步了解其光谱结构.
5. 探究迈克耳孙干涉仪的应用

【预习问题】

1. 迈克耳孙干涉仪的基本结构有哪几部分? 其读数系统有哪几部分?
2. 干涉仪上单色点光源产生的非定域干涉是等倾干涉,其圆形条纹哪里的干涉级次更高,为什么?

3. 条纹可见度的定义是什么？钠双线实验中什么情况下条纹可见度最高,什么情况下可见度最低?

4. 实验测量中应如何避免拖板间隙空程引起的回程误差?

【实验原理】

1. 相干光的获得

迈克耳孙干涉仪是用分振幅法产生双光束以实现干涉的.其光路如图 11-1-1 所示,从光源 S 发出的一束光射在分束器 G_1 上,在 G_1 的背面镀有半反膜,光束通过 G_1 后被分成光强近似相等的两部分,一部分从 G_1 的半反射膜处反射,射向平面反射镜 M_1,另一部分从 G_1 透射,射向平面反射镜 M_2,因为 G_1 与 M_1、M_2 成 45°角,所以两束光分别垂直入射到 M_1、M_2 上,从 M_1 反射回来的光透过 G_1,从 M_2 反射回来的光再经 G_1 反射,两者在 E 处干涉产生干涉条纹.由于从 M_1 反射到 E 处的光,自光源发出,三次经过 G_1,而从 M_2 反射到 E 处的光,自光源发出,只一次经过 G_1,故光路中放置一个与 G_1 平行的补偿板 G_2,以补偿两束光的光程差.其材料和厚度与 G_1 完全相同.

反射镜 M_2 是固定的,M_1 可在导轨上前后移动,M_1、M_2 的方向也可调节.对观察者而言,两相干光束等价于从 M_1 及 M_2' 而来(M_2' 是 M_2 经 G_1 反射而成的虚像),迈克耳孙干涉仪所产生的干涉条纹就如同 M_1 与 M_2' 之间的空气膜所产生的干涉条纹一样.当 M_1 与 M_2' 平行时,空气膜厚度相同.当 M_1 与 M_2' 不平行时,空气膜可看作夹角恒定的楔形薄膜.

2. 单色点光源产生的非定域干涉条纹及光源波长测量

使 M_1 与 M_2' 平行且相距 d,如图 11-1-2 所示.点光源 S 发出的一束光,对 M_1 来说,如同从 S′处发出($S'G_1 = SG_1$),对于 E 处的观察者来看,由于 M_1 的镜面反射作用,又如同从 S_1' 虚光源发出一样.同理,M_2 反射的光如同从虚光源 S_2' 发出一样.S_1'、S_2' 两虚光源发出的球面波在相遇空间处处相干.把观察屏放在 E 附近空间的不同位置,都可以看到干涉条纹,这种条纹称为非定域条纹(nonlocalized fringe).理想的点光源很难获得,激光器发出的激光束经过短焦距透镜会聚之后,可视为很好的点光源,实验中就是采用这种方法获得点光源的.

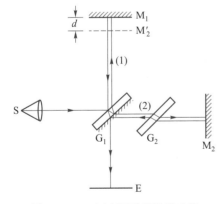

图 11-1-1 迈克耳孙干涉仪光路

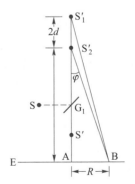

图 11-1-2 非定域干涉光程差

如图 11-1-2 所示,观察屏放于 E 处,且与 S_1'、S_2' 连线垂直,交点为 A,屏上某点 B 与

A 相距 R,设 $S_2'A = L, S_1'S_2' = 2d$,光线 $S_1'B$ 与 $S_2'B$ 的光程差为

$$\Delta L = \sqrt{(L+2d)^2 + R^2} - \sqrt{L^2 + R^2}$$

使 $L \gg d$,展开上式可近似为

$$\Delta L = 2Ld/\sqrt{L^2 + R^2} = 2d\cos\varphi \tag{11-1-1}$$

故干涉亮纹条件为

$$2d\cos\varphi = k\lambda \quad (k = 0, 1, 2, \cdots) \tag{11-1-2}$$

干涉暗纹条件为

$$2d\cos\varphi = \left(k + \frac{1}{2}\right)\lambda \quad (k = 0, 1, 2, \cdots) \tag{11-1-3}$$

（1）d 一定时点光源非定域干涉条纹的特点

d、λ 一定时,干涉图样是以 A 为中心的一系列稳定的同心圆环.这是因为具有相同倾角 φ 的所有光线光程差相同,干涉情况相同,所以形成同一级次的圆环,对于不同的 φ,就产生了一系列不同半径的同心圆环.此种干涉也称为点光源等倾干涉（equal inclination interference）,干涉条纹中心处较疏,越向外越密,这可由两条纹的角距 $\Delta\varphi = \dfrac{\lambda}{2d\sin\varphi}$ 分析得出.d、λ 一定时,距中心越远,φ 越大,$\Delta\varphi$ 越小,条纹就越密.此外,同心圆中心处条纹级次 k 最高,干涉圆环越往外,级次越低.这是因为中心处 $\varphi = 0$,光程差 $\Delta L = 2d$ 为最大值,故 k 最高.而 φ 越大,k 值就越小,所以越向外级次越低.

（2）d 的变化与条纹的吞吐及波长测量

移动 M_1,使 d 增加时,中心处的光程差增加,中心条纹级次也随之增加,于是可看到条纹向外扩,犹如从中心吐出来一样.反之如果 d 减小,则可观察到条纹内缩,犹如吞入一样.

当中心处吞入或吐出一个条纹时,其光程差 $\Delta L = 2d$ 正好改变一个波长,当动镜 M_1 由 d_1 位置移动到 d_2 位置,吞入或吐出了 N 个条纹时,则光程差变化为

$$2(d_2 - d_1) = 2\Delta d = N\lambda \tag{11-1-4}$$

$$\lambda = \frac{2}{N}\Delta d \tag{11-1-5}$$

测得 Δd 的值及相应的 N 值,就可以测出光源的波长 λ.

（3）d 的变化与条纹疏密

当 d 增大时,观察到中心处向外吐出条纹,视场中条纹会变多、变密.当 d 减小时看到条纹由中心处吞入,条纹变少,变稀疏.而当 M_1 与 M_2' 重合,即 $d = 0$ 时,整个干涉场内无干涉条纹,所见是一片明暗程度相同的视场.

3. 单色面光源的干涉及钠灯黄光双谱线波长差的测量

普通光源都不是点光源,它们是由许多互不相干的点光源集合而成,光源中不同发光点发出的光束虽然互不相干,但每个点光源所发出的光,经迈克耳孙干涉仪后可以产生干涉,无数点光源产生的干涉图样的叠加结果,会形成稳定的干涉图样.

（1）等倾干涉

当 M_1、M_2' 严格平行且相距为 d 时,面光源上某点发出一束光以倾角 φ 入射,经 M_1、M_2' 反射后产生(1)、(2)两束平行光,它们在无穷远处相遇而干涉（也可以用一透镜,使其会聚于焦平面上而干涉）.由图 11-1-3 可看出,(1)、(2)两束光的光程差为

$$\Delta L = AB + BC - AD = 2d\cos\varphi \qquad (11-1-6)$$

当 $\Delta L = k\lambda$ 时形成明纹，$\Delta L = \left(k + \dfrac{1}{2}\right)\lambda$ 时形成暗纹.

以相同立体倾角 φ 入射的光线，干涉情况相同，为同级圆环状条纹. 不同倾角入射光形成不同级次的同心圆环条纹. 其图样特点与前述点光源等倾干涉非常相似. 只是面光源的干涉条纹形成在一特定的区域上，即无穷远处（或透镜焦平面上），所以这种条纹称为定域条纹（localized fringe）.

当 d 变化时，单色面光源等倾干涉条纹的疏密变化、条纹的吞吐，与单色点光源等倾干涉条纹对应相同.

（2）等厚干涉（equal thickness interference）

当 M_1 与 M_2' 有一微小的夹角时，M_1 与 M_2' 之间形成楔形空气薄层，就会产生等厚干涉条纹. 如图 11-1-4 所示. 面光源上一点 S 所发出的一束光线经 M_1 与 M_2' 反射后的两根光线（1）、（2）在 M_1 镜面附近相遇，产生干涉条纹. 这两束光的光程差可近似用下式表示：

$$\Delta L = 2d\cos\varphi \qquad (11-1-7)$$

式中 d 为观察点 B 处的厚度，φ 为入射角. 在 $M_1 M_2'$ 相交处，$d=0$，光程差为零，形成直线干涉条纹，称为中央条纹. 当入射角 φ 很小时，在中央条纹附近，光程差 $\Delta L = 2d$，在同一厚度 d 的地方，光程差相等，形成与中央条纹平行的直条纹. 在远离相交线处，d 值逐渐增大，入射角 φ 的变化对光程差的影响不可忽略，干涉条纹变成弧线.

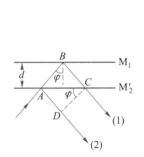

图 11-1-3　等倾定域干涉光程差

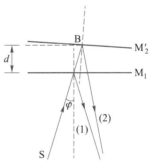

图 11-1-4　等厚定域干涉

以上不同状态时的条纹如图 11-1-5 所示.

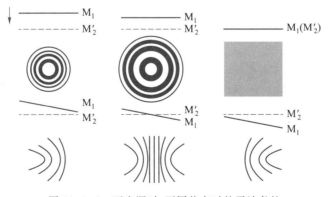

图 11-1-5　面光源时，不同状态时的干涉条纹

（3）钠双线波长差的测量

一般光学实验中所用的单色光源发出的光并不是绝对单色光,只能说近似于单色光,即使是单色性很好的激光光源,它辐射的光波也有一定的波长范围 $\Delta\lambda$,只是较其他光源的 $\Delta\lambda$ 小一些而已. 本实验所用的钠灯,光强最强的谱线有两条,一条波长为 $\lambda_1 = 589.593$ nm,另一条波长为 $\lambda_2 = 588.996$ nm. 其产生的等倾干涉条纹是两条谱线各自干涉条纹的叠加.

由于 λ_1、λ_2 相差很小,当 M_1、M_1' 之间距离 d 为某个值时,恰好使 λ_1 的干涉亮纹与 λ_2 的亮纹重合,λ_1 的暗纹与 λ_2 的暗纹重合. 叠加的结果,明纹光强为极大值 I_{max},暗纹光强为极小值 $I_{min} = 0$,此时条纹明暗对比最强,最清晰,可见度(visibility)最高. 可见度用下式计算:

$$V = \frac{I_{max} - I_{min}}{I_{max} + I_{min}} \tag{11-1-8}$$

对于上述情况,显然可见度 $V = 1$. 如果改变 d,而使 λ_1 干涉的亮纹与 λ_2 干涉的暗纹重合,叠加后条纹明暗对比不明显,若两谱线的发射光强相等,则合成条纹光强处处相等,$I_{max} = I_{min}$,可见度 $V = 0$. 继续改变 d,又会出现 $V = 1$ 到 $V = 0$ 的变化. 因而当 d 连续变化时,会出现可见度的周期性变化.

利用可见度的变化,我们可以测量钠灯两波长的差值 $\Delta\lambda$. 设 M_1、M_1' 间距为 d_1 时,在同一位置 λ_1 形成明纹,λ_2 形成暗纹,设 $\lambda_1 > \lambda_2$,在中心附近区域有

$$2d_1 = k_1\lambda_1 = \left(k_2 + \frac{1}{2}\right)\lambda_2 \tag{11-1-9}$$

此时可见度 $V = 0$. 继续同方向移动 M_1,两套条纹相对移动,可见度再次降为零时,M_1、M_1' 间距为 d_2,光程差满足

$$2d_2 = (k_1 + \Delta k)\lambda_1 = \left[k_2 + (\Delta k + 1) + \frac{1}{2}\right]\lambda_2 \tag{11-1-10}$$

式中 Δk 为 M_1、M_1' 间距从 d_1 变到 d_2 时,吞入或吐出的条纹数. 两式相减,可解得

$$2\Delta d = \Delta k\lambda_1 = (\Delta k + 1)\lambda_2$$

由此式可进一步解得

$$\Delta\lambda = \lambda_1 - \lambda_2 = \frac{\lambda_1\lambda_2}{2\Delta d} \tag{11-1-11}$$

由于 λ_1、λ_2 相差很小,可取 $\lambda_1\lambda_2 \approx \overline{\lambda}^2$,则

$$\Delta\lambda = \frac{\overline{\lambda}^2}{2\Delta d} \tag{11-1-12}$$

式中 Δd 为相邻两次可见度为零时,动镜 M_1 移动的距离,可由干涉仪测出. $\overline{\lambda}$ 取 589.3 nm. 这样就可由式(11-1-12)测定钠双线波长差 $\Delta\lambda$.

【实验仪器】

迈克耳孙干涉仪,激光器,钠灯,扩束镜.

1. 迈克耳孙干涉仪

迈克耳孙干涉仪如图 11-1-6 所示. 分束器 G_1 和补偿板 G_2 与导轨成 45°角. 反射镜

实验仪器 11-1

M_1 装在滑块上,滑块可以在导轨上移动.反射镜 M_2 固定在导轨的一侧.两个反射镜背面各有两个螺钉,可粗调 M_1,M_2 的倾斜方向.

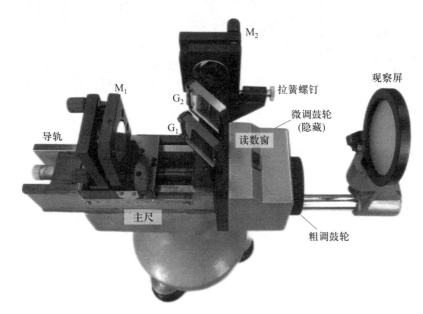

图 11-1-6　迈克耳孙干涉仪

（1）为了实现 M_1 和 M_2 之间空气薄膜的连续微小变化,仪器利用拉簧螺钉使 M_2 镜产生微小的角度变化.该调节系统能使 M_1 和 M_2' 完全平行.其结构如图 11-1-7 所示,M_2 镜固定在刚性臂上,弹簧与刚性臂和微调鼓轮相连,旋动螺钉拉伸弹簧,弹簧对刚性臂的作用力变化,则刚性臂产生微小形变带动 M_2 镜作微小转动.

（2）导轨内装有精密丝杠,粗调鼓轮或微调鼓轮带动拖板平动,拖板带动 M_1 镜在导轨上移动.如图 11-1-8 所示,M_1 镜与拖板之间有较大的间隙,所以测量时,M_1 镜只能向一个方向移动,中途不能倒退,否则,会导致较大的测量误差.粗调鼓轮转一周,M_1 镜移动距离为 1 mm,微调鼓轮转一周,M_1 镜移动 0.01 mm.M_1 镜的位置可由导轨一侧的标尺、粗调鼓轮刻度盘和微调鼓轮刻度盘读出.粗调鼓轮刻度盘和微调鼓轮刻度盘上各有 100 等分的分度线,故粗调鼓轮刻度盘最小分度为 0.01 mm,微调鼓轮的最小分度为 0.000 1 mm,这就是干涉仪的测量精度,读数时估读到 0.000 01 mm.如图 11-1-9 所示读数为:41.343 65 mm.

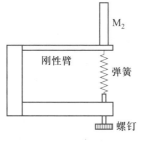

图 11-1-7　拉簧螺钉

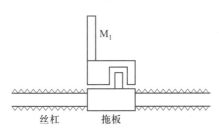

图 11-1-8　回程误差的产生

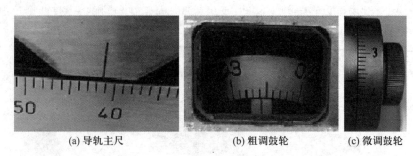

| (a) 导轨主尺 | (b) 粗调鼓轮 | (c) 微调鼓轮 |

图 11-1-9　迈克耳孙干涉仪的读数装置

导轨和读数传动装置都装在底座上,底座下方有三个调平螺钉,用以调节导轨水平.水平调好后,可拧紧固定圈,以保持底座稳定.

迈克耳孙干涉仪是精密仪器,在调节和使用中应注意:

(1) 各镜面严禁用手触摸及擦拭,以保持其光洁.

(2) 调节螺钉及调节鼓轮时必须缓慢均匀地旋动,用力适当,不可强行操作.

(3) 调节粗调鼓轮时注意动镜 M_1 与主尺"0"刻度端的移动间隙,防止 M_1 镜卡死.

2. 氦氖激光器(He-Ne laser)

氦氖激光器主输出波长为 632.8 nm,单色性好,方向性强(发散角小),空间相干性高.

使用注意事项:激光亮度极高,不得用眼睛直接观察.

3. 钠灯

钠灯管胆内有钠及氩氖混合气.它的光谱在可见范围内有两条强谱线(588.996 nm,589.593 nm),即通常说的钠双线或钠 D 线.

使用注意事项:

(1) 通电 15 分钟左右钠灯才能正常发光.

(2) 使用完毕,待灯管冷却后方能移动摇晃,以免金属钠流动,影响灯的性能.

(3) 钠是一种活泼金属,极易氧化,遇水会剧烈反应而爆炸,应防止灯管与水、火接触.废灯管也要妥善保管和处理.

调节视频 11-1

【实验内容与步骤】

1. 调整仪器

(1) 调整底脚的调平螺钉,使导轨水平.

(2) 拧动粗调鼓轮,使 M_1G_1 和 M_2G_1 基本相等.

(3) 将 M_1、M_2 背面的两个螺钉和 M_2 的两个拉簧螺钉拧成半松半紧状态,以便给后面的调节留有余地.

(4) 使激光束大致和导轨垂直.调节激光管的上下和左右位置及俯仰,使光束照射到 G_1、M_1 和 M_2 的中心附近,并使由反射镜反射回来的光束回到激光器出射小孔附近.

(5) 调节 M_1 与 M_2 垂直.由 M_1、M_2 反射的光束照射到放在 E 处的观察屏上(如图 11-1-1 所示),呈现两组分立的光点.调节 M_1、M_2 背面的调节螺钉,改变镜面的倾斜方向,直到使两组光点重合.此时会看到光点内有干涉条纹闪动.

（6）将扩束镜置于激光管前，使得扩束后的光斑均匀照亮 G_1，这时在观察屏上可看到同心圆环，拧动拉簧螺丝或微调 M_2 背面的调节螺钉，使同心圆环中心处在反射光斑视场中央.

2. 观察单色点光源等倾干涉条纹，测量氦氖激光波长

注意： 由于仪器结构的需要，微调鼓轮可随时带动粗调鼓轮转动；但粗调鼓轮不能带动微调鼓轮.这样就常常会出现粗、微调鼓轮读数不配套的问题，导致读数出错.因此，在所有需要使用微调鼓轮读数的实验中，都必须先做两鼓轮刻度匹配的操作：先将微调鼓轮往增大方向转至 0，然后将粗调鼓轮也往增大方向转至某整刻线，此时两鼓轮刻度匹配.

（1）观察 d 为定值时干涉条纹的特征.为避免回程误差，以原刻度匹配调节的方向继续旋动微调鼓轮，观察条纹吞吐及疏密随 d 变化的特点.

（2）记下 M_1 镜的位置 d_1，缓慢而均匀地旋转微调鼓轮，使中心吞入或吐出 40 个条纹后，记录 M_1 镜的位置 d_2，利用式（11-1-5）算出氦氖激光波长.

3. 观察面光源等倾干涉条纹，测量钠双线波长差

（1）在前面调节的基础上，旋动粗调鼓轮，使观察屏上的条纹越来越粗，直到只剩很少几个同心圆环.若调节过程中条纹圆心偏移，可随时调节拉簧螺钉使圆环中心处在视场中央.

（2）在激光器之前放置钠灯，使光照射在 G_1 上.去掉观察屏，眼睛在 E 处直接向 M_1 镜看去，可观察到面光源等倾干涉条纹.

（3）旋转粗调鼓轮缓慢移动 M_1，当条纹可见度减小到条纹刚消失时，记录 M_1 位置 d_1，继续沿同一方向旋动粗调鼓轮，使条纹可见度增大，变清晰，又逐渐减小，条纹又一次消失时，记录 d_2.继续调节，连续记录多个条纹刚消失时，M_1 的位置 d，利用式（11-1-12）计算钠双线波长差 $\Delta\lambda$.

【数据处理】

1. 计算氦氖激光波长并与公认值比较，计算其相对误差.

2. 在测量钠双线波长差过程中，用逐差法计算 $\overline{\Delta d}$.计算波长差并与公认值 $\Delta\lambda = 0.597\ \text{nm}$ 比较，计算其相对误差.

【思考提高】

1. 由理论可知，光线由光疏介质入射到光密介质时会产生半波损失，分析在图 11-1-5 中，$d=0$ 时为什么产生的是亮条纹？

2. 利用一个臂光程差改变 $\lambda/2$ 时，"冒出"或"收缩"一个条纹的特性，请设计激光照射时，用迈克耳孙干涉仪测量平板玻璃、液体、空气折射率的实验方法.

3. 热胀冷缩是物质的基本属性.能否利用反射镜移动时干涉条纹变化这一特性，设计用迈克耳孙干涉仪测量金属棒线胀系数的方法？

【拓展文献】

实验 11-1
拓展文献链接

［1］罗子人,白姗,边星,等.空间激光干涉引力波探测[J].力学进展,2013,43(04)：

415-447.

　　[2]蒋礼,罗少轩,阳艳,等.用迈克尔逊干涉仪测量全息干板膜厚度[J].应用光学,2006(03):250-253.

　　[3]Xu L,JIANG L,LI B,et al. High-temperature sensor based on an abrupt-taper Michelson interferometer in single-mode fiber. Applied Optics,2013,52(10):2038-2041.

　　[4]罗松杰,王孝艳.利用迈克尔逊干涉仪测量物体表面形貌[J].大学物理实验,2022,35(01):79-82.

实验 11-1 拓展：用干涉法测量固体热膨胀系数

　　物体的体积或长度随温度升高而增大的现象称为热膨胀,热膨胀特性通常用热膨胀系数(或热膨胀率)来表示,这是材料最重要的热物理性质之一,它是衡量材料热稳定性好坏的一个重要指标.

【实验目的】

1. 复习迈克耳孙干涉仪的原理,了解热膨胀系数的概念.
2. 掌握用干涉法测量试件热膨胀系数的方法.
3. 用作图法描述热膨胀与温度变化的关系.

【预习问题】

1. 什么是热膨胀系数?
2. 本实验如何测量试件因热膨胀而伸长的量 ΔL?

【实验原理】

1. 固体的热膨胀系数

　　在一定温度范围内,原长为 L_0 (在 $t_0 = 0\ ℃$ 时的长度)的固体受热而温度升高,其长度一般会由于原子的热运动加剧而发生膨胀,在 t (单位℃)温度时,伸长量 ΔL 与温度增量 Δt ($\Delta t = t - t_0$,在摄氏温度下 $\Delta t = t$)近似成正比,与原长 L_0 也成正比,即

$$\Delta L = \alpha \cdot L_0 \cdot \Delta t \tag{11-1-13}$$

式中 α 为固体的热膨胀系数,此时固体的总长为

$$L_t = L_0 + \Delta L \tag{11-1-14}$$

　　在温度变化不大时, α 为常量,由式(11-1-10)和式(11-1-11)得

$$\alpha = \frac{L_t - L_0}{L_0 t} = \frac{\Delta L}{L_0} \cdot \frac{1}{t} \tag{11-1-15}$$

　　由式(11-1-15)可见, α 的物理意义为温度每升高 1 ℃时固体的伸长量 ΔL 与它在 0 ℃时的长度 L_0 之比. α 是一个很小的量,附录中列有几种常见固体材料的 α 值.当温度变化较大时, α 可用 t 的多项式来描述 $\alpha = A + Bt + Ct^2 + \cdots$,式中 A 、 B 、 C 为常量.

　　在实际测量当中,通常测得的是固体材料在室温 t_1 下的长度 L_1 ,温度从 t_1 升至 t_2 时

的伸长量 $\Delta L_{21} = L_2 - L_1$，以及温度 t_2 下的长度 L_2，这样得到的是平均热膨胀系数：

$$\alpha = \frac{\Delta L_{21}}{L_1(t_2 - t_1)} \tag{11-1-16}$$

实验中我们需要直接测量的物理量是 ΔL_{21}、L_1、t_1 和 t_2.

2. 干涉法测量热膨胀系数

采用迈克耳孙干涉法测量试件热膨胀系数的原理如图 11-1-10 所示，根据迈克耳孙干涉原理可知，长度为 l_0 的被测固体试件被电热炉加热，当温度从 t_0 上升至 t 时，试件因热膨胀伸长到 l，同时推动迈克耳孙干涉仪的动镜，使干涉条纹发生 N 个环的变化，则

$$\Delta l = l - l_0 = N \frac{\lambda}{2} \tag{11-1-17}$$

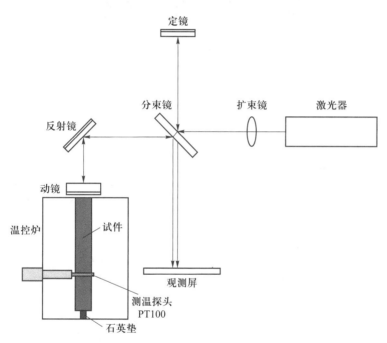

图 11-1-10　迈克耳孙干涉法测量热膨胀系数原理图

由式（11-1-16）得被测试件的热膨胀系数为

$$\alpha = \frac{\Delta l}{l_0(t - t_0)} \tag{11-1-18}$$

因此只要测出某一温度范围内固体试件的伸长量和加热前的长度，就可以测出该固体材料的热膨胀系数.

【实验仪器】

SGR-1 型热膨胀实验装置（硬铝、钢、黄铜三种试件）、游标卡尺.

1. SGR-1 型热膨胀实验仪

SGR-1 型热膨胀实验装置的外观和各部件名称如图 11-1-11 所示.

实验仪器
11-1 拓展

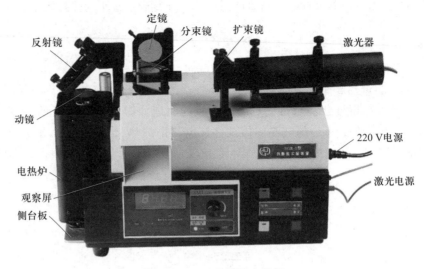

图 11-1-11   热膨胀实验仪

仪器主要包括迈克耳孙干涉光路元件、电热炉和数显调节仪(面板如图 11-1-12 所示).

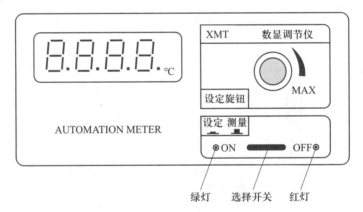

图 11-1-12   数显调节仪面板

数显调节仪的测温探头通过铜热电阻,取得代表温度信号的阻值,经电桥放大器和非线性补偿器后转换成与被测温度成正比的信号;而温度设定值使用"设定旋钮"调节,两个信号经过选择开关和 A/D 转换器,可在数码管上分别显示测量温度和设定温度.仪器加热接近设定温度,通过继电器自动断开加热电路;在测量状态,显示当前探测到的温度.

【实验内容与步骤】

1. 放置和更换被测试件

(1)松开加热炉下部的手钮,使炉体平移,离开侧台板.将用于移动被测试件的专用螺钉(M4)旋进被测试件一头的螺孔中,手提 M4 螺钉把试件送进电热炉,电热炉内部件示意图如图 11-1-13 所示(注意:安放时试件的测温孔与炉侧面的圆孔一定要对准).

注意：为避免体温传热对炉内外热平衡的扰动，不要用手抓握被测试件.

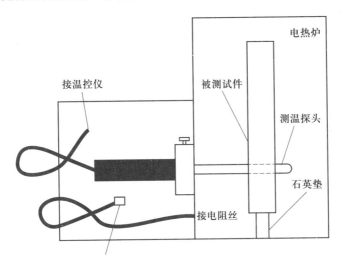

图 11-1-13　电热炉内部结构示意图

（2）卸下 M4 螺钉，用动镜背面石英管一端的螺纹件将动镜与试件连接起来. 在炉体复位（从台板开口向里推到头）后，将测温探头穿过炉壁插入试件下部的测温孔内，测温器手柄应紧靠电热炉的外壳. 从炉内电阻丝引出的电缆插头应插入炉旁的插座中，如图 11-1-13 所示. 炉体下部与侧台板之间，用两个手钮锁紧.

注意：在动镜与螺钉之间黏接的石英细管质脆易损，不能承受较大的扭力和拉力，务必轻拿轻放试件. 炉底上的石英垫不能承受试件下落的冲击.

（3）更换试件时，松开加热炉下部的手钮，使炉体平移，离开侧台板. 旋下动镜，拔下测温头，再换上 M4 螺钉，手提从炉内取出试件. 用风冷法或其他方法使炉内温度降到最接近室温的稳定值，确认后，按第（1）、（2）步要求安放新的被测试件，换下的测试试件插入试件架中，放置好后重新调节光路.

2. 调节迈克耳孙干涉光路

（1）连接好激光器的电源线，接通仪器的总电源，按"激光"开关，然后调节激光器固定架螺钉，使光束垂直入射.

（2）把扩束镜从光路中移除，调节定镜和反射镜背后的螺钉，使观察屏上的两组光点中的两个最强光点重合.

（3）把扩束镜放入光路中，屏上即出现干涉条纹，对扩束器作二维调节，使观察屏上光照均匀. 微调反射镜的角度，将椭圆干涉环的环心调到视场的适中位置.

3. 测量热膨胀

测量热膨胀有两种方案，即升高一定的温度测量试件的伸长量，和令试件伸长到一定的伸长量测量所需的温度升高量. 注意实验前不要按"加热"开关，以免为恢复加热前温度而延误实验时间. 实验中，每次新放入试件，加热前都需要静置一段时间，并观察温度显示，待试件入炉已达到热平衡状态后再开始加热.

方案一：升高一定的温度测量试件的伸长量.

将温控仪选择开关置于"设定",转动设定旋钮,直到显示出预定温度值.设定温度升高量(为保证测量精度,一般应大于 10 ℃)后,将选择开关置于"测量",记录试件初始温度 t_0,确认干涉图样中心的形态,按"加热"键,同时仔细默数环的变化数,一次测完,待试件完全冷却后再进行下一次测量.

方案二:令试件伸长到一定的伸长量,测出所需升高温度.

将温控仪选择开关置于"设定",转动设定旋钮,建议将设定温度定在 60 ℃ 以上,设定温度后,将选择开关置于"测量",记录初始温度,开始计数干涉环的变化,待数到一定的数量(为保证测量精度,一般应大于 50 个)时,读出结束温度,一次测完,直接按"暂停"键,手动停止加热,待试件冷却再进行下一次测量.

一种试件测试完毕后,待试件冷却下来,更换下一试件重复前述过程.

需要注意的是:本实验宜在低照度环境下进行,以保证干涉圆环的对比度.室内应避免强烈的空气流动.地面和台面不可有较强的震动.实验室应保持安静.

【数据处理】

计算两种方案测得到不同材料试件的热膨胀系数,并与附录中公认值进行比较,计算两者的相对误差.

【思考提高】

1. 本实验的误差来源主要是什么? 这些误差来源是如何影响测量结果的?
2. 对一种材料来说,热膨胀系数是否一定是一个常量? 为什么?
3. 测量热膨胀系数还可以有哪些方法?

【拓展文献】

实验 11-1 拓展
拓展文献链接

[1] 杨新圆,孙建平,张金涛. 材料线热膨胀系数测量的近代发展与方法比对介绍[J]. 计量技术,2008(07):33-36.

[2] 白锐,孙学伟,贾松良. 材料热膨胀系数的激光散斑干涉测量方法[J]. 力学与实践,2003(04):38-39.

[3] RYU H Y,SUH H S. A Fiber Ring Laser Dilatometer for Measuring Thermal Expansion Coefficient of Ultralow Expansion Material. IEEE Photonics Technology Letters,2007,19(24):1943-1945.

实验 11-2　磁阻传感器的研究与应用

物质在磁场中电阻率发生变化的现象称为磁阻效应,磁阻传感器是一种利用磁阻效应制成的磁场探测器件.磁阻传感器可用于直接测量磁场或磁场的变化,如弱磁场测量、地磁场测量、各种导航系统中的罗盘、计算机中的磁盘驱动器、各种磁卡机等.也可通过磁场变化测量其他物理量,如利用磁阻效应制成各种位移、角度、转速传感器,各种接近开关、隔离开关,现广泛应用于汽车、家电及各类需要自动检测与控制的领域.

　　磁阻元件的发展经历了半导体磁阻(MR)、各向异性磁阻(AMR, Anisotropic Magnetic-Resistance)、巨磁阻(GMR)、庞磁阻(CMR)等阶段. 在磁场测量的三种物理效应中,磁阻效应比电磁感应、霍尔效应发展更快,测量灵敏度也更高. 本实验学习 AMR 的特性及利用它测量磁场的原理和方法.

【实验目的】

　　1. 了解 AMR 传感器的电磁特性及其用于磁场测量的原理.
　　2. 掌握利用 AMR 传感器测量亥姆霍兹线圈的磁场分布的方法.
　　3. 掌握利用 AMR 传感器测量地磁场的方法.

【预习问题】

　　1. 什么是磁阻效应?
　　2. AMR 磁阻传感器输出与磁场的关系是什么?

【实验原理】

　　AMR 传感器由沉积在硅片上的坡莫合金($Ni_{80}Fe_{20}$)薄膜形成电阻. 沉积时外加磁场,形成易磁化轴方向. 铁磁材料的电阻与电流和磁化方向的夹角有关,电流与磁化方向平行时电阻 R_{max} 最大,电流与磁化方向垂直时电阻 R_{min} 最小,电流与磁化方向成 θ 角时,电阻可表示为

$$R = R_{min} + (R_{max} - R_{min})\cos^2\theta \tag{11-2-1}$$

　　在磁阻传感器中,为了消除温度等外界因素对输出的影响,由 4 个相同的磁阻元件构成惠斯通电桥,结构示意图如图 11-2-1 所示. 图中,易磁化轴方向与电流方向的夹角为 45°. 理论分析与实践表明,采用 45°偏置磁场,当沿与易磁化轴垂直的方向施加外磁场,且外磁场强度不太大时,电桥输出与外加磁场强度成线性关系.

　　无外加磁场或外加磁场方向与易磁化轴方向平行时,磁化方向即易磁化轴方向,电桥的 4 个桥臂电阻阻值相同,输出为零. 当在磁敏感方向施加如图 11-2-1 所示方向的磁场时,合成磁化方向将在易磁化方向的基础上逆时针旋转. 结果使左上和右下桥臂电流与磁化方向的夹角增大,电阻减小 ΔR;右上与左下桥臂电流与磁化方向的夹角减小,电阻增大 ΔR. 通过对电桥的分析可知,此时输出电压可表示为

$$U = U_b \times \Delta R/R \tag{11-2-2}$$

式中 U_b 为电桥工作电压,R 为桥臂电阻,$\Delta R/R$ 为磁阻阻值的相对变化率,与外加磁场强度成正比,故 AMR 磁阻传感器输出电压与磁场强度成正比,即

$$B = k \times U \tag{11-2-3}$$

　　本实验仪所用测试仪的传感器灵敏度为 $1\ mV/(V \cdot G^{-1})$,电桥工作电压 5 V,放大器放大倍数 50,$k = 4\ G/V$,测得电桥的输出电压即可由式(11-2-3)获得被测磁感应强度大小.

　　实用的磁阻传感器除图 11-2-1 所示的电源输入端和信号输出端外,还有复位/反向置位端和补偿端两对功能性输入端口,以确保磁阻传感器的正常工作.

　　复位/反向置位脉冲的作用机理见图 11-2-2. AMR 置于超过其线性工作范围的磁场中时,磁干扰可能导致磁畴排列紊乱,改变传感器的输出特性. 此时可在复位端输入脉冲

电流,通过内部电路沿易磁化轴方向产生强磁场,使磁畴重新排列整齐,恢复传感器的使用特性.若脉冲电流方向相反,则磁畴排列方向反转,传感器的输出极性也将相反.

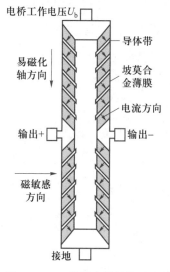

图 11-2-1　磁阻电桥结构示意图

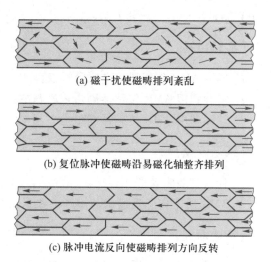

图 11-2-2　置位/反向置位脉冲作用机理

　　补偿端输入主要是用于补偿传感器因各种原因导致的少量的零位偏离,从补偿端每输入 5 mA 补偿电流,通过内部电路将在磁敏感方向产生 1 G 的磁场.图 11-2-3 为 AMR 的磁电转换特性曲线,其中电桥偏离是在传感器制造过程中,四个桥臂电阻不严格相等带来的,外磁场偏离是测量某种磁场时,外界干扰磁场带来的.不管要补偿哪种偏离,都可调节补偿电流,用人为的磁场偏置使图 11-2-3 中的特性曲线平移,使所测磁场为零时输出电压为零.地球本身具有磁性,地表及近地空间存在的磁场叫做地磁场.地磁的北极、南极分别在地理南极、北极附近,彼此并不重合,可用地磁场强度,磁倾角,磁偏角三个参量表示地磁场的大小和方向.磁倾角是地磁场强度矢量与水平面的夹角,磁偏角是地磁场强度矢量在水平面的投影与地球经线(地理南北方向)的夹角.在现代数字导航仪等系统中,通常用互相垂直的三维磁阻传感器测量地磁场在各个方向的分量,根据矢量合成原理可以快速实时地测量出地磁场的大小和方向,但利用 AMR 磁阻传感器的方向敏感性,由单个 AMR 就可以测量地磁的磁倾角和磁偏角.

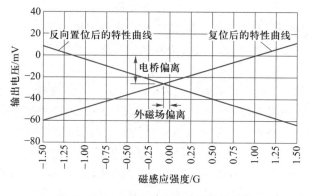

图 11-2-3　AMR 的磁电转换特性曲线

【实验仪器】

ZKY-CC 各向异性磁阻传感器、磁场测量仪、磁场实验仪专用电源.

1. 磁场实验仪

磁场实验仪结构如图 11-2-4 所示,核心部分是各向异性磁阻传感器,辅以磁阻传感器的角度、位置调节、读数机构及亥姆霍兹线圈等.

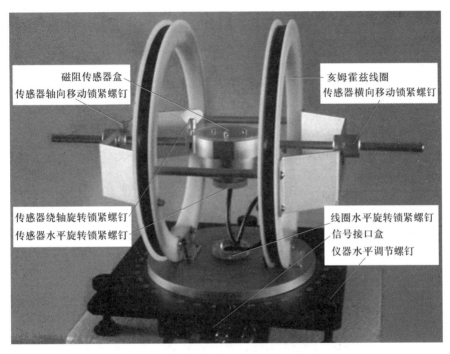

图 11-2-4　磁场实验仪

磁电转换特性是磁阻传感器最基本的特性,磁电转换特性曲线的直线部分对应的磁感应强度,即磁阻传感器的工作范围,直线部分的斜率除以电桥电压与放大器放大倍数的乘积,即为磁阻传感器的灵敏度.本实验仪所用磁阻传感器的工作范围为 ±6 G,灵敏度为 1 mV/(V·G⁻¹).即当磁阻电桥工作电压为 1 V,被测磁场磁感应强度为 1 G 时,输出信号为 1 mV.

亥姆霍兹线圈是由一对彼此平行的共轴圆形线圈组成.两线圈内的电流方向一致,大小相同,线圈之间的距离 d 正好等于圆形线圈的半径 R.这种线圈的特点是能在公共轴线中点附近产生较广泛的均匀磁场,根据毕奥-萨伐尔定律,可以计算出通电圆线圈在轴线上任意一点产生的磁感应强度,其垂直于线圈平面,方向由右手螺旋定则确定,与线圈平面距离为 x_1 的点的磁感应强度为

$$B(x_1) = \frac{\mu_0 R^2 I}{2(R^2 + x_1^2)^{3/2}} \tag{11-2-4}$$

亥姆霍兹线圈是由一对彼此平行的共轴圆形线圈组成.两线圈内的电流方向一致,大小相同,线圈匝数为 N,线圈之间的距离 d 正好等于圆形线圈的半径 R,若以两线圈中

点为坐标原点,则轴线上任意一点的磁感应强度是两线圈在该点产生的磁感应强度之和,即

$$B(x) = \frac{\mu_0 NR^2 I}{2\left[R^2 + \left(\dfrac{R}{2}+x\right)^2\right]^{3/2}} + \frac{\mu_0 NR^2 I}{2\left[R^2 + \left(\dfrac{R}{2}-x\right)^2\right]^{3/2}}$$

$$= B_0 \frac{5^{3/2}}{16}\left\{\frac{1}{\left[1+\left(\dfrac{1}{2}+\dfrac{x}{R}\right)^2\right]^{3/2}} + \frac{1}{\left[1+\left(\dfrac{1}{2}-\dfrac{x}{R}\right)^2\right]^{3/2}}\right\} \qquad (11-2-5)$$

式中 B_0 是 $x=0$ 时,即亥姆霍兹线圈公共轴线中点的磁感应强度,为

$$B_0 = \frac{8}{5^{3/2}} \cdot \frac{\mu_0 NI}{R} \qquad (11-2-6)$$

式中 N 为线圈匝数, I 为流经线圈的电流强度, R 为亥姆霍兹线圈的平均半径, $\mu_0 = 4\pi \times 10^{-7}$ H/m 为真空中的磁导率. 采用国际单位制时,由上式计算出的磁感应强度单位为特斯拉(1 T = 10 000 G). 本实验仪 $N = 310$, $R = 0.14$ m,当线圈中电流为 1 mA 时, B_0 为 0.02 G.

2. 磁场实验仪专用电源

磁场实验仪专用电源如图 11-2-5 所示,恒流源为亥姆霍兹线圈提供电流,电流大小可调节,电流值由电流表指示. 电流换向按钮可以改变电流的方向.

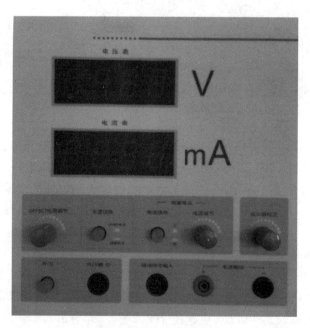

图 11-2-5 仪器前面板

补偿(OFFSET)调节补偿电流的方向和大小. 电流切换按钮切换显示亥姆霍兹线圈电流和补偿电流.

传感器采集到的信号经放大后由电压表显示. 放大器校正旋钮在标准磁场中校准放大器放大倍数.

复位(R/S)按钮每按下一次,向复位端输入一次复位脉冲电流,仅在需要复位时使用.

【实验内容与步骤】

1. 测量准备

(1) 实验前先调实验仪水平,连接电源,开机预热 20 分钟.

(2) 将磁阻传感器位置调节至亥姆霍兹线圈中心,传感器磁敏感方向与亥姆霍兹线圈轴线一致.

注意: 在操作所有的手动调节螺钉时应用力适度,以免滑丝.

(3) 调节亥姆霍兹线圈电流为零,按复位键触发复位脉冲电流使传感器磁畴复位,如图 11-2-2(b)所示,调节补偿电流补偿地磁场等因素产生的偏离,使传感器输出为零,如图 11-2-3 所示.调节亥姆霍兹线圈电流至 300 mA(线圈产生的磁感应强度为 6 G),调节放大器校准旋钮,使输出电压为 1.500 V.

2. 磁阻传感器特性测量

(1) 磁阻传感器的磁电转换特性测量

间隔 50 mA 从 300 mA 逐步调小亥姆霍兹线圈电流,记录相应的输出电压值.切换电流换向开关(亥姆霍兹线圈电流反向,磁场及输出电压也将反向),逐步调大反向电流,记录反向输出电压值.

注意: 电流换向后,必须按复位按键消磁.

(2) 磁阻传感器的各向异性特性测量

① AMR 只对磁敏感方向上的磁场敏感,当所测磁场与磁敏感方向有一定夹角 α 时,AMR 测量的是所测磁场在磁敏感方向的投影.由于补偿调节是在确定的磁敏感方向进行的,实验过程中应注意在改变所测磁场方向时,保持 AMR 方向不变.

② 将亥姆霍兹线圈电流调节至 200 mA,测量所测磁场方向与磁敏感方向一致时的输出电压.

③ 先松开线圈水平旋转锁紧螺钉,每次将亥姆霍兹线圈与传感器盒整体转动 10°后锁紧,再松开传感器水平旋转锁紧螺钉,将传感器盒向相反方向转动 10°(即保持 AMR 方向不变)后锁紧,记录相应输出电压数据.

3. 亥姆霍兹线圈的磁场分布测量

(1) 亥姆霍兹线圈轴线上的磁场分布测量

① 由式(11-2-4)和式(11-2-5)计算列出 x 取不同值时 $B(x)$ 的理论值.

② 调节传感器磁敏感方向与亥姆霍兹线圈轴线一致,位置调节至亥姆霍兹线圈中心($x=0$),测量输出电压值.

③ 已知 $R=140$ mm,将传感器盒每次沿轴线平移 $0.1R$,测量该处磁感应强度.

(2) 亥姆霍兹线圈空间磁场分布测量

以 B_x、B_y 分别表示磁场 x 方向和 y 方向的分量,理论分析表明,在 $x \leqslant 0.2R$,$y \leqslant 0.2R$ 范围内,$(B_x-B_0)/B_0$ 小于 1%,B_y/B_x 小于万分之二,故可认为在亥姆霍兹线圈中部较大的区域内,磁场方向沿轴线方向,磁场大小基本不变.改变磁阻传感器的空间位置,记录 x 方向的磁场产生的电压 U_x,测量亥姆霍兹线圈空间磁场分布.

4. 地磁场测量

（1）将亥姆霍兹线圈电流调节至零，将补偿电流调节至零，传感器的磁敏感方向调节至与亥姆霍兹线圈轴线垂直（以便在垂直面内调节磁敏感方向）.

（2）将水平仪放置在传感器盒正中，调节仪器水平调节螺钉使传感器和仪器底板平行且水平. 松开线圈水平旋转锁紧螺钉，在水平面内仔细调节传感器方位，使输出最大，该方向与地理南北方向的夹角就是磁偏角. 注意，若 180° 内找不到最大值方位则将磁阻传感器在水平方向旋转 180° 后再调.

（3）松开传感器绕轴旋转锁紧螺钉，在垂直面内调节磁敏感方向，至输出最大时转过的角度就是磁倾角，记录此角度.

（4）记录输出最大时的输出电压值 U_1 后，松开传感器水平旋转锁紧螺钉，将传感器转动 180°，记录此时的输出电压 U_2，将 $U = (U_1 - U_2)/2$ 作为地磁场磁感应强度的测量值.

注意：在实验室内测量地磁场时，建筑物的钢筋分布，同学携带的铁磁物质，都可能影响测量结果，因此，测量结果仅可供定性的参考.

【数据处理】

1. 以磁感应强度为横坐标，输出电压为纵坐标作图，并确定出所用传感器的线性工作范围及灵敏度.

2. 以夹角 α 为横坐标，输出电压为纵坐标作图，比较所做曲线是否符合余弦规律.

3. 绘制亥姆霍兹线圈轴线上的磁感应强度分布曲线，给出其分布的结论.

4. 由亥姆霍兹线圈空间磁场分布测量数据，讨论亥姆霍兹线圈的空间磁场分布特点.

【思考提高】

1. 磁阻传感器与霍尔传感器在工作原理和使用方面各有什么特点，两者间重要区别是什么？

2. 测地磁场时，如果在磁阻传感器附近有同学携带铁磁物质，将对测量结果产生哪些影响？

实验 11-2
拓展文献链接

【拓展文献】

［1］裴轶，虞南方，刘奇，等. 各向异性磁阻传感器的原理及其应用［J］. 仪表技术与传感器，2004(08)：26-27，32.

［2］张嵩，刘得军，李辉，等. 各向异性磁阻传感器在地磁探测中的应用［J］. 自动化仪表，2011，32(11)：53-55.

［3］杨波，邹富强. 异向性磁阻传感器检测车流量的新方法［J］. 浙江大学学报(工学版)，2011，45(12)：2109-2114，2158.

［4］BUCAK. Position Error Compensation via a Variable Reluctance Sensor Applied to a Hybrid Vehicle Electric Machine. Sensors 10. 3 (2010)：1918-1934

实验 11-3　光电效应及普朗克常量的测定

光电效应充分显示了光的粒子性,它对人们认识光的本质及建立光量子理论起着重要的作用.1887 年,赫兹在验证电磁波存在时,意外地发现了光电效应现象,1905 年,爱因斯坦应用并发展了普朗克的量子理论,提出了光量子概念,成功地解释了光电效应.十年后,密立根用实验证实了爱因斯坦的光量子理论,精确地测定了普朗克常量.两位物理大师因在光电效应等方面的杰出贡献,分别于 1921 年和 1923 年获得诺贝尔物理学奖.光电效应实验和光量子理论在物理学的发展史中具有重大而深远的意义.利用光电效应制成的许多光电器件,在科学和技术上得到了极其广泛的应用.

【实验目的】

1. 理解光的量子特性,了解光电效应的基本概念和实验规律.
2. 测量光电管的伏安特性曲线,确定不同频率下的截止电压.
3. 作出 $U_s-\nu$ 关系曲线,测定普朗克常量,验证爱因斯坦光电效应方程.
4. 理解光电管结构、光源的光谱特性等因素对光电管伏安特性曲线和测量得到的普朗克常量的影响.
5. 了解光电效应的实际应用.

【预习问题】

1. 光电效应有哪些规律?
2. 光强的变化对光电流和截止电压有何影响?

【实验原理】

普朗克(M. Planck)是德国物理学家,他解决了黑体辐射(black-body radiation)问题,对 20 世纪物理学新发展起到了巨大的推动作用.普朗克在研究解决黑体辐射问题时,假设黑体的体壁是由许多电磁振荡器组成,每个振荡器的能量为某个微小能量 ε 的整数倍,要使计算结果与维恩(W. Wien)由热力学定律导出的黑体辐射规律相符,ε 必须和振荡器的频率 ν 成正比,即 $\varepsilon = h\nu$,h 为普适常量,称为普朗克常量(Planck constant).这样黑体在温度为 T、频率为 ν 处能量密度为

$$u(\nu,T) = \frac{8\pi\nu^3}{c^3} \cdot \frac{h}{e^{h\nu/KT}-1}$$

普朗克在叙述这项令人难以置信的发现时说:"那是走投无路被逼出来的.我跟黑体理论连续搏斗了六年,我知道那是一个关于根本性质的问题,而且也知道答案是什么,我不能找到理论上的依据,除了那两条不容触犯的热力学定律外,我不惜牺牲一切.现在我肯定,作用量子的根本意义比我原来猜想的要重大得多."

在物理学进展中,光电效应现象的发现,对认识光的波粒二象性(wave-particle duality),具有极为重要的意义,其为量子论提供了一种直观、明确论证的同时,也提供了一种简单

有效的测定物理学中重要的物理常量——普朗克常量 h 的方法.

当一束光入射到金属表面上时,有电子从金属表面逸出,这一物理现象即为外光电效应,逸出的电子称为光电子(photoelectron).根据爱因斯坦光量子假设,光束是由能量 $E = h\nu$ 的光量子聚集而成,h 是普朗克常量,ν 是入射光频率.在光与金属相互作用时,能量为 $h\nu$ 的光子穿进金属表面,金属中电子吸收光子能量后,一部分用于克服逸出金属表面所需的能量 E_0(逸出功),多余的能量 $(h\nu - E_0)$ 成为电子的初动能.如果电子的质量为 m,且当其从金属中逸出时不因内碰撞而损失能量,则整个多余的能量 $(h\nu - E_0)$ 成为电子逸出金属表面后的最大初动能,即

$$\frac{1}{2}mv_{\max}^2 = h\nu - E_0 \qquad (11\text{-}3\text{-}1)$$

式(11-3-1)即为著名的爱因斯坦光电效应方程.式中 E_0 为该金属的逸出功,它的大小与入射光频率 ν 无关,取决于金属本身的属性.由式(11-3-1)可知,入射在金属表面上的光频率越高,逸出光电子的最大初动能也越大,而当入射光的频率低于某一值时,即使入射光很强,也没有光电子产生.

光电效应测定普朗克常量的实验原理如图 11-3-1 所示.

频率为 ν 的单色光从真空光电管(vacuum phototube)的窗口入射到阴极 K 上,从 K 上发射出的光电子向阳极 A 运动,在外电路产生光电流.若在真空光电管的阳极 A 上加一相对于阴极 K 为正的电压,则在光电管内形成加速电场,光电流随正向电压的增加迅速增加,直至所产生的光电子全部到达阳极.此时,光电流达到饱和.如果在阳极 A 上加一相对于阴极 K 为负的反相电压 U,则在电极 K、A 之间形成一个阻止光电子运动到阳极的电场.因而,从阴极逸出的光电子中只有那些动能 $(mv^2/2)$ 大于 eU 的光电子才能运动到阳极而被收集.当反向电压 U 增大到使具有最大初动能的光电子也被阻止,即 $eU = mv_{\max}^2/2$ 时,光电流为零.此时的电压称为截止电压 U_s.实验中,如果逐点测出光电流与正、反向电压的对应值,即可作出图 11-3-2 所示的光电管伏安特性曲线.

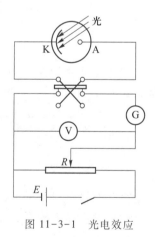

图 11-3-1　光电效应

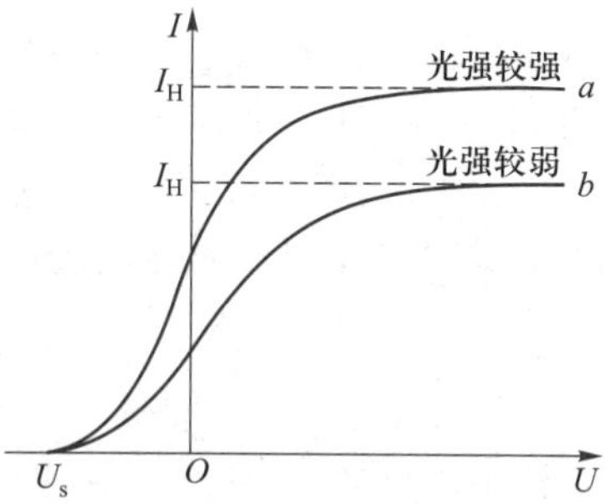

图 11-3-2　光电效应伏安特性曲线

由式(11-3-1)知

$$eU_s = h\nu - W \qquad (11\text{-}3\text{-}2)$$

式(11-3-2)中,逸出功(也称功函数,work function)W 由阴极材料决定,对一个给定的光

电管来说是一个常量,因此,截止电压 U_s 与入射光频率 ν 成线性关系.

　　用不同频率的光照射光电管阴极 K,作出不同频率照射下的光电管伏安特性曲线,求出截止电压,然后以频率 ν 为横坐标,截止电压 U_s 为纵坐标,作出 U_s-ν 图线,直线斜率即为普朗克常量 h.

　　实验中,当光照射光电管时,除了阴极发射光电子形成光电流,还伴随着下列两个物理过程:(1)阳极的光电子发射.当光入射到阴极上后,有部分漫反射到阳极上,使阳极也发射光电子,这些光电子在外电场的加速作用下,很容易到达阳极,形成反向电流.(2)光电管在外加电压下,即使无光照射时仍有一定微弱电流流过,称之为光电管的暗电流.形成暗电流的主要原因包括阴极与阳极之间的绝缘电阻漏电,以及阴极在常温下的热电子发射等.

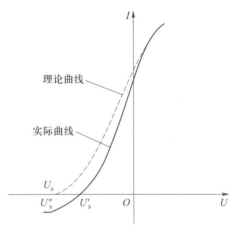

　　由于上述两个因素的影响,实际光电管伏安特性曲线如图 11-3-3 所示,实验光电流截止电势点 U'_s 并不是实际的截止电压,而实际测曲线中反向电流刚刚达到饱和时的拐点电压 U''_s 很接近 U_s,因此可以选择 U''_s 作为 U_s,这种方法称为"拐点法".

图 11-3-3　光电管实际伏安特性曲线

【实验仪器】

　　LB-PH4A 光电效应综合实验仪:由高压汞灯、光阑及滤色片、光电管控制箱(含光电管电源和微电流放大器)等构成.

实验仪器 11-3

　　实验装置如图 11-3-4 所示,LB-PH4A 光电效应综合实验仪的面板如图 11-3-5 和图 11-3-6 所示.

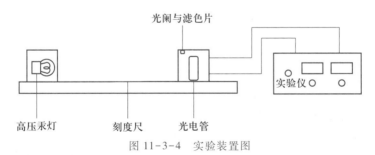

图 11-3-4　实验装置图

图 11-3-5　LB-PH4A 光电效应综合实验仪前面板图

图 11-3-6　LB-PH4A 光电效应综合实验仪后面板图

1. 光电管:其阳极为镍圈,阴极为银-氧-钾材料,光谱范围 340.0~700.0 nm,光窗为无铅多硼硅玻璃,最高灵敏波长(410.0 ±10.0) nm,阴极光灵敏度 1 μA/lm,暗电流约为 10^{-12} A.

为避免杂散光和外界电磁场对微弱光电流的干扰,光电管安置在铝质暗盒中.

2. 光源:采用高压汞灯,该光源能发出 365.0 nm、404.7 nm、435.8 nm、491.6 nm、546.1 nm、577.0 nm 等谱线.采用相应的带通滤色片,即可获得所需的单色光.其波长与频率对照关系见表 11-3-1.

表 11-3-1　高压汞灯谱线波长与频率对照表

波长/nm	365.0(紫外)	404.7(紫)	435.8(紫)	546.1(绿)	577.0(黄)
频率/($10^{14} \cdot Hz^{-1}$)	8.214	7.408	6.879	5.490	5.196

3. 微电流测量放大器:电流测量范围 $10^{-5} \sim 10^{-13}$ A,分 7 挡,三位半数显.机内附有稳定度 ≤0.1%、-3~+3 V 精密连续可调的光电管工作电压,分 2 挡,三位半数显.

【实验内容与步骤】

1. 测试前准备

(1) 将控制箱及高压汞灯电源接通,预热 20 分钟.

(2) 把高压汞灯及光电管暗箱遮光盖盖上,将高压汞灯暗箱光输出口对准光电管暗箱光输入口,调整光电管于刻度尺 30 cm 处并保持不变.

(3) 用专用连接线将光电管暗箱电压输入端与控制箱"光电管电压输出"端(后面板上)连接起来(红-红,黑-黑).控制箱后面的开关拨到普朗克常量一侧.

(4) 仪器在充分预热后,进行测试前调零:先将控制箱光电管暗箱电流输出端 K 与控制箱"光电流输入"端断开,将电压指示开关拨到内电压挡.在无光电管电流输入的情况下,将"电流量程"选择开关调至 10^{-13} 挡,旋转"电流调零"旋钮使电流指示为 0.每次开始新的测试时,都应进行调零.

(5) 用高频匹配电缆将光电管暗箱电流输出端 K 与测试仪微电流输入端(后面板上)连接起来.

注意:在进行测量时,各表头数值请在完全稳定后记录.调零时如果采用 10^{-13} 挡,因其精度较高,所以旋钮在转动时要缓慢;用 10^{-13} 挡调零时,如果电流溢出,可将电流量程挡位调高,再降低.

2. 测定光电管的伏安特性曲线

(1) 将"电压量程"按键置于 I 挡(-3～+20 V),"电流量程"选择开关应置于 10^{-13} 挡.将滤色片旋转到 365.0 nm,调光阑到 8 mm 或 10 mm 挡,把高压汞灯及光电管暗箱遮光盖取下.从 -3 V 起,缓慢调节"电压调节"旋钮,使电压增加,定性观察光电流随电压的变化情况,记录电流明显变化的电压区间,以便精确测量.

(2) 在上述定性观测记录的区间,测量该频率光照时的电压与相应的光电流,注意在电流有明显突变的前后要多读几个点的值,以便准确找出"拐点".

(3) 依次换上 404.7 nm、435.8 nm、546.1 nm、577.0 nm 的滤色片,重复以上测量步骤.

【数据处理】

1. 在直角坐标纸上,作出不同波长(频率)的入射光照射光电管阴极的伏安特性曲线.从所作的图线中,找出负向电流开始变化的"拐点",确定各频率光照下的截止电压 U_s.

2. 在直角坐标纸上作出 U_s-ν 曲线,验证爱因斯坦方程,求出普朗克常量,并与公认值($h = 6.626 \times 10^{-34}$ J·s)相比较,计算相对误差.

【思考提高】

1. 爱因斯坦方程的物理意义是什么?

2. 实测的光电管的伏安特性曲线与理想曲线有何不同?"拐点"的确切含义是什么?实测曲线下移后,截止电压是否改变?

3. 利用该实验仪器能否测量逸出功?

【拓展文献】

[1] 吴丽君,李倩. 光电效应测普朗克常数的三种方法[J]. 大学物理实验,2007 (04):49-52.

[2] 王云志,赵敏. 光电效应测普朗克常数的数据处理及误差分析[J]. 大学物理实验,2011,24(02):93-95.

[3] 李海,赵玉生. 量子物理学的基石——纪念普朗克提出量子概念 100 周年[J]. 物理,2001(11):724-728.

[4] CLENDENEN,ASHLEY. Measuring Planck's Constant and Plotting Current-Voltage Characteristics of Spectral Lines Using the Photoelectric Effect. Journal of Advanced Undergraduate Physics Laboratory Investigation 3.1(2018):3-3.

实验 11-3
拓展文献链接

实验 11-4　太阳能电池特性研究

能源短缺和地球生态环境污染已经成为人类面临的最大问题.20 世纪初进行的世界能源储量调查显示,全球剩余煤炭只能维持约 216 年,石油只能维持 45 年,天然气只能维持 61 年,用于核发电的铀也只能维持 71 年.另一方面,煤炭、石油等矿物能源的使用,产生大量的 CO_2、SO_2 等温室气体,造成全球变暖、冰川融化、海平面升高,暴风雨和酸雨等自然灾害频繁发生,给人类带来无穷的烦恼.据计算,现在全球每年排放的 CO_2 已超过 500 亿吨.我国能源消费以煤为主,CO_2 的排放量占世界的 15%,仅次于美国,所以减少 CO_2、SO_2 等温室气体排放,已经成为刻不容缓的大事.推广使用太阳能、水能、风能、生物能等可再生能源是今后的必然趋势.

广义地说,水能、风能、生物能、潮汐能都属于太阳能,它们随着太阳和地球的活动,周而复始地循环,几十亿年内都不会枯竭,因此我们把它们称为可再生能源.太阳的光辐射可以说是取之不尽、用之不竭的能源.太阳与地球的平均距离为一亿五千万公里.在地球大气层外,太阳辐射的功率密度为 $1.353 \ kW/m^2$,称为太阳常量.到达地球表面时,部分太阳光被大气层吸收,光辐射的强度降低.在地球海平面上,正午垂直入射时,太阳辐射的功率密度约为 $1 \ kW/m^2$,这通常被作为测试太阳能电池性能的标准光辐射强度.太阳光辐射的能量非常巨大,从太阳到地球的总辐射功率比目前全世界的平均消费电力还要大数十万倍.每年到达地球的辐射能相当于 49 000 亿吨标准煤的燃烧能.太阳能不但数量巨大,用之不竭,而且是不会产生环境污染的绿色能源,所以大力推广太阳能的应用是世界性的趋势.

太阳能发电有两种方式.光—热—电转换方式通过利用太阳辐射产生的热能发电,一般是由太阳能集热器将所吸收的热能转换成蒸汽,再驱动汽轮机发电,太阳能热发电的缺点是效率很低而成本很高.光—电直接转换方式是利用光伏效应将太阳光能直接转化为电能,光—电转换的基本装置就是太阳能电池.与传统发电方式相比,太阳能发电目前成本较高,所以目前主要用于远离传统电能的偏远地区,比如国家有关部委启动的"西部省区无电乡通电计划",就是主要通过太阳能和小型风力发电解决西部七省区无电乡的用电问题.随着研究工作的深入与生产规模的扩大,太阳能发电的成本下降很快,而资源枯竭与环境保护导致传统电源成本上升.太阳能发电有望在不久的将来在价格上可以与传统发电方式竞争,太阳能具有非常光明的应用前景.根据所用材料的不同,太阳能电池可分为硅太阳能电池、化合物太阳能电池、聚合物太阳能电池、有机太阳能电池等.其中硅太阳能电池是目前发展最成熟的,在应用中居主导地位.

【实验目的】

1. 了解太阳能电池发电的基本原理及其暗伏安特性概念.
2. 了解太阳能电池的开路电压、短路电流和光强之间的关系,并进行测量.
3. 测量太阳能电池的输出特性.

【预习问题】

1. 太阳能电池按材料可分为哪几类？其中硅太阳能电池又分为哪几类？
2. 太阳能电池的最大输出功率 P_{max} 定义是什么？如何测量？

【实验原理】

太阳能电池利用半导体 pn 结受光照射时的光伏效应发电,太阳能电池的基本结构就是一个大面积的平面 pn 结,图 11-4-1 为半导体 pn 结示意图. p 型半导体中有相当数量的空穴,几乎没有自由电子. n 型半导体中有相当数量的自由电子,几乎没有空穴. 当两种半导体结合在一起形成 pn 结时,n 区的电子(带负电)向 p 区扩散,p 的空穴(带正电)向 n 区扩散,在 pn 结附近形成空间电荷区与势垒电场. 势垒电场会使载流子向扩散的反方向作漂移运动,最终扩散与漂移达到平衡,使流过 pn 结的净电流为零. 在空间电荷区内,p 区的空穴被来自 n 区的电子复合,n 区的电子被来自 p 区的空穴复合,使该区内几乎没有能导电的载流子,又称为结区或耗尽区.

当光电池受光照射时,部分电子被激发而产生电子-空穴对,在结区激发的电子和空穴分别被势垒电场推向 n 区和 p 区,使 n 区有过量的电子而带负电,p 区有过量的空穴而带正电,pn 结两端形成电压,这就是光伏效应,如图 11-4-2 所示. 若将 pn 结两端接入外电路,就可向负载输出电能.

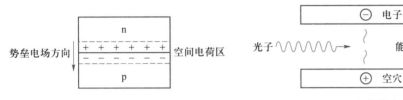

图 11-4-1 半导体 pn 结示意图   图 11-4-2 光伏效应示意图

在一定的光照条件下,改变太阳能电池负载电阻的大小,测量其输出电压与输出电流,得到输出伏安特性曲线,如图 11-4-3 实线所示.

负载电阻为零时测得的最大电流 I_{sc} 称为短路电流. 负载断开时测得的最大电压 U_{oc} 称为开路电压.

太阳能电池的输出功率为输出电压与输出电流的乘积. 同样的电池及光照条件,当负载电阻大小不一样时,输出的功率也是不一样的. 若以输出电压为横坐标,输出功率为纵坐标,绘出的 $P\text{-}U$ 曲线如图 11-4-3 的点划线所示.

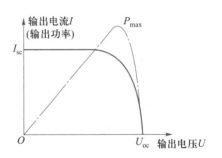

图 11-4-3 太阳能电池的输出特性

输出电压与输出电流的最大乘积值称为最大输出功率 P_{max}. 表征太阳能电池光电转换效率的填充因子 FF 定义为

$$FF = \frac{P_{max}}{V_{oc} \times I_{sc}} \tag{11-4-1}$$

填充因子值越大,说明电池的光电转换效率越高,一般的硅太阳能电池 FF 值在 0.75~0.80. 而转换效率 η_s 定义为

$$\eta_s(\%) = \frac{P_{max}}{P_{in}} \times 100\% \tag{11-4-2}$$

式中,P_{in} 为入射到太阳能电池表面的光功率.

理论分析及实验表明,在不同的光照条件下,短路电流随入射光功率增大成线性增长,而开路电压在入射光功率增加时只略微增加,如图 11-4-4 所示. 另外,即使在光电池没有受到光照时,在一定电压下也有一定电流存在,这称为光电池的暗伏安特性,是光电池的基本物理特性之一.

硅太阳能电池分为单晶硅太阳能电池、多晶硅薄膜太阳能电池和非晶硅薄膜太阳能电池三种.

单晶硅太阳能电池转换效率高,制造技术也很成熟.目前实验室报道的最高转换效率为24.7%,规模生产时的效率可达到15%.故其在大规模应用和工业生产中仍占据主导地位.但由于单晶硅价格高,很难大幅度降低其成本,为了节省硅材料,发展了多晶硅薄膜和非晶硅薄膜作为单晶硅太阳能电池的替代产品.

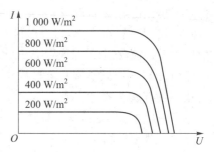

图 11-4-4　不同光照条件下的 I-U 曲线

多晶硅薄膜太阳能电池与单晶硅比较,成本低廉,而效率高于非晶硅薄膜电池,目前其实验室最高转换效率为18%,工业规模生产的转换效率可达到10%.因此,多晶硅薄膜电池可能在未来的太阳能电池市场上占据主导地位.

非晶硅薄膜太阳能电池成本低,重量轻,便于大规模生产,有极大的潜力.如果能进一步解决稳定性问题及提高转换率,无疑是太阳能电池的主要发展方向之一.

2022 年 11 月,据 ISFH 最新认证报告,中国太阳能科技公司自主研发的硅异质结太阳能电池转换效率达到 26.81%,成为最新的世界纪录.

实验仪器 11-4

【实验仪器】

太阳能电池特性实验仪、导轨、滑动支架、遮光罩、碘钨灯光源、可变负载、光探头、单晶硅太阳能电池板、多晶硅薄膜太阳能电池板、非晶硅薄膜太阳能电池板、导线若干.

1. 太阳能电池特性实验仪

太阳能电池特性实验仪面板如图 11-4-5 所示,实验仪包含电压源、电压/光强表、电流表.

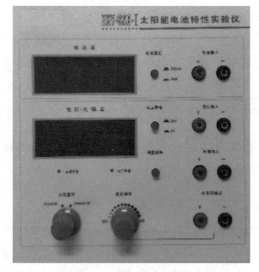

图 11-4-5　太阳能电池特性实验仪面板

电压源:可输出 0~8 V 连续可调的直流电压.为太阳能电池伏安特性测量提供电压.

电压/光强表:通过"测量转换"按键,可以测量输入"电压输入"接口的电压,或接入"光强输入"接口的光强探头测量到的光强数值.表头下方的指示灯确定当前的显示状态.通过"电压量程"或"光强量程",可以选择适当的显示范围.

电流表:可以测量并显示 0~200 mA 的电流,通过"电流量程"选择适当的显示范围.

2. 光探头及太阳能电池

光探头及三种太阳能电池模块如图 11-4-6 所示.

光探头　　　单晶硅太阳能电池板　　多晶硅薄膜太阳能电池板　　非晶硅薄膜太阳能电池

图 11-4-6　光探头及太阳能电池板

【实验内容与步骤】

1. 硅太阳能电池的暗伏安特性测量

(1)测试原理图如图 11-4-7 所示.将单晶硅太阳能电池接到测试仪上的"电压输出"接口,电阻箱调至 50 Ω 后串联进电路起保护作用,用电压表测量太阳能电池两端电压,电流表测量回路中的电流.

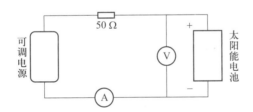

图 11-4-7　硅太阳能电池伏安特性测量接线原理图

(2)用遮光罩罩住太阳能电池,先将电压源调到 0 V,然后再逐渐增大电压源的输出电压,每间隔 0.3 V 记一次电流值,测量不少于 10 组数据.

(3)将电压源的输出调到 0 V.然后将"电压输出"接口的两根连线互换,即给太阳能电池加上反向的电压.逐渐增大反向电压,每间隔 1.0 V 记一次电流值,测量不少于 7 组数据.

(4)将单晶硅太阳能电池更换为多晶硅薄膜和非晶硅薄膜太阳能电池,重复(2)、(3)步.

2. 开路电压、短路电流与光强关系测量

(1)打开光源开关,预热 5 分钟.打开遮光罩,将光强探头装在太阳能电池板位置,探头输出线连接到太阳能电池特性测试仪的"光强输入"接口上.测试仪设置为"光强测量".由近(15 cm 处)及远移动滑动支架,每次间隔 5 cm,测量该位置的光强 I.

注意:在预热光源的时候,需用遮光罩罩住太阳能电池,以降低太阳能电池的温度,减小实验误差.

(2) 将光强探头换成单晶硅太阳能电池,测试仪设置为"电压表"状态.按图 11-4-8(a)接线,在上一步测量光强时各位置处测量对应开路电压.

(3) 按图 11-4-8(b)接线,记录短路电流值.

(4) 将单晶硅太阳能电池更换为多晶硅薄膜和非晶硅薄膜太阳能电池,重复(2)、(3)步.

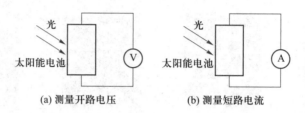

(a) 测量开路电压   (b) 测量短路电流

图 11-4-8   开路电压、短路电流与光强关系测量接线原理图

3. 太阳能电池输出特性实验

(1) 按图 11-4-9 接线,以电阻箱作为太阳能电池负载.在一定光照强度下(将滑动支架固定在导轨上某一个位置,从上个实验步骤中查出对应的光强),将单晶硅太阳能电池板安装到支架上,通过改变电阻箱的电阻值,记录太阳能电池的输出电压 U 和电流 I,并计算输出功率 $P_o = U \times I$.

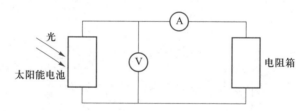

图 11-4-9   测量太阳能电池输出特性接线原理图

(2) 将单晶硅太阳能电池更换为多晶硅薄膜和非晶硅薄膜太阳能电池,重复第(1)步.

注意:光源工作及关闭后的约一小时内,灯罩表面的温度可能很高,请不要触摸,防止烫伤.

【数据处理】

1. 以电压作横坐标,电流作纵坐标,画出三种太阳能电池的暗伏安特性曲线.

2. 分别画出三种太阳能电池的开路电压、短路电流随光强变化的关系曲线.

3. 根据实验数据作三种太阳能电池输出伏安特性曲线及功率曲线,并与图 11-4-3 进行比较.找出最大功率点,对应的电阻值即为最佳匹配负载.由式(11-4-1)计算填充因子,式(11-4-2)计算转换效率.入射到太阳能电池板上的光功率 $P_{in} = I \times S$,I 为入射到太阳能电池板表面的光强,S 为太阳能电池板面积(约为 50 mm×50 mm).

【思考提高】

1. 太阳能电池的暗伏安特性与一般二极管的伏安特性有何异同?

2. 最大输出功率与它的最佳匹配电阻有什么关系?

3. 太阳能电池的光照特性(开路电压和短路电流)与入射于太阳能电池的光强符合是什么函数关系?

【拓展文献】

[1] 李怀辉,王小平,王丽军,等.硅半导体太阳能电池进展[J].材料导报,2011,25(19):49-53.

[2] 袁镇,贺立龙.太阳能电池的基本特性[J].现代电子技术,2007(16):163-165.

[3] 吴茜琼,常晓颖.基于 Matlab/Simulink 的太阳能电池特性分析[J].华北水利水电学院学报,2010,31(05):90-92.

[4] MOHAMMAD R A,ZABIHI F,HABIBI M,et al. Effects of Process Parameters on the Characteristics of Mixed-Halide Perovskite Solar Cells Fabricated by One-Step and Two-Step Sequential Coating. Nanoscale Research Letters,2016.

实验 11-4
拓展文献链接

实验 11-5　激光全息照相

人的眼睛可以看到一个物体,是由于物体所发出的光波(自发光或反射光)携带着物体所包含的信息传播到眼睛,在眼睛的视网膜上成像所致.光信息包含光波的波长、振幅和相位,它们决定了所看见物体的特征(颜色、亮暗、远近和形状).只要能够记录并再现该特定光波,即使是物体不存在,但人眼看到再现的特定光波,就如同看到逼真的物体一样.记录与再现光波的这一过程就是光学全息术要解决的问题.

英国物理学家伽博(D. Gabor)在 1947 年,并非从三维成像的目的出发,而是为了提高电子显微镜(electron microscope)的分辨率,发明了全息术(holography).他提出用物体衍射的电子波制作全息图(hologram),然后用可见光照明全息图来得到放大的物体像.由于省去了电子显微镜物镜,这种无透镜两步成像过程可期望获得更高的分辨率.伽博用可见光验证了这一原理.由于这一发明,他于 1971 年荣获诺贝尔物理学奖.如今,全息技术已被广泛应用于科学研究、安全、医学、工程、文艺娱乐等各个领域.

【实验目的】

1. 了解全息照相的基本原理.
2. 学习并掌握全息照相的基本实验技术.

【预习问题】

1. 全息照相的过程有哪些步骤?
2. 为了得到清晰的全息照片,全息照相光路应该满足哪些条件?

【实验原理】

1. 全息照相(holograph)的基本过程

普通照相利用透镜将物体成像在底片上,它只记录了物体的光强信息,而并未记录反映物体之间相对位置、远近的相位信息,所以看到的相片没有立体感. 全息照相把物体的光强和相位信息全部记录,因而可观察到立体像.

全息术利用干涉原理,将物体发射的特定光波以干涉条纹的形式记录下来. 由光的干涉原理可知,所形成的干涉条纹与物光波的振幅和相位有关,所以记录干涉条纹就记录了物光波的全部信息,这就是"全息图". 用光波照明全息图,在一定条件下,由于衍射效应,可使记录的物体特定光波再现,该光波将产生包含物体全部信息的三维像.

由于全息术需要高度相干性和大强度的光源,直到 1960 年激光出现以后,全息术的研究才进入了一个新的阶段,相继出现了多种全息方法,开辟了全息应用的新领域,使之成为光学的一个重要分支. 现在,全息术不仅可用于可见光波段,也可用于电子波、X 射线、微波和声波等.

为了说明全息术的基本原理,先看一个最简单的例子. 在图 11-5-1(a)中,光波 1 和 2 是相干的两束平行光,它们在相遇区域产生干涉,形成等间距的干涉条纹,条纹取向垂直于 1、2 两光束构成的平面(即垂直于纸面). P 是照相底片,曝光后经过显影、定影处理,则底片就是透光、不透光的条纹,这就是一个光栅,其光栅常量(grating constant)(干涉条纹间距)为

$$d = \frac{\lambda}{\sin \theta} \qquad (11-5-1)$$

将该光栅放回原处,用 1 光照射,如图 11-5-1(b)所示,光栅衍射方程为

$$d \cdot \sin \phi = k\lambda \qquad (11-5-2)$$

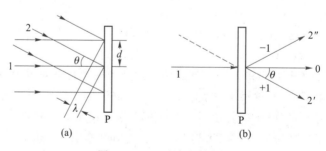

(a)　　　　　　　　(b)

图 11-5-1　干涉法制光栅

比较式(11-5-1)和式(11-5-2),$k=1$ 的 +1 级衍射光在 $\phi=\theta$ 方向. 所以看到的衍射光 2' 就如同看到原光束 2 一样. 图 11-5-1(a)是对 2 光的记录,图 11-5-1(b)是对 2 光的再现. 把 1 光称为参考光,2 光称为物光. 而 -1 级衍射光在 $\phi=-\theta$ 方向,对应地把 2″ 称为共轭光波,而把 2' 称为原始光波.

图 11-5-1 所示的过程就是拍摄全息光栅的基本原理. 在一般光栅衍射实验中,所用衍射光栅就是这样制作的,不过为了提高衍射效率,进行了漂白处理.

从以上分析可以看出,全息术分为波前记录与波前再现两个过程.

（1）波前记录——光的干涉

如图 11-5-2 所示，参考光 R 来自点光源 S，物光 O 来自物体表面的散射，这时参考光的波阵面是球面，而物光的波阵面非常复杂. 所以，O 光与 R 光在全息记录干板 P 上不同位置产生的干涉条纹的取向、间距也是各种各样的. 曝光后对全息记录干板显影、水洗、定影、水洗、晾干，就是一张拍好的全息图. 它并没有物体的影像，只是各种复杂的干涉条纹.

（2）波前再现——光的衍射

如图 11-5-3 所示，把拍好的全息图放回记录光路原处，去掉物体，用原参考光照明. 经全息图衍射后，产生两个衍射光波，其一是物光 O，形成原始虚像［相当于图 11-5-1（b）中的 +1 级］，其二是物体的共轭光，形成共轭实像［相当于图 11-5-1（b）中的 -1 级］. 必须说明，共轭光波形成虚像还是形成实像与具体的拍摄光路密切相关.

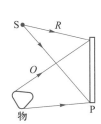　　　　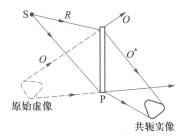

图 11-5-2　波前记录　　　　　　图 11-5-3　波前再现

2. 拍好全息图的几个关键技术条件

（1）相干光源

物光和参考光必须是相干光，所以用相干性很强的激光作光源. 同时，利用分束镜把激光器发出的光分成两束，一束作为物光，一束作为参考光，并使其光程基本相等. 本实验用输出波长为 632.8 nm 的氦氖激光器作光源.

（2）隔振平台

物光和参考光形成的干涉条纹必须是稳定不变的，所以，物光和参考光必须稳定，且相对位置不变. 为了避免曝光时（曝光时间几秒～几十秒）各元件受外界干扰而振动，从而影响干涉条纹分布，所有光学元件放置在一块隔振的钢板平台上，并用磁锁使各元件在调节完成后吸附在平台上固定.

（3）物光、参考光的强度

从干涉理论可知，当物光与参考光在全息记录干板处强度相等时，干涉条纹的对比度最好. 而实际上，参考光直射全息记录干板，而物光经过物体表面散射到全息记录干板，散射光强与物体表面的反射率有关，因而，很难使物光与参考光的强度相等. 同时全息照相不仅考虑记录时干涉条纹的对比度，还要兼顾再现时的衍射效率. 一般使用实验室给出的分束镜按物光、参考光 7∶3 分光，使用表面反射性较好的拍摄物，后续光路均调好光路同轴，则到达全息记录干板处的物光和参考光强度比例都在合适的范围内.

（4）全息记录干板

普通照相底片是易变形的软片，而全息记录干板（以下简称干板）是表面涂有一层感光乳胶的玻璃,这是由于玻璃有一定刚度,不会变形弯曲.对不同波长的激光,使用不同型号的感光乳胶.从式(11-5-1)可以看出,物光与参考光夹角越大,形成的干涉条纹越密.所以,任何型号的干板均要求具有非常高的分辨率,如当 $\theta = 30°$,$\lambda = 632.8$ nm 时,可由式(11-5-1)得 $d = 1.27×10^{-6}$ m,即感光乳胶的银盐颗粒很细(相应地感光速度较慢,所需曝光时间较长).

实验所用干板的感光波长范围是 530~700 nm,敏感峰值波长为 630 nm.它对氦氖激光最灵敏,对绿光不敏感,所以显影时可以绿灯为安全灯观察显影情况.

实验仪器 11-5

【实验仪器】

全息平台及其光学附件,氦氖激光器,洗相设备.

【实验内容与步骤】

1. 实验光路

拍摄全息图的光路如图 11-5-4 所示.

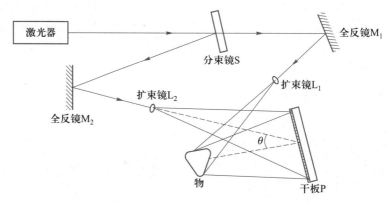

图 11-5-4   全息照相光路

2. 光路调节

光路调节是本实验的重要内容,也是拍好全息图的关键.首先了解各仪器的结构与功能,熟练掌握其使用与调节方法.并在干板架上插入白屏(用以接收光),然后按图 11-5-4 所示在全息平台上布置光路.

注意:激光亮度很高,在实验过程中不得直视激光束,防止灼伤眼睛.

光路调节要点:

注意:光路调节中严禁用手触摸或擦拭任何光学元件的光学面,若发现有污垢或灰尘,必须由教师处理.

(1)激光器发出的光线及经过全反镜、分束镜反射后的光线构成的平面应与平台平面平行.

具体做法是,在一磁座上插入带有十字刻线的白屏,首先调节激光器的俯仰,使十字屏在平台上移动到不同位置时,细激光束始终照在十字中心,说明激光器出射的细光束与平台平行(这一步实验室已经调节好).然后,按图布置各元件(先不要放置扩束镜,且各元件合理分布在平台的较大范围,不要挤在一块.分束镜反射的光作为参考光,透射光作为物光).调节分束镜、反射镜的高低、俯仰,使它们反射的细激光束均照在白屏的十字中心,这样,细激光束构成的平面与全息平台平行.调节物体的高低,使细激光束照在物的中心.

(2)参考光与物光中心线的夹角 θ 为 $20° \sim 30°$.物离干板 $10 \sim 20$ cm 为宜,太远则物光太弱.M_1 反射的细激光束尽量照在物的正面,且使干板平面正对物的正面(如同一般照相时,灯光从人的正前方照射,照相机也在人的正面拍摄一样).

(3)为了保证物光和参考光相干,必须保证物光光程与参考光光程接近.物光与参考光的光程起点都是分束镜,终点是干板平面.实验中用线绳测量检查.

(4)细激光束直射在物体中心和白屏中心,最后加入扩束镜,L_1 扩束的光把物均匀照亮,L_2 扩束的光把白屏均匀照亮.然后去掉白屏,眼睛处于干板位置的后方观察,微微转动物(不可移动,否则改变光程)使看到的物形象好,且反射的光强.

(5)物光与参考光光强之比满足要求.由于分光是采用了不同分光比例的分束镜(物参分光比约 7:3),只要光路同轴性良好,到达干板上的物参光光强比就符合要求.具体做法是,关掉照明灯,在干板架上插好白屏,然后分别挡住物光查看参考光强度和挡住参考光查看物光强度,如果两束光中心均到达白板中心,且白板被均匀照亮即可.如果其中某束光中心不在白板中心,则要微调扩束镜.如果某束光光强明显太弱则在保证同轴性的条件下可以调节 L_1 到物或 L_2 到干板的距离.

3. 干板安装

一切准备工作就绪后,关闭激光,在全暗条件下放置干板,注意乳胶面朝着物体(用干净的手指拿着干板的棱边,用指甲在干板一角的两面轻轻地摩擦,摩擦大者即为乳胶面).安装干板时特别小心注意不要触碰其他任何器件,避免已调好的光路发生改变导致实验失败.

4. 干板曝光

一切准备就绪后,稳定几秒钟再开始曝光;在曝光过程中严防震动,身体不要接触平台,不能说话和来回走动.特别是各组之间要相互配合,互不干扰.

注意:曝光时间与光强大小、干板类型等有关,具体值由实验室给出.

5. 干板的冲洗

曝光后的干板在暗室冲洗,按显影—水洗—定影—水洗—晾干的程序处理.显影时间与曝光量、显影液浓度、环境温度等有关,需及时在安全灯下观察显影情况,防止显影不足或显影过度,具体情况由教师根据干板类型和显影液类型给出指导.

注意:显影液和定影液不要搞混;显影、定影时干板的乳胶面都要朝上;不要戳弄乳胶面,防止破损脱落;水洗后自然晾干;保持暗室的卫生整洁.

6. 全息图再现

将晾干的全息图放回原位置,用原参考光照射,去掉物,在全息图的后方观察,即可看到位置、大小与原物一模一样的清晰逼真的三维立体像.

(1)改变参考光到物的距离,可以使再现像放大缩小,此时,再现像的清晰程度有所改变.

(2)挡掉全息图的一部分,仍然可看到完整的物体像.

(3)去掉扩束镜,用细激光束照射(增大再现光的强度),在全息图的另一边用白屏可以接收到共轭实像.

【思考提高】

1. 全息照相与普通照相有什么区别?

2. 全息照相的实验技术要求是什么?

3. 白光再现全息图

从全息学理论可知,只有用原参考光(位置、波长不变)再现时,才能得到与原物一模一样的清晰再现像.一旦参考光的波长改变(如用红色激光拍摄,用绿色激光再现),则再现像的位置、大小、清晰程度均要发生变化.所以,拍摄到的全息图用白光再现时,因白光包含紫到红各种颜色,则不同波长的光再现的像相互错开而模糊一片,只能看到彩虹状的光团,观察不到清晰的再现像.但理论研究表明,拍摄时物体离干板越近,各种波长再现像的错开量越小.当物体离干板足够近时,各种颜色的再现像几乎完全重合,人就能够看到白光再现的全息像.从图11-5-4可见,物离干板越近,物光则很难照射,所以,可用透镜把物成像在干板平面附近.

图11-5-5是另一种反射式像面全息图记录光路.物(反射率较高的像章、纪念币等)几乎紧贴着(约几毫米)干板乳胶面放置,扩束准直的激光束(也可用点光源)从干板背面垂直入射,由于干板是透明的,直射到乳胶的光是参考光,由物体表面反射回乳胶的光即为物光.这样拍摄的全息图,可用普通的观察方式看到白光再现的立体像.但需注意,此时所用的干板的乳胶层要厚.

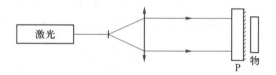

图11-5-5　反射式像面全息图记录光路

4. 全息信息存储

在图11-5-4中,扩束镜L_1出射的光照在物上,物的表面产生漫反射,其每一点都可以认为是一个点光源,该点光源向干板的整个平面发射光,干板的每一点记录了物上各点的光信息.再现时只露出干板的一小部分,同样可以看到完整的物体像.也就是说,把干板打碎,小碎片也能再现出完整的物体像.利用该特性,干板的很小区域可以记录一幅全息图,一块干板就能记录很多幅全息图,这就是全息的信息存储原理,为了能够记录物体的高频成分,一般用傅里叶全息图(Fourier hologram).如图11-5-6所示,参考光采用细光束,物体是一个木偶小人,在干板的前表面放置一个开一小孔的屏,拍照时,干板可以沿其平面移动,每移动一次,拍摄木偶的一个造型.再现时,移动干板就能看到动起来的木偶像.

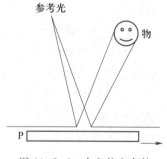

图11-5-6　全息信息存储

实验 11-5
拓展文献链接

【拓展文献】

［1］陈桂才,吴东流,井立,等.激光全息无损检测技术的现状及展望［J］.宇航材料工艺,2003(02):26-28,43.

［2］杨庆余,拾景忠.伽柏与全息术的诞生［J］.物理实验,2002(09):41-44.

［3］王霞,吕浩,赵秋玲,等.激光全息光刻技术在微纳光子结构制备中的应用进展［J］.光谱学与光谱分析,2016,36(11):3461-3469.

［4］JIN H,LOU Y,WANG H,et al. Integral Color Hologram of Virtual 3D Object Generated by Integral Photography. Chinese Journal of Lasers,2010,37(5):1304-1309.

第四篇

设计性、研究性实验 与仿真实验

学生在完成一些基础物理实验和综合及近代物理实验之后,已经具有了一定的实验基础知识,掌握了一些基本实验仪器的使用方法和物理实验技能.但是这些基础物理实验和综合及近代物理实验都是由实验教材完全设计好的,学生通过阅读教材和教师的讲解指导,按部就班地完成一个实验任务,这个阶段的学习并不能让他们了解教材中的实验为什么会是这样子,是怎样设计出来的.而学生在将来的工作中,却恰恰大多数的时候需要他们自己去设计一个实验,测试某个物理参量或者研究一种实验现象.因此在整个物理实验课程中需要有一些设计性、研究性的实验,让学生了解如何从头设计一个实验,有哪些需要考虑的问题,以及如何利用实验去解释一种物理现象或研究一个物理问题.

物理实验绝大部分都在实验室完成,即"真实实验"是实验课程的主体,但是在一些特定情况下,虚拟仿真实验也发挥着重要作用.虚拟实验主要由计算机软件和网络构建,可以有效扩展进行实验学习的空间和时间.另一方面,虚拟实验可以低成本、无危险地反复实验,这可以让学生在进行真实而昂贵的或有一定风险的实验之前熟悉实验流程和注意事项,提高真实实验的总体安全性.因此,虚拟仿真实验是实验课程中实验室实验之外的非常重要而有益的补充.

第十二章
实验设计基本知识

实验设计就是根据被测对象确定实验方案,包括选择实验原理、确定测量方法、拟定数据处理方法,选用合理的测量仪器的类型、量程、精度并考虑各仪器之间的相互配合与影响,设计实验步骤,得出符合要求的正确结果.实验设计必须经过一定的基础物理实验训练才能进行,所以应该重视基础实验的学习和训练,提高实验的基本能力.实验设计既反映出对已有的理论、知识和技能的掌握情况,同时也要由实验者独立创造性地去完成实验的全过程,对于培养创新型人才具有重要的作用.实验设计并非很难,只要明确设计程序,能灵活运用物理学原理及所学的实验基础知识就可以独立完成.

第一节　实验系统的组成和实验设计的程序

一、实验系统的组成

从已学过的所有实验可以看出,不论实验过程难或易还是实验仪器复杂或简单,所有的实验系统一般由实验源、实验体、观察装置三大部分组成.

实验源:泛指实验中所用的动力源、热源、电源、光源、电场、磁场等,也可简称"源".源可以是自然存在的,例如重力;也可以是制造的,例如电路中的电源或加砝码所产生的力.源的目的是使得被测物体被加载后产生一种物理响应,通过对响应的测量最终达到对被测物体的测量.实验中用什么样的源,要根据被测物体所能表现出的物理特性来选用,如电阻只能表现在对电路状态的影响上,所以必须用电源,而不能用热源和光源.有时必须几个源同时作用,才能使被测物体的物理性质表现出来,如光电、磁电、热电传感器实验等.

实验体:泛指实验样品或产生被测量(或与被测量相关联的其他直接测量量)的物体.包括实物和场,例如单摆测重力加速度中,重力加速度是反映地球引力的一个物理量,该量可以通过单摆的运动状态表现出来,单摆就是产生与被测物理量重力加速度相关联的摆动周期的实验体.其他再如伏安特性研究实验中的被测小灯泡、产生霍尔效应的霍尔元件、电场模拟中的电极和电场等.

观测装置:指用于观察实验体所表现的现象、测量数据的仪表和装置,例如电表、示波器、刻度尺、显微镜、光杠杆尺组、水平仪等.

三者的关系是:实验源作用在实验体上产生某种物理响应,观察装置对响应进行测量,最终通过响应得到被测量的大小.例如要测一个电阻(实验体),此时可给其通电(实验源),产生电流和电压(响应),由电流表和电压表(观测装置)测得 I、U,利用 $R=U/I$ 得到阻值(测量结果).

二、实验设计的程序

实验设计的基本程序如图 12-1-1 所示.

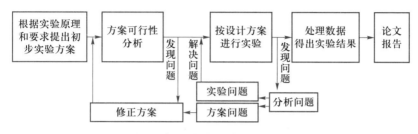

图 12-1-1　实验设计的基本程序

1. 选择合适的基本实验原理

实现一个物理量的测量,一般都有多种与该量相关的物理原理或效应可以利用,选择时主要考虑被测物理量的大小、测量的精度要求、测量的便利性及其他特殊要求等.

2. 提出并分析论证初步方案

在明确实验的目的和要求后,应广开思路,根据物理学原理及有关的实验基础知识,建立合理的物理实验模型,考虑各种可能的测量方法以及与之相对应的数据处理方法;考虑用什么样的实验源、实验体和观测仪器,以及仪器的种类、量程和精度.进而安排实验步骤,提出注意事项.然后从可能想到的各种方案中进行比较选择.依据简便易行、符合测量要求及经济安全原则,选出较理想的一种方案作为初步实验方案.

分析论证是要考察所提方案是否可以实现,是否能达到实验要求.例如,能否看到要观察的物理现象,是否可以达到所要求的精度,提出的实验源、实验体和测量装置是否合适,利用不确定度传递公式检验所选实验条件是否有利于减小不确定度,所选仪器搭配是否合理等.

3. 按初步方案进行实验

对已经筛选确定的方案按照实验步骤进行实际测量,这一方面考察实验本身是否能满足要求地顺利进行,发现问题则对实验进行改进;另一方面是实验本身无问题,要考察初步的实验结果是否达到设计目标,如果不能则要进一步研究如何修正方案.

4. 修改方案

修改实验方案是针对分析论证和对方案试行过程中发现的问题,采取相应的对策.例如调整实验条件,改换仪器,甚至改变测量方法等.

实验方案的确定必须有相当的实验知识和经验,在确定方案过程中往往首先需要对以上几点做通盘考虑,然后在实践过程中根据出现的问题再细化.

5. 论文报告

对整个实验过程进行总结,写出包含实验任务、实验目的、理论依据、实验方法、实验结果、分析讨论、参考文献等内容的完整论文报告.

第二节　不确定度传递公式在设计实验中的作用

实验中,被测量的不确定度由传递公式计算,在设计实验时,不确定度传递公式亦有其重要作用.

一、选择测量方法

在提出初步实验方案的过程中,要对各种测量原理、方法进行筛选,为了符合要求,希望所选方法的误差越小越好.

不同的实验方法可以有不同的测量公式,设输出量 y 为

$$y = f(x_1, x_2, x_3, a, b, c)$$

其中 x_1、x_2、x_3 为输入量,a、b、c 为固定参量. 其不确定度传递公式为

$$u_c(y) = \sqrt{\left(\frac{\partial f}{\partial x_1}\right)^2 u^2(x_1) + \left(\frac{\partial f}{\partial x_2}\right)^2 u^2(x_2) + \left(\frac{\partial f}{\partial x_3}\right)^2 u^2(x_3)} \qquad (12\text{-}2\text{-}1)$$

合成标准不确定度 $u_c(y)$ 不仅与 $u(x_1)$、$u(x_2)$、$u(x_3)$ 有关,还与传递系数 $\dfrac{\partial f}{\partial x_1}$、$\dfrac{\partial f}{\partial x_2}$、$\dfrac{\partial f}{\partial x_3}$ 有关,而传递系数由测量公式的形式确定,所以利用传递公式可以比较各方法中 $u_c(y)$ 是否符合要求,或者哪种方法不确定度更小,以此帮助确定测量方法.

二、指导确定实验条件

实验方案选定以后,实验方法、实验仪器也就基本确定,但在具体测量中,还应考虑在什么实验条件下测量不确定度最小. 在不确定度传递公式(12-2-1)中,传递系数 $\dfrac{\partial f}{\partial x_i}$ 与实验中的 x_1、x_2、x_3 具体值及 a、b、c 的大小有关. 所以进行测量时要选择合适的 x_1、x_2、x_3、a、b、c,使各偏导数的绝对值尽量小些,以使 $u_c(y)$ 减小. 此即为确定的实验条件.

三、合理选择与搭配仪器

仪器选配是设计实验的重要内容,一般根据测量结果的精度要求和仪器误差限选配仪器. 基本要求是测量仪器选择应当使各输入量的标准不确定度分量大致相等,具体内容参见实验 5-1"钢丝杨氏模量的测定"附录.

第三节　实验方案选择原则

实验方案的选择一般说来应包括:实验方法和测量方法的选择;测量仪器和测量条件的选择;进行综合分析和不确定度估算,选择能达到设计要求的最佳方案.

一、实验方法的选择

根据研究对象,罗列各种可能的实验方法,分析各种方法的适用条件,比较各种方法的局限性与可能达到的实验精确度等因素,并考虑方案实施的可能性,最后选出最佳的

实验方法.

这里的"最佳实验方法",并不是说实验结果精度越高或选用的仪器越高级就是最佳实验方法,而是指根据对测量结果的精度要求,选择刚好符合要求的实验方法.

例:实验要求测量一个电压源的输出电压,使测量结果的相对不确定度≤0.05%.可选用的仪器有:电压表(0.5级)、电压表(2.5级)、电位差计(0.1级)、非连续标准可变电源(0.01%).

按给定条件,根据已有的实验知识和经验,如果用电压表直接测量被测电压源的电压,即所谓直接比较法,但由于给定的两个电压表中最高精确度仅为0.5%,故该方法不能达到实验所要求的测量精度.同样,用电位差计直接测量也达不到测量精度而不宜采用.此时,可将标准可变电源与被测电压正极与正极相接,调节标准电源电压与被测电压源的输出 U_x 最接近的准确挡位 U_s,则两负极间有一个微小的电压差 δ_U,用一般的小量程电压表对 δ_U 进行测量,则有

$$U_x = U_s + \delta_U$$

这种方法称为微差法.

其相对不确定度为

$$\frac{u_c(U_x)}{U_x} = \sqrt{\left[\frac{u(U_s)}{U_x}\right]^2 + \left[\frac{u(\delta_U)}{U_x}\right]^2}$$

由于 U_x 与 U_s 非常接近,所以有

$$\frac{u_c(U_x)}{U_x} = \sqrt{\left[\frac{u(U_s)}{U_s}\right]^2 + \left(\frac{\delta_U}{U_x}\right)^2\left[\frac{u(\delta_U)}{\delta_U}\right]^2} \tag{12-3-1}$$

由上式可知,差值 δ_U 越小,测量差值的偏差带给结果的影响越小.

为便于理解,以具体测量要求为例,仍采用实验5-1附录的方法以仪器误差限来代替该量标准不确定度作初步分析.已知

$$\frac{u(U_s)}{U_s} = 0.01\% = 1\times10^{-4}$$

要求

$$\frac{u_c(U_x)}{U_x} \leq 0.05\% = 5\times10^{-4}$$

用微差法,设 $\delta_U = U_x/100$,代入式(12-3-1)有

$$\sqrt{\left(\frac{1}{100}\right)^2 \cdot \left[\frac{u(\delta_U)}{\delta_U}\right]^2 + (1\times10^{-4})^2} \leq 0.05\%$$

可得

$$\frac{u(\delta_U)}{\delta_U} = \sqrt{(5\times10^{-4})^2 - (1\times10^{-4})^2} \times 100 = 4.9\%$$

可见,利用该方法只要求微差指示器(微小量程电压表)的误差不超过4.9%(这是一般电压表均可达到的),就可以使最终的测量误差达到0.05%的水平,即便用2.5级电压表采用微差法也是可行的选择.

二、测量方法的选择

在选择实验方法后,需要进一步进行误差来源及误差传递的初步分析,务必使测量结果的误差最小. 为此,测量方法的选择就很重要了.

例如,用米尺测量图 12-3-1 所示两个圆孔的中心间距 L,分析应选择哪种测量方法?

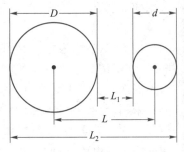

经过分析可知,有以下四种测量方法:

1. 直接测量 L. 但因两孔中心很难确定,一般不采用此法.

2. $L = L_1 + \dfrac{d}{2} + \dfrac{D}{2}$

3. $L = L_2 - \dfrac{d}{2} - \dfrac{D}{2}$

图 12-3-1　测两圆孔中心距

4. $L = \dfrac{L_1 + L_2}{2}$

由误差分析可知,在用同一米尺的情况下,设米尺的误差限为 u_0,后续三种方法的不确定度分别为 u_2、u_3、u_4,则有

$$u_2 = u_3 = \sqrt{u_0^2 + \frac{u_0^2}{4} + \frac{u_0^2}{4}} = \frac{\sqrt{6}}{2} u_0$$

$$u_4 = \sqrt{\frac{u_0^2}{4} + \frac{u_0^2}{4}} = \frac{\sqrt{2}}{2} u_0$$

显然,第四种测量方法具有最小的测量不确定度.

三、测量仪器的选择

一般测量仪器的选择原则是:选择合适的仪器进行适当搭配,只要能够达到规定的测量准确度即可. 选择仪器时,一是不能认为仪器的精度越高越好,因为精度高的仪器调节工作状态比较复杂、易受外界因素干扰、价格昂贵. 二是要依据误差均分原理,使所有的仪器匹配,即仪器使每个输入量的不确定度分量基本相等.

例:测量直径和高分别为 D、H 的圆柱体体积 V,要求其相对不确定度 $\leqslant 0.5\%$,如何选用量具?

测量函数为

$$V = \frac{\pi}{4} D^2 H$$

所以

$$\frac{u_c(V)}{V} = \sqrt{4 \frac{u(D)^2}{D^2} + \frac{u(H)^2}{H^2}}$$

对不同情况讨论如下(按误差限,即约 100% 的包含概率):

1. 当 $H \gg D$ 时,即为长度足够长的长棒或细丝,按不确定度微小量处理原则根号内

第二项可忽略,即

$$\frac{u_c(V)}{V} \approx 2\frac{u(D)}{D}$$

此时只需考虑直径的测量精度.

例如,当 $D \approx 10 \text{ mm}$ 时,选用 50 分度的游标卡尺测量直径,则

$$\frac{u_c(V)}{V} \approx 2\frac{u(D)}{D} = \frac{2 \times 0.02}{10} = 0.4\% < 0.5\%$$

2. 当 $H \ll D$ 时,即为面积很大的薄圆板,按不确定度微小量处理原则根号内第一项可忽略,即

$$\frac{u_c(V)}{V} \approx \frac{u(H)}{H}$$

此时只需考虑厚度的测量精度即可. 例如当 $H = 10 \text{ mm}$ 时,若选用 20 分度的游标卡尺测量厚度,则

$$\frac{u_c(V)}{V} \approx \frac{u(H)}{H} = \frac{0.05}{10} = 0.5\%$$

当 $H = 100 \text{ mm}$ 时,若选用毫米尺测量厚度,则

$$\frac{u_c(V)}{V} \approx \frac{u(H)}{H} = \frac{0.5}{100} = 0.5\%$$

3. 当 $H \approx D$ 时,即一般的圆柱体,两个量用相同仪器测量,则

$$\frac{u_c(V)}{V} \approx \sqrt{5}\frac{u(D)}{D}$$

若 $D \approx 300 \text{ mm}$,则用米尺即可:

$$\frac{u_c(V)}{V} \approx \sqrt{5}\frac{u(D)}{D} = \sqrt{5}\frac{0.5}{300} = 0.37\% \leqslant 0.5\%$$

若 $D \approx 30 \text{ mm}$,则用 20 分度游标卡尺即可:

$$\frac{u_c(V)}{V} \approx \sqrt{5}\frac{u(D)}{D} = \sqrt{5}\frac{0.05}{30} = 0.37\% \leqslant 0.5\%$$

当 $D \approx 15 \text{ mm}$,则需使用 50 分度游标卡尺:

$$\frac{u_c(V)}{V} \approx \sqrt{5}\frac{u(D)}{D} = \sqrt{5}\frac{0.02}{15} = 0.3\% \leqslant 0.5\%$$

4. 当 H 和 D 不存在上述关系时,则需要同时分别考虑直径和高度的情况.

因此当输入量有多个时,对指定的输出量不确定要求,一般先用不确定度的等分原则分配,然后再根据仪器情况做适当调整使总体达到要求. 如果某个量受仪器选择限制不能达到要求时,应采用适当的测量方法(如放大法)降低该量的不确定度分量.

四、测量条件的选择

如果在一个测量中,输入量的值可以自由选择,那么在一定条件下,就存在由传递公式确定的输出量合成标准不确定度取最小值情况. 这个条件可以由不确定度传递公式对某个输入量分别求导数,并使之为零,即数学中的求极值的方法而获得.

下面以物距像距法测量凸透镜焦距为例说明最佳条件的选择方法. 成像公式为

$$f = \frac{pp'}{p+p'}$$

其不确定度传递公式为

$$u_c(f) = \frac{1}{(p+p')^2} \sqrt{p^4 u(p)^2 + p'^4 u(p')^2}$$

由于 p、p' 用同一个米尺测量, 所以, 它们的 B 类评定的不确定度相同, 这时有

$$u_c(f) = \frac{u(p)}{(p+p')^2} \sqrt{p^4 + p'^4}$$

为便于分析, 设物屏和像屏之间的距离不变, 进行测量, 即 $p+p' = D$ 恒定, 讨论 p (或 p') 的影响:

$$u_c(f) = \frac{u(p)}{D^2} \sqrt{p^4 + (D-p)^4}$$

现在被测量变为只有 p, 求对 p 的一阶导数, 并令其为零, 有

$$\frac{du_c(f)}{dp} = \frac{u(p)}{D^2} \frac{4p^3 - 4(D-p)^3}{\sqrt{p^4 + (D-p)^4}} = 0$$

求解可得 $p = D/2$, 即 $u_c(f)$ 在 $p = p'$ 时取得极值, 计算此处的二阶导数可知其为极小值, 故在其他条件相同时, 实验中选择 $p = p'$ 的测量条件可使焦距测量不确定度更小.

第十三章

设计性和研究性物理实验

　　学生学习本章实验内容前需要先行学习第十二章关于实验设计的相关基本知识内容,了解实验设计的一般步骤和基本要求,设计实验的注意事项等.设计性实验主要是针对一个具体的实验任务,需要学生设计实验原理、选择器材、拟定实验步骤等.而研究性实验则仅仅给出一种物理现象,学生需要进行充分的预实验,完成对实验现象的观察分析、实验规律描述、理论分析、问题提炼、实验设计,最终给出一个能描述该物理现象且已为实验所验证的物理理论,因此研究性实验实际上也包含了设计性实验的内容,是设计性实验的进一步提高要求.

第一部分　设计性实验

　　设计性实验共安排了 2 个实验.第一个实验为一个比较基础的力学实验,实验仪器也相对简单一些,但是内容比较丰富也能够比较全面地训练掌握设计性实验的基本方法和步骤.第二个实验给出一个相对专门一些的电热综合的设计性实验,要求利用热电效应显著的热敏电阻设计一种温度计,通过本实验学生可以学习、了解测量仪器设计方面的一些基本概念和知识.

实验 13-1　重力加速度测定设计实验

【实验目的】

1. 了解进行设计性实验的步骤与方法.
2. 自行设计一种测量重力加速度的实验.
3. 测量当地重力加速度并与标准值进行比较.

【实验任务】

　　分析选定一种物理原理,设计一种具体的实验方案,完成测定当地重力加速度的实验,要求测量值与公认值的相对误差小于 2%.

【实验要求】

1. 根据实验提示,确定测量原理.

2. 根据测量原理和实验室提供的实验条件,设计实验方案.

3. 合理选择实验仪器和测量方法.

4. 拟定实验步骤.

5. 设计原始数据记录表格.

6. 测量当地重力加速度并与公认值进行比较.

7. 根据实验情况对设计方案进行分析总结.

【可供选择的实验仪器】

米尺、游标卡尺、螺旋测微器、秒表、天平、气垫导轨、光电门电子毫秒计时器、频闪相机、轻滑轮、钩码、小钢球、柔韧弦线、滑块等.

【实验提示】

重力加速度在计量学、精密物理计量、地球物理学、地震预报、重力探矿和空间科学等领域中都具有重要应用,因此重力加速度的准确测定非常重要.

重力加速度测定的原理、方法非常多,从最简单的自由落体到目前最精密的原子干涉,具体方案至少有十几种.最早测定重力加速度的是伽利略,约 1590 年,他在与水平面有微小倾角 θ 的光滑斜面上,测量因重力而下滑的滑块的加速度 $a = g\sin\theta$ 时获得重力加速度. 1784 年,英国物理学家阿特伍德将质量同为 m_0 的两个重物用绳连接后,挂在光滑的轻质滑轮上,再在另一个重物上附加一重量小得多的重物 m,测量该系统的微小加速度 $a = mg/(2m_0+m)$,从而计算得出 g.

适合于在普通物理实验室内测量重力加速度的方法除了上述两种具体方法外,还有落体法、液体加速法、液体旋转法、摆测法、轻弦振动法等几类.这几类方法中每一类又都有多种实现方案,同学可自行查阅相关资料,并结合一些预实验,根据实验任务的测量要求确定实验原理和实验方案,选配合适的实验仪器设备,拟定实验步骤,完成实验任务.

实验 13-2   热敏电阻温度计的设计与制作

【实验目的】

1. 了解设计性实验中仪器设计的一般步骤与方法.

2. 了解传感元件在实验技术中的应用.

【实验任务】

用所给仪器设计制作一个测量范围为 0~100 ℃ 的温度计.要求用热敏电阻作为温度传感元件,用电流表作为温度指示(0 ℃ 时电流表指零,100 ℃ 时电流表满偏).

【实验要求】

1. 根据实验室提供的仪器设备运用所学知识,提出实验方案.

2. 简述实验原理,画出实验电路图,拟定实验步骤.

3. 根据测量内容设计数据表格.

4. 在复制的电流表刻度盘上标定温度刻度线,完成表盘绘制.

【可供选择的实验仪器】

FB203 型恒流智能控温实验仪(装有热敏电阻和标准温度计),检流计,微安表,电阻箱,直流稳压电源,开关和导线,冰块等.

FB203 型恒流智能控温实验仪

FB203 型恒流智能控温实验仪如图 13-2-1 所示.主要分为控温仪和炉体两部分,两者之间已通过电缆连接好,实验中所用的热敏电阻已被安置在炉体内,使用者只要调节控温仪部分.控温仪部分的详细说明如下:

1. 面板左上方显示窗口为炉体内的实时温度值;左下方显示窗口为炉体内的最高温度设定值.其下方四个按钮为温度控制调节(主要用于加热最高温度的设定,本实验为 100 ℃,已设定好,无需再调).

2. 面板右上方显示窗口显示的是炉子的加热电流值,下方的加热电流调节旋钮用来调节加热电流,本实验的加热电流不能大于 1 A.

3. 面板的左下方设有四个(两组)接线柱用来连接热敏电阻(正温度系数和负温度系数),本实验用其中一组即可.

4. 面板的右方风扇开关,是用来冷却炉温的,只有在炉内温度接近室温时,温度下降非常缓慢时再开启,降温完成以后必须关闭风扇开关.

图 13-2-1　FB203 型恒流智能控温实验仪

【实验提示】

本实验的设计可以参考实验 10-3"热敏电阻温度系数测定".

【分析与讨论】

如果实验室没有提供冰水混合物,只有加温可达 100 ℃ 的设备,还能否设计一个测温范围 0~100 ℃ 的温度计?

第二部分 研究性实验

设计性实验和研究性实验都是提高性的学习内容,着眼于学生物理实验的创新能力培养.研究性实验与设计性实验相比较,研究性实验更加综合、开放,更侧重探索性、创新性训练.其具体任务主要是针对一种物理现象从理论上分析其内在机理,从实验上探究其基本规律,并证实理论分析结论.一般步骤包括:

1. 对物理现象或一个命题提出准确的物理问题界定,给出问题的关键词,该问题涉及的具体物理变量和相关参量.

2. 通过预实验充分了解该现象中的物理规律.

3. 根据预实验结果提出基本的物理模型假设和进行基本的理论推导得出一个理论模型或提出一种理论猜想.

4. 对所得出的理论进行实验验证.主要方法是根据所得出的理论进行给定条件下的理论预测,理论预测可以是直接的解析结果,如果很难给出解析结果时也可以采用数值模拟的方法给出理论预测值.然后设计实验来检验这些理论预测的结果是否与实验一致,设计实验时主要步骤包括明确实验目的、选用合理的测量原理、选择适配的实验仪器设备、拟定合理的实验步骤、采用合理的数据处理方法等.

5. 对于误差较大的情况需要分析误差来源,察看理论建模过程中是否忽略了哪些不能忽略的因素等,从而对理论进行修改完善.

6. 完成实验报告,对实验进行分析、总结和拓展.

实验 13-3 白炽灯灯丝电阻非线性特性研究

【实验任务】

对白炽灯加载从小到大依次变化的不同电压测量其伏安特性,会发现其伏安特性是非线性的,也就是说其电阻值不是常量,而是会随所加载的电压(或电流)而变化.同时环境温度的不同也会对该伏安特性存在一定影响.对此现象试分别从理论上分析和实验测试上进行研究,并最终给出在一定精度范围内两者相一致的灯丝电阻随电压(或电流)以及环境温度变化的函数关系.

【实验要求】

1. 提出物理模型假设,并经过理论分析导出灯丝电阻与电压(或电流)及环境温度间关系的理论表达式.

2. 设计实验验证上述理论表达式,要求给出实验目的、实验原理、实验步骤,并完成实验测量和数据处理.设灯泡额定电压为 U_r,要求加载测量范围:$0 \sim U_r$,测量 10 组或以上数据.

3. 按照仪器选配原则选择精度合格的仪器,使测量相对标准不确定度小于 2%. 在确保实验正确和测量精度的情况下,当实验结果与理论分析结果之间差别较大时(如 5%以上),试对理论的建立过程进行再分析,对理论进行完善修正,并进行进一步的实验,直到两者间相对误差在实验测量误差范围内相一致.

4. 给出清楚明确的结论,完成实验报告.

实验 13-4　烧杯内水面高度变化现象的研究

【实验任务】

在一个盛有一定量水的大盘中放置一根正在燃烧的蜡烛,然后用一个玻璃烧杯或快或慢地罩住蜡烛,如图 13-4-1 所示. 从刚刚罩好烧杯到蜡烛熄灭后烧杯完全冷却的过程中,我们会观察到烧杯内的水面高度会发生变化. 试观察描述该过程的实验现象,分析杯内水面高度变化的原因,研究杯内水面最终高度与各相关影响参量的关系,并选择各参量以获得最终高度的最大值.

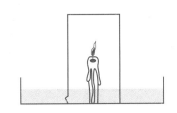

图 13-4-1　蜡烛火焰实验示意图

【实验要求】

1. 充分进行预实验,全面了解实验现象规律,分析现象发生的可能原因,寻找各种影响参量,进而提出物理模型假设并抽象出其数学模型.

2. 设计实验,进行精细测量,与理论预测结果进行对比.

3. 当实验结果与理论预测之间差别较大时,试对理论分析进行完善修正,并进行进一步的实验,直到两者间相对误差在实验测量误差范围内相一致.

4. 从理论分析上寻求获得最终高度的最大值所需条件,并进行实验验证.

5. 给出清楚明确的结论,完成实验报告.

【拓展文献】

[1] 饶迪,程敏熙. 用智能手机传感器测量重力加速度的新方法[J]. 大学物理, 2019,38(01):37-38,52.

[2] 林上金,胡澄,李延标,等. 热敏电阻数字温度计设计制作实验的线性化方案探究[J]. 大学物理实验,2011,24(01):23-25.

实验 13-4
拓展文献链接

第十四章
虚拟仿真物理实验

　　通常,物理实验都是在实验室由实验者操作一系列实验仪器设备来完成的,能真正对实验者起到充分实践训练的也必然是这样的"真实实验". 但是由于采购成本、场地限制,或一些设备复杂、精密、易损等因素影响,在实验教学中有时候要做到全部为真实实验会困难重重. 比如对于非常昂贵的仪器,就不易做到一人一台仪器,甚或几人一台仪器,而对一些操作很复杂的精密仪器,未经充分预训练的操作者直接上手则可能因误操作造成仪器损坏,甚至发生人身伤害事故. 解决此问题,一个最简单的方式可能是让学习者观看训练视频,但是这种只观看无实践的学习,其效果并不理想. 相对来说,具有充分的互动操作的虚拟仿真实验(Virtual simulation experiment)训练是一种很好的方法.

　　虚拟仿真实验就是利用计算机软件仿真手段虚拟实现一个实验环境,通过键盘鼠标或其他互动设备展现真实的交互性实验操作,并实时呈现对操作的响应或实验结果,从而学习理解实验内容和模拟训练操作流程等. 这种实验既可以通过拷贝分发到单机,也可以通过网络连接到大量计算机上,从而低成本地实现"人手一机",也可以避免操作不熟练造成设备损坏的情况.

　　现在的高校物理实验教学绝大部分都是"真实实验"学习,但是虚拟仿真实验也起到越来越重要的作用. 一方面,虚拟仿真实验可以突破时间、空间限制,学生学习时间地点更灵活,利用虚拟实验来进行实验前的预习要比只阅读课本效果好很多. 另一方面,当学生因各种原因不能到达实验室进行"真实实验"操作,特别是在疫情条件下学生必须线上学习时,虚拟仿真实验配合"居家实验"成为实践性课程"大学物理实验"仍能开设的重要保障. 第三点,对一些最新的需要复杂仪器和专门实验室的科研前沿实验,通过做成虚拟仿真实验也可以使学生"真实感受和操作",学习了解相关内容,拓展学生的实验科学学习内容,开阔视野.

　　可以作为实验预习或临时线上学习的虚拟仿真实验,现在已有不少将真实教学实验转化为虚拟实验的成熟商业化综合软件或网络平台,需要时可通过其系统说明书或网站帮助信息来了解其功能和操作. 对于由科研前沿转化来的虚拟仿真实验,则一般由各学校甚或各不同专业学院自行开发出专门的软件,作为物理实验教学常设内容的一部分,以拓宽学生物理学习视野. 下面主要介绍西北工业大学物理科学与技术学院智能材料实验室规划开发的"超介质中波反常物理行为虚拟仿真实验"的基本内容.

第一节 超介质中波反常物理行为虚拟仿真实验简介

超介质是一类具有不同于常规材料的奇异性质的人工结构,其基本单元尺寸须远小于工作波长,具有负折射效应、反常多普勒效应、反常古斯汉辛位移、反常切仑科夫辐射、完美透镜等奇异的物理现象.有趣的是,这些奇异性质并非源于其化学组成,而是源于特殊的微观结构单元.最早发现这一奇异性质的是苏联物理学家菲斯拉格(Veselago),他从理论上指出介电常量和磁导率同时为负的介质并不违反物理学定律,20 世纪 90 年代后期,英国皇家学院院士彭德里(Pendry)教授提出了实现超介质奇异性能的结构单元,并不断取得重大的进展,成为物理学研究领域中的前沿与热点问题.超介质在电磁波领域取得重大进展的同时,声学领域在其设计思想的影响下,也发展出了双负声学超介质,即将声学等效弹性模量和等效质量密度为负值的两种结构相互耦合,使其产生了诸多声学领域的奇异性质,如反常声速、声学平板聚焦效应、声学亚波长成像效应、反常多普勒效应、声学隐身斗篷等.

超介质样品由于结构单元尺寸极小,且其内部的微结构要求具有较高的精细度,因此加工成本高、加工难度大,使得波(光波、微波、声波)在超介质中的反常物理行为很难在普通实验室被观察到或进行相关实验.利用虚拟仿真技术,则可灵活表达超介质对多种性质不同、波长不同的波所产生的反常物理行为,最大程度还原超介质的奇异现象和相关变量的测试过程,让学生系统地掌握微波超介质对微波定向传播的调制、光学超介质对光波的调控以及声学超介质对声速的影响等实验项目,可拓宽学生视野,为学生打开通往物理领域新世界的大门.

本虚拟仿真实验系统包含三个实验项目,分别为超介质对微波传播方向的定向调制、超介质中光波的反常折射和超介质中声波的传播与反常声速的测量,在微米、纳米、毫米三个结构单元尺度,分别展示了超介质的结构设计、样品制备及超介质中波的反常物理现象.通过该实验,学生可巩固电磁学中介电常量和磁导率的概念,掌握利用等效介质理论设计电磁超介质的原理,理解电磁超介质的设计和工作原理,了解电磁超介质的结构单元构型及作用,了解电磁超介质中电磁波(微波、光波)的反常物理行为;熟悉声学中的等效弹性模量和等效质量密度概念,理解声学超介质的设计和工作原理,了解声学超介质的结构单元构型及作用,了解声学超介质中声波的反常物理行为等.

第二节 仿真系统登录与基本操作简介

该仿真系统登录网址,为保证虚拟软件正常运行,推荐使用火狐、谷歌、搜狗浏览器,已有账号的直接登录,首次使用的点击"注册".进入如图 14-2-1 所示网页,根据实际情况选择"校内学生"或"外校人员"选项卡,并填写全部相关要求内容后进行"注册".

图 14-2-1   Vlab 账号注册

该系统的学习操作步骤如下：

一、预习与测试

注册账号后，使用前述网址登录进入虚拟仿真实验系统，则显示如图 14-2-2 所示界面，可点击"前往查看申报书""前往观看引导视频""前往观看简介视频"学习课程，也可直接点击"下一步"进入"测试"部分.

图 14-2-2   系统登入界面

做完测试题，如图 14-2-3 所示点击"提交试卷"，测试成绩达到 60 分或以上即可进入虚拟实验.

图 14-2-3　测试成绩提交

二、进入实验

提交后并点击新页面"下一步",进入如图 14-2-4 所示的下一页面,点击"前往虚拟实验"进入虚拟软件.

图 14-2-4　选择进入"前往虚拟实验"

经过 Unity WebGL 加载后进入虚拟实验主界面,如图 14-2-5 所示.页面首先有实验简介视频可观看,若前面已经观看掌握,可直接点击"开始实验"圆形图标,出现"学习模式"和"实验模式"两种选择."学习模式"可对实验进行学习,学习完毕可进入考核模式.而选择"实验模式"则是直接进入考核模式.主界面中正下方有导航栏,包括"实验项

目""实验仪器""实验步骤""工具箱""帮助文档""数据记录",可查看选择六个基本功能:

实验项目:点击可打开"实验项目"菜单.点击实验名称可进入对应实验项目,点击"进入实验"时会刷新所有数据(所有仪器初始化).

实验仪器:点击可打开"实验仪器"菜单.鼠标左键按住仪器可将其拖到实验平台上.

实验步骤:点击可打开"实验步骤"菜单,查看当前实验步骤.

帮助文档:点击可打开"帮助文档",获取实验相关信息.

数据记录:点击可打开"实验报告"Word 文档,记录上传实验数据.

建议实验前打开帮助文档全面学习.为方便,这里列出场景基本操作和实验操作步骤两项内容.

图 14-2-5　虚拟实验主界面

三、场景操作介绍

视角操控:键盘按下"W/S",人物向前/后移动;键盘按下"A/D",人物向左/右移动(键盘的上下左右箭头也可实现上述对应功能).鼠标右键点住不放并移动,可控制视角旋转.鼠标滚轮前后滑动,可控制视角缩放,并控制移动速度.

旋转元件操作:定心仪转台,测微旋钮等旋转器件,鼠标左键点击顺时针旋转,鼠标右键点击逆时针旋转,长按则连续变化.

拖动操作:比如移动光具座、超声换能器接收端等,鼠标左键点击器件确认后,再按住鼠标左键移动拖曳.

连线操作:分别先后点击连线的两端连接点,导线就会连接,如果端点选择错误则无反应.

拆线操作:对于连接好的导线,右键点击连接点(只有一端可见,比如声速实验中,信号源上的连接点拆线时不能点)则会拆除连线.

全屏(全景)查看和操作:由于显示器及浏览器缩放比例差异,有时仿真实验页面显示可能不完整,可通过滑动浏览器右侧和下部滚动条,显示页面最右下角,点击"全屏显示"图标■即可全屏显示.

四、实验学习步骤简介(可点击工具栏第三个图标打开查看):

1. 实验项目选择

步骤一:点击工具栏第一个图标进入选择界面,在"学习模式"完毕或直接进入"实验模式"也会自动出现该界面.

步骤二:根据前面学习所掌握的原理,正确匹配超介质级别与实验内容(点击工具栏第一个图标进入匹配选择界面),进入相应实验.

步骤三:本实验包括光波、微波和声波共三个实验.完成单个实验后,点击"实验项目"按钮结束该实验,选择其他实验,直到完成所有实验内容和数据记录即完成本虚拟仿真实验.

2. 光的反常折射实验

步骤一:进入实验室到达实验桌附近,点击桌面上的超材料盒,根据提示进行光学超材料的制备.

步骤二:打开白光光源,点击劈尖,选择常规晶体.

步骤三:搭建实验光路,拖动狭缝位于白光前,调整劈尖的位置直到白光正好打在劈尖的侧面.

步骤四:观察光路穿过劈尖后的出射方向,观察出射光的色散情况.点击劈尖可选择俯视图进行观察和更换劈尖材质.

步骤五:更换劈尖材质为超介质晶体,重复步骤四,对比现象区别,总结规律.

步骤六:点击打开激光器电源.

步骤七:移动光具座位置,使激光正好可以穿过光具座狭缝的中心.

步骤八:点击光具座上刻度盘,旋转刻度盘至出射光束照射到光屏上时,读出当前角度.

步骤九:点击光屏,读取光点对中心的偏移量 H,结合步骤八记录的数据(圆心到光屏距离 $L = 24.1 \text{ cm}$),计算负折射率大小.

步骤十:旋转转盘,重复步骤八、九,多次测量记录数据,计算结果.

步骤十一:实验结束复位仪器,关闭光源.

3. 电磁波的传播方向调控实验

步骤一:控制人物走到电脑桌附近,点击矢量网络分析仪的信号连接口,将信号发射端和标准喇叭天线发射端相连,将矢量网络分析仪的接收端和标准喇叭天线的接收端相连.

步骤二:打开矢量网络分析仪,并预热 20 分钟.

步骤三:点击矢量网络分析仪的屏幕,调整矢量网络分析仪的工作频率.

步骤四:打开喇叭天线控制测量电源,并开启电脑.

步骤五:点击电脑屏幕打开软件,对喇叭天线进行标定并点击定位按钮,将喇叭天线角度置于 0°.

步骤六：进入微波暗室，点击发射端喇叭，设置不放置超介质.

步骤七：回到电脑前点击标定按钮，使喇叭天线进行标定.

步骤八：标定过程中会将喇叭天线从 −10° 到 10° 进行标定.

步骤九：打开电脑 UI，点击"扫描"按钮，选择扫描角度为 −180° ~ 180°，设置步进角度为 1°，点击"开始"进行扫描.

步骤十：进入微波暗室，将超介质放置在喇叭天线中间.

步骤十一：回到电脑前打开测量软件，调节转台角度为 0°，重复步骤九操作.

步骤十二：整理得到的图像数据，分析实验数据.

步骤十三：复位实验仪器.

4. 时差法测量声学超介质的等效声速

步骤一：控制人物到实验台附近.

步骤二：打开示波器.

步骤三：将声速测定仪上的换能器发射端与示波器 CH1 相连，将换能器接收端与示波器 CH2 端相连.

步骤四：打开综合声速测定仪信号源电源开关，在测试方法中选择"连续波"，旋转频率调节按钮，将频率调离共振频率（34~35 kHz）以外. 调整完毕后，点击"测试方法"按钮调整回脉冲波，调节脉冲波强度为"中".

步骤五：调节"接收增益"旋钮，直到声速仪信号源上的数字稳定不再变化，调节完毕.

步骤六：改变换能器的间距，记录换能器之间的距离 ΔL，读取声速测定仪信号源上显示的时间 ΔT，可以求得声速 $v = \Delta L / \Delta T$. 多次改变换能器之间的距离，利用逐差法记录数据，计算出无超材料介质时的声速.

步骤七：点击桌面上的厚度为 8 mm 的声学超介质，使其放置在两个换能器中间位置. 重复步骤六，根据公式计算出相应的等效声速.

步骤八：点击超介质，改变超介质内部的挡板长度，分别测量在挡板长度为 1 mm，1.5 mm，2 mm，2.5 mm，3 mm，3.5 mm，4 mm 时的等效声速.

步骤九：重复测量，整理数据，计算实验结果.

步骤十：实验完毕后，复位实验仪器.

五、提交成绩

按照提示步骤操作虚拟实验，完成后在数据记录菜单最下部分，点击"提交成绩"，即可由系统对测量自动评判并给出成绩，每一次新的提交将覆盖上一次提交的内容.

附录

附录一　中华人民共和国法定计量单位

表 1　国际单位制的基本单位

量的名称	单位名称	单位符号
长度	米	m
质量	千克(公斤)	kg
时间	秒	s
电流	安[培]	A
热力学温度	开[尔文]	K
物质的量	摩[尔]	mol
发光强度	坎[德拉]	cd

表 2　国际单位制的辅助单位

量的名称	单位名称	单位符号
[平面]角	弧度	rad
立体角	球面度	sr

表 3　国际单位制中具有专门名称的导出单位

量的名称	单位名称	单位符号	其他表示示例
频率	赫[兹]	Hz	$1/s$
力、重力	牛[顿]	N	$kg \cdot m/s^2$
压力、压强、应力	帕[斯卡]	Pa	N/m^2
能[量]、功、热	焦[耳]	J	$N \cdot m$
功率、辐[射]能量	瓦[特]	W	J/s
电荷[量]	库[仑]	C	$A \cdot s$
电势、电势差、电压、电动势	伏[特]	V	W/A

续表

量的名称	单位名称	单位符号	其他表示示例
电容	法[拉]	F	C/V
电阻	欧[姆]	Ω	V/A
电导	西[门子]	S	A/V
磁通[量]	韦[伯]	Wb	V·s
磁通[量]密度、磁感应强度	特[斯拉]	T	Wb/m^2
电感	亨[利]	H	Wb/A
摄氏温度	摄氏度	℃	
光通量	流[明]	lm	cd·sr
[光]照度	勒[克斯]	lx	lm/m^2
放射性[活度]	贝可[勒尔]	Bq	1/s
吸收剂量	戈[瑞]	Gy	J/kg
剂量当量	希[沃特]	Sv	J/kg

表4　国家选定的非国际单位制单位

量的名称	单位名称	单位符号	换算关系和说明
时间	分	min	1 min = 60 s
	[小]时	h	1 h = 60 min = 3 600 s
	天[日]	d	1 d = 24 h = 86 400 s
平面角	[角]秒	(″)	$1'' = (\pi/64\ 800)$ rad
	[角]分	(′)	$1' = 60'' = (\pi/10\ 800)$ rad
	度	(°)	$1° = 60' = (\pi/180)$ rad
旋转速度	转每分	r/min	$1r/min = (1/60)\ s^{-1}$
长度	海里	nmile	1 nmile = 1 852 m（只用于航程）
速度	节	kn	1 kn = 1 nmile/h = (1 852/3 600) m/s（只用于航程）
质量	吨	t	$1\ t = 10^3$ kg
	原子质量单位	u	$1\ u \approx 1.660\ 565\ 5 \times 10^{-27}$ kg
体积	升	L,(l)	$1\ L = 1\ dm^3 = 10^{-3}\ m^3$
能	电子伏特	eV	$1\ eV \approx 1.602\ 189\ 2 \times 10^{-19}$ J
级差	分贝	dB	
线密度	特[克斯]	tex	tex = 1 g/km

表 5　用于构成十进倍数和分数单位的词头

所表示的因数	词头名称	词头符号	所表示的因数	词头名称	词头符号
10^{18}	艾［可萨］	E	10^{-1}	分	d
10^{15}	拍［它］	P	10^{-2}	厘	c
10^{12}	太［拉］	T	10^{-3}	毫	m
10^{9}	吉［咖］	G	10^{-6}	微	μ
10^{6}	兆	M	10^{-9}	纳［诺］	n
10^{3}	千	k	10^{-12}	皮［可］	p
10^{2}	百	h	10^{-15}	飞［母托］	f
10^{1}	十	da	10^{-18}	阿［托］	a

附录二　常用物理常量

表 1　基本物理常量（CODATA2018 推荐值）

量	符号	数值	不确定度（ppm）	单位
真空中的光速	c	299 792 458	（准确值）	$m \cdot s^{-1}$
真空磁导率	μ_0	12.566 370 612 6×10^{-7}	（准确值）	$N \cdot A^{-2}$
真空介电常量	ε_0	8.854 187 812 8×10^{-12}	（准确值）	$F \cdot m^{-1}$
引力常量	G	6.674 30×10^{-11}	0.000 15×10^{-11}	$N \cdot m^2 \cdot kg^{-2}$
普朗克常量	h	6.626 070 15×10^{-34}	（准确值）	$J \cdot s$
元电荷	e	1.602 176 634×10^{-19}	（准确值）	C
里德伯常量	R_∞	10 973 731.568 160	0.000 021	m^{-1}
电子（静）质量	m_e	9.109 383 701 5×10^{-31}	0.000 000 002 8×10^{-31}	kg
电子荷质比	$-e/m_e$	$-$1.758 820 010 76×10^{11}	0.000 000 000 53×10^{11}	$C \cdot kg^{-1}$
中子（静）质量	m_n	1.674 927 498 04×10^{-27}	0.000 000 000 95×10^{-27}	kg
质子（静）质量	m_p	1.672 621 923 69×10^{-27}	0.000 000 000 51×10^{-27}	kg
阿伏伽德罗常量	N_A，L	6.022 140 76×10^{23}	（准确值）	mol^{-1}
普适气体常量	R	8.314 462 618	（准确值）	$J \cdot mol^{-1} \cdot K^{-1}$
玻耳兹曼常量	k	1.380 649×10^{-23}	（准确值）	$J \cdot K^{-1}$

表2　20 ℃时常用物质的密度

物质	$\rho/(10^3 \ kg/m^3)$	物质	$\rho/(10^3 \ kg/m^3)$
铝	2.698 9	锡	7.298
铜	8.960	锌	7.140
铁	7.874	镍	8.850
银	10.500	水银	13.546 2
金	19.320	甲醇	0.791 3
钨	19.300	乙醇	0.789 4
铂	21.450	乙醚	0.714
铅	11.350	甘油	1.260

表3　标准大气压下不同温度时纯水的密度

$t/℃$	$\rho/(10^3 \ kg \cdot m^{-3})$	$t/℃$	$\rho/(10^3 \ kg \cdot m^{-3})$	$t/℃$	$\rho/(10^3 \ kg \cdot m^{-3})$
0	0.999 841	17	0.998 774	34	0.994 371
1	0.999 900	18	0.998 595	35	0.994 031
2	0.999 941	19	0.998 405	36	0.993 68
3	0.999 965	20	0.998 203	37	0.993 33
4	0.999 973	21	0.997 992	38	0.992 96
5	0.999 965	22	0.997 770	39	0.992 59
6	0.999 941	23	0.997 638	40	0.992 21
7	0.999 902	24	0.997 296	41	0.991 83
8	0.999 849	25	0.997 044	42	0.991 44
9	0.999 781	26	0.996 783	45	0.990 21
10	0.999 700	27	0.996 512	50	0.988 04
11	0.999 605	28	0.996 232	60	0.983 21
12	0.999 498	29	0.995 944	70	0.977 78
13	0.999 377	30	0.995 646	80	0.971 80
14	0.999 244	31	0.995 340	90	0.965 31
15	0.999 099	32	0.995 025	100	0.958 35
16	0.998 943	33	0.994 702	3.98	1.000 0

表4　我国部分城市的重力加速度

城市	纬度	$g/(m \cdot s^{-2})$	城市	纬度	$g/(m \cdot s^{-2})$
北京	39°56′	9.801 22	安庆	30°31′	9.793 57
天津	39°09′	9.800 94	杭州	30°16′	9.793 00
太原	37°47′	9.796 84	重庆	29°34′	9.791 52
济南	36°41′	9.798 58	南昌	28°40′	9.792 08
郑州	34°45′	9.796 65	长沙	28°12′	9.791 63
徐州	34°18′	9.796 64	福州	26°06′	9.791 44

续表

城市	纬度	$g/(\mathrm{m \cdot s^{-2}})$	城市	纬度	$g/(\mathrm{m \cdot s^{-2}})$
西安	34°16′	9.796 84	厦门	24°27′	9.789 17
南京	32°04′	9.794 42	广州	23°06′	9.788 31
上海	31°12′	9.794 36	南宁	22°48′	9.787 93
汉口	30°33′	9.793 59	香港	22°18′	9.787 69

表5　20 ℃时部分金属的杨氏模量*

金属	$E/(10^{11}\ \mathrm{N \cdot m^{-2}})$	金属	$E/(10^{11}\ \mathrm{N \cdot m^{-2}})$
黄铜	1.0~1.2	不锈钢	1.95~2.10
铝	0.69~0.70	镍	2.03
钨	4.07	铬	2.35~2.45
铁	1.86~2.06	合金钢	2.06~2.16
铜	1.03~1.27	碳钢	1.96~2.06
金	0.77	康铜	1.60~1.66
银	0.69~0.80	铸钢	1.72
锌	0.78	硬铝合金	0.71

* 杨氏模量与材料的结构、化学成分及加工方法密切相关,实际材料可能与表中数值不尽相同.

表6　部分常见物质中的声速

物质		$v_声/(\mathrm{m \cdot s^{-1}})$	物质		$v_声/(\mathrm{m \cdot s^{-1}})$
氧气	0 ℃(标准状态)	317.2	NaCl 14.8%水溶液	20 ℃	1 542
氩气	0 ℃	319	甘油	20 ℃	1 923
干燥空气	0 ℃	331.45	铅		1 210
	10 ℃	337.46	金		2 030
	20 ℃	343.37	银		2 680
	30 ℃	349.18	锡		2 730
	40 ℃	354.89	铂		2 800
氮气	0 ℃	337	铜		3 750
氢气	0 ℃	1 269.5	锌		3 850
二氧化碳	0 ℃	258.0	钨		4 320
一氧化碳	0 ℃	337.1	镍		4 900
四氯化碳	20 ℃	935	铝棒(纵波)		6 300
乙醚	20 ℃	1 006	不锈钢		5 000
乙醇	20 ℃	1 168	有机玻璃棒(纵波)		2 700
丙酮	20 ℃	1 190	轻铝铜银冕玻璃		4 540
汞	20 ℃	1 451.0	硼硅酸玻璃		5 170
水	20 ℃	1 482.9	熔融石英		5 760

表 7   部分常见物质的比热容

物质	$t/℃$	$c(10^3 \text{ J/kg} \cdot ℃)$	物质	$t/℃$	$c(10^3 \text{ J/kg} \cdot ℃)$
铝	25	0.905	水	25	4.182
银	25	0.237	乙醇	25	2.421
金	25	0.128	石英玻璃	20~100	0.788
石墨	25	0.708	黄铜	0	0.370
铜	25	0.385 4	康铜	18	0.409
铁	25	0.448	石棉	0~100	0.80
镍	25	0.440	玻璃	20	0.59~0.92
铅	25	0.128	云母	20	0.42
铂	25	0.136 4	橡胶	15~100	1.1~2.0
硅	25	0.713 1	石蜡	0~20	0.291
白锡	25	0.222	木材	20	约 1.26
锌	25	0.389	陶瓷	20~200	0.71~0.88

表 8   水和冰在不同温度下的比热容

水		冰	
$t/℃$	$c/(10^3 \text{ J/kg} \cdot ℃)$	$t/℃$	$c/(10^3 \text{ J/kg} \cdot ℃)$
0	4.229 0	0	2.60
10	4.198 0	−20	1.94
14.5~15.5	4.190 0	−40	1.82
20	4.185 0	−60	1.68
30	4.179 5	−80	1.54
40	4.178 7	−100	1.39
50	4.180 8	−150	1.03
60	4.184 6	−200	0.654
70	4.190 0	−250	0.151
80	4.197 1		
90	4.205 1		
100	4.213 9		

表 9   不同温度下蓖麻油的黏度

$t/℃$	$\eta/(\text{Pa} \cdot \text{s})$	$t/℃$	$\eta/(\text{Pa} \cdot \text{s})$
		25	0.621
0	5.30	30	0.451
5	3.760	35	0.312
10	2.418	40	0.231
15	1.514	45	0.150
20	0.950	50	0.060

表 10 金属和合金的电阻率及其温度系数

金属或合金	$\rho/(10^{-6}\ \Omega \cdot m)$	$\alpha/℃^{-1}$
铝	0.028	42×10^{-4}
铜	0.0172	43×10^{-4}
银	0.016	40×10^{-4}
金	0.024	40×10^{-4}
铁	0.098	60×10^{-4}
铅	0.205	37×10^{-4}
铂	0.105	39×10^{-4}
钨	0.055	48×10^{-4}
锌	0.059	42×10^{-4}
锡	0.12	44×10^{-4}
水银	0.958	10×10^{-4}
武德合金	0.52	37×10^{-4}
钢(0.10~0.15%碳)	0.10~0.14	6×10^{-3}
康铜	0.47~0.51	$(-0.04 \sim +0.01)\times10^{-3}$
铜锰镍合金	0.34~1.00	$(-0.03 \sim +0.02)\times10^{-3}$
镍铬合金	0.98~1.10	$(0.03 \sim 0.4)\times10^{-3}$

表 11 实验室常用光源的可见谱线段波长

光源	λ/nm	颜色	相对强度
钠灯	589.592	黄	强
	588.995	黄	强
低压汞灯	623.437	红	很弱
	579.066	黄	强
	576.960	黄	强
	546.073	绿	很强
	502.564	绿	弱
	491.607	蓝	弱
	435.833	紫	强
	434.749	紫	次强
	433.922	紫	次强
氦氖激光	632.8	红	很强

表 12   某些气体的折射率(标准状态下,波长 589.3 nm 的 D 线)

气体	分子式	n	气体	分子式	n
氦	He	1.000 035	氮	N_2	1.000 298
氖	Ne	1.000 067	一氧化碳	CO	1.000 334
甲烷	CH_4	1.000 144	氨	NH_3	1.000 379
氢	H_2	1.000 232	二氧化碳	CO_2	1.000 451
水蒸气	H_2O	1.000 255	硫化氢	H_2S	1.000 641
氧	O_2	1.000 271	二氧化硫	SO_2	1.000 686
氩	Ar	1.000 281	乙烯	C_2H_4	1.000 719
空气	—	1.000 292	氯	Cl_2	1.000 768

表 13   某些液体的折射率(相对于空气,波长 589.3 nm 的 D 线)

液体	$t/℃$	n	液体	$t/℃$	n
二氧化碳	15	1.195	三氯甲烷	20	1.446
盐酸	10.5	1.254	四氯化碳	15	1.463 05
氨水	16.5	1.325	甘油	20	1.474
甲醇	20	1.329 2	甲苯	20	1.495
水	20	1.333 0	苯	20	1.501 1
乙醚	20	1.351 0	加拿大树胶	20	1.530
丙酮	20	1.359 1	二硫化碳	18	1.625 5
乙醇	16.4	1.360 5	溴	20	1.654

表 14   某些固体的折射率(室温,相对于空气,波长 589.3 nm 的 D 线)

固体	n	固体	n
氯化钾	1.490 04	火石玻璃 F_8	1.605 5
冕牌玻璃K_6	1.511 1	重冕玻璃 ZK_6	1.612 6
K_8	1.515 9	ZK_8	1.614 0
K_9	1.516 3	钡火石玻璃	1.625 90
钡冕玻璃	1.539 90	重火石玻璃 ZF_1	1.647 5
氯化钠	1.544 27	ZF_6	1.755 0
熔凝石英	1.458 45	金刚石	2.417 5

表 15 铜-康铜热电偶分度表(参考端为 0 ℃)

T/℃	E/mV	T/℃	E/mV	T/℃	E/mV	T/℃	E/mV
0	0.0	40	1.611 4	80	3.356 8	120	5.227 0
1	0.038 8	41	1.653 4	81	3.402 1	121	5.275 3
2	0.077 6	42	1.695 5	82	3.447 5	122	5.323 5
3	0.116 5	43	1.737 6	83	3.492 9	123	5.371 9
4	0.155 5	44	1.779 9	84	3.538 5	124	5.420 3
5	0.194 6	45	1.882 2	85	3.584 1	125	5.468 8
6	0.233 7	46	1.864 6	86	3.629 8	126	5.517 3
7	0.272 9	47	1.907 1	87	3.675 5	127	5.566 0
8	0.312 1	48	1.949 7	88	3.721 4	128	5.614 7
9	0.351 5	49	1.992 4	89	3.767 3	129	5.663 4
10	0.390 9	50	2.035 2	90	3.813 3	130	5.712 2
11	0.430 4	51	2.078 0	91	3.859 4	131	5.761 1
12	0.470 0	52	2.121 0	92	3.905 5	132	5.810 1
13	0.509 6	53	2.164 0	93	3.951 7	133	5.859 1
14	0.549 4	54	2.207 1	94	3.998 0	134	5.908 2
15	0.589 2	55	2.250 3	95	4.044 4	135	5.957 3
16	0.629 1	56	2.293 6	96	4.090 8	136	6.006 5
17	0.669 0	57	2.336 9	97	4.137 4	137	6.055 8
18	0.709 1	58	2.380 4	98	4.183 9	138	6.105 2
19	0.749 2	59	2.423 9	99	4.230 6	139	6.154 6
20	0.789 4	60	2.467 5	100	4.277 3	140	6.204 1
21	0.829 7	61	2.511 2	101	4.324 2	141	6.253 6
22	0.870 1	62	2.555 0	102	4.371 0	142	6.303 2
23	0.910 6	63	2.598 8	103	4.418 0	143	6.352 9
24	0.951 1	64	2.642 8	104	4.465 0	144	6.402 6
25	0.991 7	65	2.686 8	105	4.512 1	145	6.452 4
26	1.032 5	66	2.730 9	106	4.559 3	146	6.502 3
27	1.073 3	67	2.775 1	107	4.606 5	147	6.552 2
28	1.114 1	68	2.819 3	108	4.653 8	148	6.602 2
29	1.155 1	69	2.863 7	109	4.701 2	149	6.652 2
30	1.196 2	70	2.908 1	110	4.748 7	150	6.702 4
31	1.237 3	71	2.952 6	111	4.796 2	151	6.752 5
32	1.278 5	72	2.997 2	112	4.843 8	152	6.802 8
33	1.319 8	73	3.041 9	113	4.891 4	153	6.853 1
34	1.361 2	74	3.086 6	114	4.939 2	154	6.903 5
35	1.402 7	75	3.131 5	115	4.987 0	155	6.953 9
36	1.444 3	76	3.176 4	116	5.034 9	156	7.004 4
37	1.485 9	77	3.221 4	117	5.082 8	157	7.054 9
38	1.527 7	78	3.266 4	118	5.130 8	158	7.105 6
39	1.569 5	79	3.311 6	119	5.178 9	159	7.156 2

表 16 常用材料的热膨胀系数(单位:$10^{-6} \cdot \text{℃}^{-1}$)

(表格内数据为所定温度范围内平均值)

材料名称	温度范围								
	20 ℃	20~100 ℃	20~200 ℃	20~300 ℃	20~400 ℃	20~600 ℃	20~700 ℃	20~900 ℃	70~1 000 ℃
工程用铜	—	(16.6~17.1)	(17.1~17.2)	17.6	(18~18.1)	18.6	—	—	—
紫铜	—	17.2	17.5	17.9	—	—	—	—	—
黄铜	—	17.8	16.8	20.9	—	—	—	—	—
锡青铜	—	17.6	17.9	18.2	—	—	—	—	—
铝青铜	—	17.6	17.9	19.2	—	—	—	—	—
碳钢	—	(10.6~12.2)	(11.3~13)	(12.1~13.5)	(12.9~13.9)	(13.5~14.3)	(14.7~15)		
铬钢	—	11.2	11.8	12.4	13	13.6	—	—	—
40CrSi	—	11.7	—	—	—	—	—	—	—
30CrMnSiA	—	11	—	—	—	—	—	—	—
3Cr13	—	10.2	11.1	11.6	11.9	12.3	12.8	—	—
1Cr18Ni9Ti	—	16.6	17	17.2	17.5	17.9	18.6	19.3	—
铸铁	—	(8.7~11.1)	(8.5~11.6)	(10.1~12.2)	(11.5~12.7)	(12.9~13.2)			17.6
镍铬合金	—	14.5	—	—	—	—	—	—	—
砖	9.5	—	—	—	—	—	—	—	—
水泥、混凝土	10~14	—	—	—	—	—	—	—	—
胶木、硬橡皮	64~77	—	—	—	—	—	—	—	—
玻璃	—	(4~11.5)	—	—	—	—	—	—	—
有机玻璃	—	130	—	—	—	—	—	—	—
硬铝	23.6	—	—	—	—	—	—	—	—
铸铝合金	18.44~24.5	—	—	—	—	—	—	—	—
铝合金	—	22.0~24.0	23.4~24.8	24.0~25.9	—	—	—	—	—

参考文献

[1] 教育部高等学校大学物理课程教学指导委员会.理工科类大学物理实验课程教学基本要求.北京:高等教育出版社,2023.

[2] 国家质量监督检验检疫总局.测量不确定度评定与表示 JJF 1059.1-2012.北京:中国标准出版社,2013.

[3] 国家质量监督检验检疫总局.电流表、电压表、功率表及电阻表检定规程 JJG 124-2005.北京:中国计量出版社,2006.

[4] 中国标准化委员会,测量不确定度评定与表示 GB/T 27418-2017.北京:中国标准出版社,2018.

[5] 国家标准局.数值修约规则与极限数值的表示和判定 GB/T8170-2008.北京:中国标准出版社,2008.

[6] 中国合格评定国家认可委员会.石油石化领域理化检测测量不确定度评估指南及实例 CNAS-GL016:2020.

[7] 李慎安.测量不确定度百问.北京:中国计量出版社,2009.

[8] 费业泰.误差理论与数据处理(第7版).北京:机械工业出版社,2015.

[9] 李恩普,等.大学物理实验.北京:国防工业出版社,2004.

[10] 王云才,等.大学物理实验教程.北京:科学出版社,2016.

[11] 林伟华,等.大学物理实验.北京:高等教育出版社,2017.

[12] 樊代和.大学物理实验数字化教程.北京:机械工业出版社,2021.

[13] 国际科学理事会科学技术数据委员会.基本物理常数推荐值 CODATA2018.

【动态拓展文献】

动态拓展文献

郑重声明

高等教育出版社依法对本书享有专有出版权。任何未经许可的复制、销售行为均违反《中华人民共和国著作权法》,其行为人将承担相应的民事责任和行政责任;构成犯罪的,将被依法追究刑事责任。为了维护市场秩序,保护读者的合法权益,避免读者误用盗版书造成不良后果,我社将配合行政执法部门和司法机关对违法犯罪的单位和个人进行严厉打击。社会各界人士如发现上述侵权行为,希望及时举报,我社将奖励举报有功人员。

反盗版举报电话　(010)58581999　58582371

反盗版举报邮箱　dd@hep.com.cn

通信地址　北京市西城区德外大街 4 号　高等教育出版社法律事务部

邮政编码　100120

读者意见反馈

为收集对教材的意见建议,进一步完善教材编写并做好服务工作,读者可将对本教材的意见建议通过如下渠道反馈至我社。

咨询电话　400-810-0598

反馈邮箱　hepsci@pub.hep.cn

通信地址　北京市朝阳区惠新东街 4 号富盛大厦 1 座

　　　　　高等教育出版社理科事业部

邮政编码　100029

防伪查询说明

用户购书后刮开封底防伪涂层,使用手机微信等软件扫描二维码,会跳转至防伪查询网页,获得所购图书详细信息。

防伪客服电话　(010)58582300